高职高专
名校名师精品"十三五"规划教材

JavaScript and jQuery Interactive
Front-End Web Development

JavaScript+ jQuery

网页特效设计任务驱动教程

陈承欢 ● 编著

人民邮电出版社
北京

图书在版编目（CIP）数据

JavaScript+jQuery网页特效设计任务驱动教程 / 陈承欢编著. -- 2版. -- 北京：人民邮电出版社，2019.6（2019.8重印）
高职高专名校名师精品"十三五"规划教材
ISBN 978-7-115-50099-1

Ⅰ. ①J… Ⅱ. ①陈… Ⅲ. ①JAVA语言—网页制作工具—高等职业教育—教材 Ⅳ. ①TP312.8②TP393.092.2

中国版本图书馆CIP数据核字(2018)第259488号

内 容 提 要

本书是网页特效设计任务驱动式教材。本书将网页特效分为 9 类，分别是基本网页特效、日期时间类网页特效、文字类网页特效、图片类网页特效、表单控件类网页特效、导航菜单类网页特效、选项卡类网页特效、内容展开与折叠类网页特效、页面类网页特效，同时相应地将全书分为 9 个教学单元，每个教学单元分析和设计一种类型的网页特效，同时将 JavaScript 和 jQuery 的相关知识合理地安排到各个教学单元中。

本书可以作为普通高等院校、高职高专或中等职业院校各专业网页特效设计课程的教材，也可以作为网页特效设计的培训用书及技术参考书。

◆ 编　著　陈承欢
　　责任编辑　桑　珊
　　责任印制　马振武

◆ 人民邮电出版社出版发行　北京市丰台区成寿寺路 11 号
　　邮编　100164　电子邮件　315@ptpress.com.cn
　　网址　http://www.ptpress.com.cn
　　涿州市京南印刷厂印刷

◆ 开本：787×1092　1/16
　　印张：17.75　　　　2019 年 6 月第 2 版
　　字数：522 千字　　2019 年 8 月河北第 2 次印刷

定价：55.00 元

读者服务热线：(010)81055256　印装质量热线：(010)81055316
反盗版热线：(010)81055315
广告经营许可证：京东工商广登字 20170147 号

前言 FOREWORD

HTML、CSS、JavaScript 三者共同构造出了丰富多彩的网页，它们使网页包含更多活跃的元素和更加精彩的内容。HTML 是一种纯文本的、解释执行的标记语言，它定义了网页结构和网页元素，能够实现网页的普通格式要求。CSS 实现了网页结构与表现样式完全分离，弥补了 HTML 对网页格式化功能的不足，对网页布局和网页元素的控制功能更加强大，能够实现网页中特殊格式的要求。JavaScript 主要实现实时的、动态的、可交互的功能，对客户操作进行响应，显示各种自定义内容。

在实际工作中，我们需要将 JavaScript 程序嵌入 HTML 文档中，与 HTML 标签相结合，对网页元素进行控制，对用户操作有所响应，从而实现网页动态交互的特殊效果。这种特殊效果通常称为网页特效。网页中添加一些恰当的特效，能使页面具有一定的动态效果，能吸引浏览者的注意，提高页面的观赏性和趣味性。随着网络技术的发展，JavaScript 语言越来越受欢迎，在数以百万计的网页中被用于改进设计、验证表单、检测浏览器、创建 Cookies 等。

jQuery 是一个轻量级的库，实现了操作行为（JavaScript 代码）和网页内容（HTML 代码）的分离，凭借简洁的语法和跨平台的兼容性，极大地简化了 JavaScript 开发人员遍历 HTML 文档、操作 DOM、处理事件、执行动画和开发 AJAX 的操作。jQuery 拥有强大的选择器、出色的 DOM 操作、可靠的事件处理机制、完善的兼容性、独创的链式操作方式等，以其独特而优雅的代码风格改变了 JavaScript 程序员的设计思路和编程方式，因而受到越来越多人的追捧，吸引了一批批的 JavaScript 开发者去学习和研究。

同时，技术的更新也推动着高职高专院校课程的改革，目前，越来越多的高职高专院校对网页设计和制作课程进行了细化和优化，开始开设网页特效设计类课程。为了满足课程教学需要，我们编写了本书。

本书具有以下特色和创新点。

（1）合理选取和重构教学内容，科学安排教学单元的顺序。本书从网页特效在网页中实际应用的角度来理解 JavaScript 语言的语法和 jQuery 库的应用，而不是从 JavaScript 理论知识本身取舍教学内容。本书遵循学习者的认知规律和技能的形成规律，将网页特效分为基本网页特效、日期时间类网页特效、文字类网页特效、图片类网页特效、表单控件类网页特效、导航菜单类网页特效、选项卡类网页特效、内容展开与折叠类网页特效和页面类网页特效这 9 类，同时相应地将内容分为 9 个教学单元，每个教学单元分析和设计一种类型的网页特效，同时将 JavaScript 和 jQuery 的相关知识合理地安排到各个教学单元中。

（2）以实际网站中常见的真实网页特效为载体组织教学内容，强化操作技能训练，提升学习者的动手能力。我们在课程建设的过程中，分析研究了 1000 多个不同类型的网页特效，先后经过 4 次筛选、简化和优化，最终确定了 9 大类 92 个源自真实网站的网页特效作为本书的教学案例，学习者在设计网页时可以根据实际需要灵活使用这些网页特效，以实现学以致用。

（3）围绕这 92 个网页特效设计任务，我们采用了"任务驱动、精讲多练、理论实践一体化"的教学方法，全方位促进学习者网页特效分析设计能力的提升，引导学习者在完成各个网页特效设计任务的过程中，逐步理解灵活多变的 JavaScript 语法知识，循序渐进地学会 jQuery 库的应用，从而熟练掌握形式多样的网页特效的设计方法。

本书在每个教学单元中巧妙地设置了 3 条主线：教学过程主线、理论知识主线和操作任务主线，形成了独具特色的复合结构体例，充分考虑教学实施的需求。我们为每个教学单元都设置了完整的教学环节，帮助教师按照"教学导航→特效赏析→知识必备→引导训练→自主训练" 5 个环节组织教学。每个教学单元相关的理论知识相对独立，以节的方式组织，形成了系统性强、条理性强、循序渐进的理论知识体系。每个教学单元根据学习知识和训练技能的需要合理设置网页特效设计任务，分为"特效赏析—引导训练—自主训练" 3 个层次，其中引导训练任务按"任务描述—思路探析—特效实现" 3 个步骤实施，同时根据需要对实现网页特效的代码进行了必要的解释和说明。

（4）本书配套教学资源丰富。教学单元设计、教学过程设计、网页特效设计、任务设计、JavaScript 和 jQuery 相关知识的选取与序化、教学案例、电子教案等教学资源一应俱全，力求做到想师生之所想，急师生之所急。教学辅助资源请登录人邮教育社区（www.ryjiaoyu.com）下载使用。

本书适合实施理论实践一体化教学，平均 6~8 课时为一个教学单元，可以以串行方式（连续安排 2~3 周）组织教学，也可以以并行方式（每周安排 6~8 课时，安排 8 周左右，每周完成一个教学单元）组织教学。

本书由湖南铁道职业技术学院陈承欢教授编著，颜谦和、吴献文、谢树新、颜珍平、侯伟、潘玫玫、郭外萍、裴来芝、谭传武、肖素华、林保康、王欢燕、张丹、王姿、张丽芳等多位老师参与了网页特效的设计、优化以及部分章节的编写、校对和整理工作。

由于编者水平有限，书中难免存在疏漏之处，敬请各位读者批评指正，作者的 QQ 号码为 1574819688，感谢您使用本书，期待本书能成为您的良师益友。

编者

2018 年 10 月

课 程 设 计

1. 教学单元设计

单元序号	单元名称	建议课时	建议考核分值
单元 1	设计基本网页特效	8	10
单元 2	设计日期时间类网页特效	8	10
单元 3	设计文字类网页特效	8	10
单元 4	设计图片类网页特效	10	18
单元 5	设计表单控件类网页特效	6	10
单元 6	设计导航菜单类网页特效	6	11
单元 7	设计选项卡类网页特效	6	10
单元 8	设计内容展开与折叠类网页特效	6	10
单元 9	设计页面类网页特效	6	11
	小计	64	100

2. 教学过程设计

教学环节序号	教学环节名称	说明
1	教学导航	明确教学目标、熟悉教学方法、了解课时建议
2	特效赏析	赏析典型网页特效，使学习者对相关的知识和方法有初步认识
3	知识必备	对网页特效设计相关的理论知识进行分析与归纳，为网页特效设计提供方法指导和知识支持
4	引导训练	引导学习者一步一步地完成网页特效设计任务
5	自主训练	参照引导训练的过程，学习者自主完成类似的网页特效设计任务

3. 网页特效设计和任务设计

单元序号	训练环节	网页特效设计任务
单元 1	特效赏析	【任务 1-1】JavaScript 实现动态加载网页内容 【任务 1-2】jQuery 实现网页收藏
	引导训练	【任务 1-3】JavaScript 实现动态改变样式文件 【任务 1-4】JavaScript 实现动态改变网页字体大小及关闭网页窗口 【任务 1-5】JavaScript 实现播放 Flash 动画 【任务 1-6】jQuery 实现动态设置页面的宽度和高度
	自主训练	【任务 1-7】利用外部 JS 文件动态输出网页内容 【任务 1-8】巧用 CSS 实现下拉菜单

续表

单元序号	训练环节	网页特效设计任务
单元2	特效赏析	【任务2-1】显示常规格式的当前日期与时间
		【任务2-2】采用多种方式显示当前的日期
	引导训练	【任务2-3】不同的节日显示对应的问候语
		【任务2-4】在特定日期的特定时段显示打折促销信息
		【任务2-5】不同时间段显示不同的问候语
		【任务2-6】一周内每天输出不同的图片
		【任务2-7】实现在线考试倒计时
		【任务2-8】显示限定格式的日期
	自主训练	【任务2-9】验证日期的有效性
		【任务2-10】实现限时抢购倒计时
单元3	特效赏析	【任务3-1】JavaScript实现滚动网页标题栏中的文字
		【任务3-2】jQuery实现向上滚动网站促销公告
	引导训练	【任务3-3】JavaScript实现网页状态栏中的文字呈现打字效果
		【任务3-4】JavaScript实现网页文字滚动与等待的交替效果
		【任务3-5】JavaScript实现鼠标指针滑过动态改变显示内容及外观效果
		【任务3-6】JavaScript实现文本围绕鼠标指针旋转
		【任务3-7】jQuery实现网站动态信息滚动与等待的交替效果
	自主训练	【任务3-8】JavaScript实现网站公告信息连续向上滚动
		【任务3-9】jQuery实现循环滚动网页中的文字
单元4	特效赏析	【任务4-1】JavaScript实现纵向焦点图片轮换
		【任务4-2】jQuery实现带左右按钮控制焦点图片切换
	引导训练	【任务4-3】JavaScript实现控制网页中的图片尺寸
		【任务4-4】JavaScript实现限制图片尺寸与滑动鼠标滚轮调整图片尺寸
		【任务4-5】JavaScript实现网页中图片连续向上滚动
		【任务4-6】JavaScript实现具有滤镜效果的横向焦点图片轮换
		【任务4-7】JavaScript实现具有手风琴效果的横向焦点图片轮换
		【任务4-8】JavaScript实现带缩略图且双向移动的横向焦点图轮换
		【任务4-9】JavaScript实现随滚动条滑块的移动上下滑动图片
		【任务4-10】jQuery实现图片纵向移动的焦点图片轮换
		【任务4-11】jQuery实现具有滤镜效果的横向焦点图片轮换
		【任务4-12】jQuery实现鼠标指针滑过图片时预览大图
		【任务4-13】jQuery实现单击箭头按钮切换图片
	自主训练	【任务4-14】JavaScript实现图片连续向左滚动
		【任务4-15】JavaScript实现通用横向焦点图片轮换
		【任务4-16】JavaScript实现网页图片拖曳
		【任务4-17】jQuery实现图片纵向切换
		【任务4-18】jQuery实现自动与手动均可切换的焦点图片轮换
		【任务4-19】jQuery实现单击左右箭头滚动图片

续表

单元序号	训练环节	网页特效设计任务
单元5	特效赏析	【任务5-1】实现注册表单中的网页特效
		【任务5-2】实现反馈意见表单中的网页特效
	引导训练	【任务5-3】JavaScript实现邮箱自动导航
		【任务5-4】JavaScript实现获取表单控件的设置值
		【任务5-5】jQuery实现自定义列表框与单击清空输入框内容
	自主训练	【任务5-6】JavaScript实现输出列表框中被选项的文本内容
		【任务5-7】JavaScript实现利用列表框切换网页
		【任务5-8】jQuery实现动态改变购买数量
单元6	特效赏析	【任务6-1】应用className和display等属性实现横向下拉菜单
		【任务6-2】应用jQuery的hover事件和addClass等方法实现横向导航菜单
		【任务6-3】应用jQuery的bind和attr等方法实现纵向导航菜单
	引导训练	【任务6-4】应用JavaScript的onmouseover等事件和className属性设计横向导航菜单
		【任务6-5】应用jQuery的hover事件和CSS方法设计横向导航菜单
		【任务6-6】应用jQuery的find和animate等方法设计横向导航菜单
		【任务6-7】应用jQuery的one和each等方法设计复杂导航菜单
	自主训练	【任务6-8】应用HTML元素的样式属性设计横向下拉菜单
		【任务6-9】应用jQuery的show和hide等方法设计纵向导航菜单
		【任务6-10】应用jQuery的slideDown和slideUp等方法设计有滑动效果的横向下拉菜单
		【任务6-11】应用jQuery的slideDown和fadeOut等方法设计下拉菜单
单元7	特效赏析	【任务7-1】应用setInterval函数和display属性实现选项卡的手动切换和自动切换
		【任务7-2】应用jQuery的index和find等方法实现横向选项卡
	引导训练	【任务7-3】应用DOM的className和style等属性设计纵向选项卡
		【任务7-4】应用DOM的className和style等属性设计横向选项卡
		【任务7-5】应用仿jQuery的attr方法设计横向选项卡
		【任务7-6】应用JavaScript的push和jQuery的animate等方法设计横向选项卡与图文滚动特效
	自主训练	【任务7-7】应用DOM的getElementById和className等属性设计横向选项卡
		【任务7-8】应用jQuery的mouseover和show等方法设计横向选项卡
单元8	特效赏析	【任务8-1】应用jQuery的each和hasClass等方法设计网页内容折叠与展开特效
		【任务8-2】应用jQuery的toggle和CSS等方法实现网页内容多层折叠与展开特效
	引导训练	【任务8-3】应用DOM的onclick事件和parentNode属性设计网页内容折叠与展开特效
		【任务8-4】应用JavaScript的getElementsByTagName和className等方法或属性设计网页内容折叠与展开特效
		【任务8-5】应用jQuery的bind和CSS等方法设计网页内容折叠与展开特效
		【任务8-6】应用jQuery的next和toggleClass等方法设计折叠与展开网页内容的特效

续表

单元序号	训练环节	网页特效设计任务
单元8	自主训练	【任务8-7】应用DOM的getElementById方法和className属性设计网页内容折叠与展开特效
		【任务8-8】应用jQuery的hover和click事件设计网页内容折叠与展开特效
		【任务8-9】应用jQuery的data和animate等方法设计网页内容折叠与展开特效
单元9	特效赏析	【任务9-1】实现页面换肤网页特效
		【任务9-2】根据日期特征动态切换背景
	引导训练	【任务9-3】根据屏幕宽度自动设置网页背景和导航栏
		【任务9-4】页面快捷导航菜单的显示与隐藏
		【任务9-5】下拉窗口的打开与自动隐藏
		【任务9-6】滚动屏幕时隐藏或显示"返回顶部"导航栏
	自主训练	【任务9-7】选购商品时打开购物车页面
		【任务9-8】动态切换页面背景与调整页面大小
		【任务9-9】浮动框架的高度自适应页面内容的高度
		【任务9-10】随着屏幕高度变化隐藏或显示"返回顶部"导航栏
任务合计	92	

4. JavaScript和jQuery相关知识的选取与序化

单元序号	JavaScript知识导航	jQuery知识导航
单元1	（1）JavaScript简介 （2）JavaScript主要的语法规则 （3）JavaScript常用的开发工具 （4）在HTML文档中嵌入JavaScript代码的方法 （5）JavaScript的注释 （6）JavaScript的数据类型 （7）JavaScript的常量与变量 （8）JavaScript的消息框 （9）JavaScript的异常处理 （10）JavaScript库	（1）下载和替代jQuery库 （2）jQuery的引用 （3）jQuery函数的类别 （4）jQuery的基础语法 （5）文档就绪函数ready
单元2	（1）JavaScript的运算符与表达式 （2）JavaScript的语句及其规则 （3）JavaScript的条件语句 （4）JavaScript的函数 （5）JavaScript的String（字符串）对象 （6）JavaScript的Math（数学）对象 （7）JavaScript的Date（日期）对象 （8）JavaScript的计时方法 （9）JavaScript的RegExp对象及其方法 （10）支持正则表达式的String对象的方法	JavaScript和jQuery的使用比较

续表

单元序号	JavaScript 知识导航	jQuery 知识导航
单元 3	（1）JavaScript 的循环语句 （2）HTML DOM（文档对象模型） （3）JavaScript 的位置与尺寸方法	（1）jQuery 的选择器 （2）jQuery 的链式操作 （3）jQuery 的效果方法
单元 4	JavaScript 的对象	jQuery 文档的操作方法
单元 5	（1）JavaScript 的事件 （2）JavaScript 的事件方法	jQuery 的事件方法
单元 6	JavaScript 的 this 指针	（1）jQuery 的属性操作方法 （2）jQuery 的 CSS 操作方法
单元 7	（1）JavaScript 的数组对象 （2）JSON 及其使用	
单元 8	BOM（浏览器对象模型）	jQuery 的尺寸方法
单元 9	正确使用 Cookie	正确区分 jQuery 对象和 DOM 对象
附录 A		（1）jQuery 的核心函数 （2）jQuery 的选择器 （3）jQuery 的遍历方法 （4）jQuery 的事件方法 （5）jQuery 的效果方法 （6）jQuery 的文档操作方法 （7）jQuery 的 DOM 元素方法 （8）jQuery 的属性操作方法 （9）jQuery 的 CSS 操作方法 （10）jQuery 的尺寸方法 （11）jQuery 的数据操作方法 （12）jQuery 的 AJAX 操作方法

目录 CONTENTS

单元 1

设计基本网页特效 …………………………………………………… 1

- 任务 1-1　JavaScript 实现动态加载网页内容 ………………………………… 1
- 任务 1-2　jQuery 实现网页收藏 ……………………………………………… 2
  - 1.1　JavaScript 简介 …………………………………………………… 4
  - 1.2　JavaScript 主要的语法规则 ……………………………………… 4
  - 1.3　JavaScript 常用的开发工具 ……………………………………… 5
  - 1.4　在 HTML 文档中嵌入 JavaScript 代码的方法 ………………… 5
  - 1.5　JavaScript 的注释 ………………………………………………… 6
  - 1.6　JavaScript 的数据类型 …………………………………………… 6
  - 1.7　JavaScript 的常量 ………………………………………………… 8
  - 1.8　JavaScript 的变量 ………………………………………………… 8
  - 1.9　JavaScript 的消息框 ……………………………………………… 10
  - 1.10　JavaScript 的异常处理 …………………………………………… 11
  - 1.11　JavaScript 库 ……………………………………………………… 12
  - 1.12　下载和替代 jQuery 库 …………………………………………… 13
  - 1.13　jQuery 简介 ……………………………………………………… 13
- 任务 1-3　JavaScript 实现动态改变样式文件 ………………………………… 15
- 任务 1-4　JavaScript 实现动态改变网页字体大小及关闭网页窗口 ………… 16
- 任务 1-5　JavaScript 实现播放 Flash 动画 …………………………………… 17
- 任务 1-6　jQuery 实现动态设置页面的宽度和高度 ………………………… 18
- 任务 1-7　利用外部 JS 文件动态输出网页内容 ……………………………… 19
- 任务 1-8　巧用 CSS 实现下拉菜单 …………………………………………… 20

单元 2

设计日期时间类网页特效 ………………………………………… 22

- 任务 2-1　显示常规格式的当前日期与时间 ………………………………… 22
- 任务 2-2　采用多种方式显示当前的日期 …………………………………… 23
  - 2.1　JavaScript 的运算符与表达式 …………………………………… 25
  - 2.2　JavaScript 的语句及其规则 ……………………………………… 28

2.3　JavaScript 的条件语句 ·················· 29
　　2.4　JavaScript 的函数 ······················· 32
　　2.5　JavaScript 的 String（字符串）对象 ···· 35
　　2.6　JavaScript 的 Math（数学）对象 ······· 36
　　2.7　JavaScript 的 Date（日期）对象 ········ 36
　　2.8　JavaScript 的计时方法 ··················· 38
　　2.9　JavaScript 的 RegExp 对象及其方法 ···· 39
　　2.10　支持正则表达式的 String 对象的方法 ··· 43
　　2.11　JavaScript 和 jQuery 的使用比较 ······ 46
任务 2-3　不同的节日显示对应的问候语 ········· 47
任务 2-4　在特定日期的特定时段显示打折促销信息 ··· 48
任务 2-5　不同时间段显示不同的问候语 ········· 49
任务 2-6　一周内每天输出不同的图片 ··········· 50
任务 2-7　实现在线考试倒计时 ··················· 50
任务 2-8　显示限定格式的日期 ··················· 51
任务 2-9　验证日期的有效性 ····················· 52
任务 2-10　实现限时抢购倒计时 ·················· 55

单元 3

设计文字类网页特效 ·················· 56

任务 3-1　JavaScript 实现滚动网页标题栏中的文字 ··· 56
任务 3-2　jQuery 实现向上滚动网站促销公告 ··· 57
　　3.1　JavaScript 的循环语句 ··················· 59
　　3.2　HTML DOM（文档对象模型） ········· 64
　　3.3　JavaScript 的位置与尺寸方法 ··········· 68
　　3.4　jQuery 的选择器 ························· 75
　　3.5　jQuery 的链式操作 ······················· 76
　　3.6　jQuery 的效果方法 ······················· 76
任务 3-3　JavaScript 实现网页状态栏中的文字呈现打字效果 ··· 84
任务 3-4　JavaScript 实现网页文字滚动与等待的交替效果 ··· 84
任务 3-5　JavaScript 实现鼠标指针滑过动态改变显示内容及外观效果 ··· 86
任务 3-6　JavaScript 实现文本围绕鼠标指针旋转 ··· 88
任务 3-7　jQuery 实现网站动态信息滚动与等待的交替效果 ··· 89
任务 3-8　JavaScript 实现网站公告信息连续向上滚动 ··· 90
任务 3-9　jQuery 实现循环滚动网页中的文字 ··· 92

单元 4

设计图片类网页特效 ·· 94

- 任务 4-1 JavaScript 实现纵向焦点图片轮换 ··· 94
- 任务 4-2 jQuery 实现带左右按钮控制焦点图片切换 ·· 99
  - 4.1 JavaScript 的对象 ··· 101
  - 4.2 jQuery 文档的操作方法 ··· 104
- 任务 4-3 JavaScript 实现控制网页中的图片尺寸 ··· 107
- 任务 4-4 JavaScript 实现限制图片尺寸与滑动鼠标滚轮调整图片尺寸 ················· 107
- 任务 4-5 JavaScript 实现网页中图片连续向上滚动 ·· 108
- 任务 4-6 JavaScript 实现具有滤镜效果的横向焦点图片轮换 ······························ 110
- 任务 4-7 JavaScript 实现具有手风琴效果的横向焦点图片轮换 ·························· 113
- 任务 4-8 JavaScript 实现带缩略图且双向移动的横向焦点图轮换 ······················· 116
- 任务 4-9 JavaScript 实现随滚动条滑块的移动上下滑动图片 ······························ 119
- 任务 4-10 jQuery 实现图片纵向移动的焦点图片轮换 ··· 120
- 任务 4-11 jQuery 实现具有滤镜效果的横向焦点图片轮换 ··································· 123
- 任务 4-12 jQuery 实现鼠标指针滑过图片时预览大图 ··· 125
- 任务 4-13 jQuery 实现单击箭头按钮切换图片 ··· 127
- 任务 4-14 JavaScript 实现图片连续向左滚动 ··· 129
- 任务 4-15 JavaScript 实现通用横向焦点图片轮换 ··· 130
- 任务 4-16 JavaScript 实现网页图片拖曳 ·· 133
- 任务 4-17 jQuery 实现图片纵向切换 ·· 135
- 任务 4-18 jQuery 实现自动与手动均可切换的焦点图片轮换 ································ 136
- 任务 4-19 jQuery 实现单击左右箭头滚动图片 ··· 139

单元 5

设计表单控件类网页特效 ·· 142

- 任务 5-1 实现注册表单中的网页特效 ·· 142
- 任务 5-2 实现反馈意见表单中的网页特效 ··· 148
  - 5.1 JavaScript 的事件 ··· 151
  - 5.2 JavaScript 的事件方法 ··· 154
  - 5.3 jQuery 的事件方法 ··· 154
- 任务 5-3 JavaScript 实现邮箱自动导航 ··· 156
- 任务 5-4 JavaScript 实现获取表单控件的设置值 ·· 158
- 任务 5-5 jQuery 实现自定义列表框与单击清空输入框内容 ·································· 162

任务 5-6　JavaScript 实现输出列表框中被选项的文本内容 ·· 164
任务 5-7　JavaScript 实现利用列表框切换网页 ··· 165
任务 5-8　jQuery 实现动态改变购买数量 ·· 166

单元 6

设计导航菜单类网页特效 ··· 168

任务 6-1　应用 className 和 display 等属性实现横向下拉菜单 ··· 168
任务 6-2　应用 jQuery 的 hover 事件和 addClass 等方法实现横向导航菜单 ····················· 171
任务 6-3　应用 jQuery 的 bind 和 attr 等方法实现纵向导航菜单 ··· 173
  6.1　JavaScript 的 this 指针 ··· 176
  6.2　jQuery 的属性操作方法 ··· 176
  6.3　jQuery 的 CSS 操作方法 ··· 177
任务 6-4　应用 JavaScript 的 onmouseover 等事件和 className 属性设计横向导航菜单 ······· 178
任务 6-5　应用 jQuery 的 hover 事件和 CSS 方法设计横向导航菜单 ································· 179
任务 6-6　应用 jQuery 的 find 和 animate 等方法设计横向导航菜单 ·································· 181
任务 6-7　应用 jQuery 的 one 和 each 等方法设计复杂导航菜单 ··· 184
任务 6-8　应用 HTML 元素的样式属性设计横向下拉菜单 ··· 187
任务 6-9　应用 jQuery 的 show 和 hide 等方法设计纵向导航菜单 ······································· 189
任务 6-10　应用 jQuery 的 slideDown 和 slideUp 等方法设计有滑动效果的横向下拉菜单 ······· 190
任务 6-11　应用 jQuery 的 slideDown 和 fadeOut 等方法设计下拉菜单 ···························· 191

单元 7

设计选项卡类网页特效 ··· 193

任务 7-1　应用 setInterval 函数和 display 属性实现选项卡的手动切换和自动切换 ········· 193
任务 7-2　应用 jQuery 的 index 和 find 等方法实现横向选项卡 ·· 195
  7.1　JavaScript 的数组对象 ··· 197
  7.2　JSON 及其使用 ·· 198
任务 7-3　应用 DOM 的 className 和 style 等属性设计纵向选项卡 ··································· 200
任务 7-4　应用 DOM 的 className 和 style 等属性设计横向选项卡 ··································· 202
任务 7-5　应用仿 jQuery 的 attr 方法设计横向选项卡 ··· 205
任务 7-6　应用 JavaScript 的 push 和 jQuery 的 animate 等方法设计横向选项卡与图文滚动特效 ··· 208
任务 7-7　应用 DOM 的 getElementById 和 className 等属性设计横向选项卡 ·············· 210
任务 7-8　应用 jQuery 的 mouseover 和 show 等方法设计横向选项卡 ······························· 212

单元 8

设计内容展开与折叠类网页特效 ······ 213

- 任务 8-1　应用 jQuery 的 each 和 hasClass 等方法设计网页内容折叠与展开特效 ······ 213
- 任务 8-2　应用 jQuery 的 toggle 和 CSS 等方法实现网页内容多层折叠与展开特效 ······ 215
  - 8.1　BOM（浏览器对象模型）······ 217
  - 8.2　jQuery 的尺寸方法 ······ 221
- 任务 8-3　应用 DOM 的 onclick 事件和 parentNode 属性设计网页内容折叠与展开特效 ······ 221
- 任务 8-4　应用 JavaScript 的 getElementsByTagName 和 className 等方法或属性设计网页内容折叠与展开特效 ······ 223
- 任务 8-5　应用 jQuery 的 bind 和 CSS 等方法设计网页内容折叠与展开特效 ······ 226
- 任务 8-6　应用 jQuery 的 next 和 toggleClass 等方法设计折叠与展开网页内容的特效 ······ 228
- 任务 8-7　应用 DOM 的 getElementById 方法和 className 属性设计网页内容折叠与展开特效 ······ 229
- 任务 8-8　应用 jQuery 的 hover 和 click 事件设计网页内容折叠与展开特效 ······ 232
- 任务 8-9　应用 jQuery 的 data 和 animate 等方法设计网页内容折叠与展开特效 ······ 233

单元 9

设计页面类网页特效 ······ 236

- 任务 9-1　实现页面换肤网页特效 ······ 236
- 任务 9-2　根据日期特征动态切换背景 ······ 242
  - 9.1　正确使用 Cookie ······ 247
  - 9.2　正确区分 jQuery 对象和 DOM 对象 ······ 248
- 任务 9-3　根据屏幕宽度自动设置网页背景和导航栏 ······ 249
- 任务 9-4　页面快捷导航菜单的显示与隐藏 ······ 251
- 任务 9-5　下拉窗口的打开与自动隐藏 ······ 253
- 任务 9-6　滚动屏幕时隐藏或显示"返回顶部"导航栏 ······ 255
- 任务 9-7　选购商品时打开购物车页面 ······ 257
- 任务 9-8　动态切换页面背景与调整页面大小 ······ 257
- 任务 9-9　浮动框架的高度自适应页面内容的高度 ······ 259
- 任务 9-10　随着屏幕高度变化隐藏或显示"返回顶部"导航栏 ······ 260

附录 A

jQuery 的常用方法 ······ 261

- A.1　jQuery 的核心函数 ······ 261

A.2　jQuery 的选择器 ………………………………………………………… 261
A.3　jQuery 的遍历方法 ……………………………………………………… 262
A.4　jQuery 的事件方法 ……………………………………………………… 263
A.5　jQuery 的效果方法 ……………………………………………………… 264
A.6　jQuery 的文档操作方法 ………………………………………………… 265
A.7　jQuery 的 DOM 元素方法 ……………………………………………… 265
A.8　jQuery 的属性操作方法 ………………………………………………… 266
A.9　jQuery 的 CSS 操作方法 ………………………………………………… 266
A.10　jQuery 的尺寸方法 …………………………………………………… 266
A.11　jQuery 的数据操作方法 ……………………………………………… 267
A.12　jQuery 的 AJAX 操作方法 …………………………………………… 267

参考文献 ………………………………………………………………… **268**

单元 1
设计基本网页特效

01

本单元我们主要探讨基本网页特效的设计方法。

教学导航

▶ **教学目标**

① 学会设计基本的网页特效
② 学会下载和替代 jQuery 库
③ 熟悉 JavaScript 的基本特点和主要的语法规则
④ 熟悉 JavaScript 常用的开发工具
⑤ 熟悉 JavaScript 的注释
⑥ 熟练使用 JavaScript 的消息框
⑦ 熟悉 JavaScript 的异常处理
⑧ 掌握在 HTML 文档中嵌入 JavaScript 代码的方法
⑨ 掌握 JavaScript 的数据类型
⑩ 掌握 JavaScript 的常量与变量
⑪ 掌握 jQuery 的引用方法
⑫ 掌握 jQuery 的基础语法
⑬ 掌握文档就绪函数 ready 的使用方法
⑭ 了解 JavaScript 库
⑮ 了解 jQuery 函数的类别

▶ **教学方法**   任务驱动法、分组讨论法、探究学习法

▶ **建议课时**   8 课时

特效赏析

任务 1-1　JavaScript 实现动态加载网页内容

网页中常见的底部导航栏与版权信息如图 1-1 所示。

图 1-1 所示的底部导航栏与版权信息可以采用 HTML 代码实现，代码如表 1-1 所示。也可以采用 JavaScript 代码实现，对应的 JavaScript 代码如表 1-2 所示。

联系我们 ｜ 网站地图 ｜ 旅游调查 ｜ 用户留言 ｜ 设为首页 ｜ 收藏本站
e游天下网 版权所有 Copyright 2019-2025 © 蝴蝶工作室

图 1-1　网页的底部导航栏与版权信息

表 1-1　实现网页底部导航栏与版权信息的 HTML 代码

序号	程序代码
01	`<div id="innerWrapper">`
02	`<div id="ly-footer">`
03	联系我们	网站地图	旅游调查	
04	用户留言	设为首页	收藏本站` `
05	e 游天下网 版权所有 Copyright 2019-2025 © 蝴蝶工作室`>`
06	`</div>`
07	`</div>`

表 1-2 中的代码解释如下。

（1）JavaScript 脚本程序必须置于<script>与</script>标签中。

表 1-2　实现网页底部导航栏与版权信息的 JavaScript 代码

序号	程序代码
01	\<div id="innerWrapper">
02	\<div id="ly-footer">
03	\<script language="JavaScript" type="text/javascript">
04	\<!--
05	var footerContent ;
06	footerContent = "联系我们　|　网站地图　|　旅游调查　|　";
07	footerContent += "用户留言　|　设为首页　|　收藏本站\ ";
08	footerContent += " e 游天下网 版权所有 Copyright 2019-2025 © 蝴蝶工作室";
09	document.write(footerContent);
10	// -->
11	\</script>
12	\</div>
13	\</div>

（2）04 行的符号"\<!--"和 10 行的符号"//-->"针对不支持脚本的浏览器，从而忽略其间的脚本程序。

（3）05～09 行共有 5 条语句，每一条语句都以";"结束。这些语句都按其出现的先后顺序执行，即程序结构为顺序结构。

（4）05 行为声明变量语句：声明 1 个变量，变量名为 footerContent。

（5）06 行为变量赋值语句：将一个字符常量值赋值给变量 footerContent，赋值运算符为"="。

（6）07～08 行都是赋值语句，使用的是复合赋值运算符"+="，将两个字符串连接后重新赋值给变量 footerContent。

（7）09 行使用文档对象 document 的 write 方法向网页中输出变量的值 footerContent，即输入一个字符串，该 JavaScript 语句会在页面加载时执行。

提示　使用 document.write()可以直接写入 HTML 输出流中，但只能在 HTML 输出中使用 document.write。如果在文档加载后使用该方法，则会覆盖整个文档。

（8）JavaScript 区分字母的大小写。

在同一个程序中使用大写字母和小写字母表示不同的意义，不能随意将大写字母写成小写，也不能随意将小写字母写成大写。例如，05 行中声明的变量"footerContent"，该变量名的第 7 个字母为大写"C"，在程序中使用该变量时该字母必须统一写成大写"C"，而不能写成小写"c"。如果声明变量时，变量名称为"footercontent"形式，全为小写字母，则在程序中使用该变量时，也不能写成大写。也就是说，使用变量时的名称应与声明变量的名称完全一致。

注意　JavaScript 的文档对象"document"则全部为小写字母，而不能写成"Document"，否则会由于系统不能识别"Document"，而出现错误。

任务 1-2　jQuery 实现网页收藏

网页中包含如下所示的 HTML 代码。

```
<div class="topLinks">
    <span><a id="favorite" href="#">添加收藏</a></span>
</div>
```

用 IE 11 浏览器浏览该网页时，单击网页中的"添加收藏"超链接，会弹出如图 1-2 所示的【添加收藏】对话框，在该对话框中单击【添加】按钮，则会将对应网页添加到收藏夹。

用非 IE 浏览器浏览该网页时，单击网页中的"添加收藏"超链接，会弹出如图 1-3 所示的【添加失败】对话框。

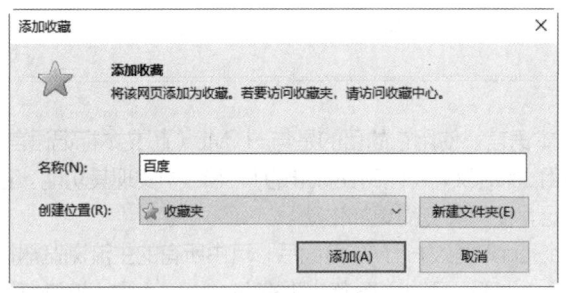

图 1-2 【添加收藏】对话框

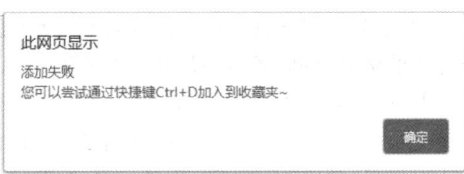

图 1-3 【添加失败】对话框

这里的"添加收藏"功能采用 jQuery 方式实现，代码如表 1-3 所示。

表 1-3　实现网页收藏功能的 JavaScript 代码

序号	程序代码
01	`<script language="javascript" type="text/javascript" src="js/jquery.js"></script>`
02	`<script language="javascript" type="text/javascript" >`
03	`//加入收藏夹`
04	`$(document).ready(function() {`
05	`　　$("#favorite").click(function() {`
06	`　　　if ( window.ActiveXObject || "ActiveXObject" in window ) {`
07	`　　　　window.external.addFavorite('http://www.baidu.com', '百度')`
08	`　　　} else   {`
09	`　　　　alert('添加失败\n 您可以尝试通过组合键【 Ctrl+D】加入到收藏夹~')`
10	`　　　}`
11	`　　})`
12	`});`
13	`</script>`

表 1-3 中的代码解释如下。

（1）01 行引用了一个外部的 JS 文件 jquery.js。

（2）为了防止文档在完全加载（就绪）之前运行 jQuery 代码，jQuery 函数应位于 ready 方法中，如下所示。

```
$(document).ready(function(){
    //函数代码
});
```

（3）05 行表示单击 id="favorite"的按钮时，触发该按钮的单击事件，调用一个函数，执行该函数中的程序代码。

（4）if…else…语句为选择结构，针对 IE 浏览器和非 IE 浏览器执行不同的语句。

（5）06 行中的表达式"window.ActiveXObject || "ActiveXObject" in window"用于判断当前浏

览器的类型为 IE 浏览器。

（6）07 行使用 window.external.addFavorite 方法实现 IE 浏览器的添加收藏功能。

（7）09 行的 alert()方法用于打开一个信息对话框，该方法是 window 对象的常用方法之一，可以写作 window.alert( )。其作用是弹出一个对话框，显示所指定的内容。括号中的字符串参数为对话框将要显示的内容，该对话框只有一个【确定】按钮。

知识必备

1.1 JavaScript 简介

JavaScript 是一种基于对象和事件驱动的脚本语言。使用它的目的是与 HTML（超文本标记语言）一起实现网页中的动态交互功能。通过嵌入或调用 JavaScript 代码在标准的 HTML 中实现其功能。它与 HTML 标签结合在一起，弥补了 HTML 的不足，使网页变得更加生动。

JavaScript 是一种轻量级的编程语言，JavaScript 插入 HTML 页面后，可由所有的主流浏览器执行。JavaScript 由布兰登·艾奇（Brendan Eich）发明，于 1995 年出现在 Netscape 中（该浏览器已停止更新），并于 1997 年被 ECMA（欧洲计算机制造协会）采纳，将 JavaScript 制订为标准，称为 ECMAScript，ECMA-262 是 JavaScript 标准的官方名称。

JavaScript 的基本语法与 C 语言类似，但运行过程中不需要单独编译，而是逐行解释执行，运行快。JavaScript 具有跨平台性，与操作环境无关，只依赖于浏览器本身，只要浏览器支持 JavaScript 就能正确执行。

由于 JavaScript 具有复杂的文档对象模型（DOM），不同浏览器实现的方式不一样，以及缺乏便捷的开发、调试工具，所以 JavaScript 的应用并未真正推广开，正当 JavaScript 从开发者的视线中渐渐隐去时，一种新型的基于 JavaScript 的 Web 技术——AJAX（Asynchronous JavaScript And XML，异步 JavaScript 和 XML）诞生了，使互联网中基于 JavaScript 的应用越来越多，从而使 JavaScript 不再是一种仅仅用于制作 Web 页面的脚本语言，JavaScript 越来越受到重视，互联网领域正在掀起一场 JavaScript 风暴。

1.2 JavaScript 主要的语法规则

（1）在网页中插入脚本程序的方式是使用 script 标记，把脚本标记<script></script>置于网页上的 head 部分或 body 部分，然后在其中加入脚本程序。其一般语法形式如下。

```
<script language="JavaScript" type="text/javascript">
  <!--
      在此编写 JavaScript 代码
  //-->
</script>
```

通过标识<script></script>指明其间是 JavaScript 脚本源代码。

使用 script 标记时，一般使用 language 属性说明使用何种语言，使用 type 属性标识脚本程序的类型，也可以只使用其中一种，以适应不同的浏览器。如果需要，还可以在 language 属性中标明 JavaScript 的版本号，那么，所使用的 JavaScript 脚本程序就可以应用该版本中的功能和特性，如 "language=JavaScript1.2"。

对于老式的浏览器可能会在<script>标签中使用 type="text/javascript"，现在已经不必这样做了，JavaScript 是所有现代浏览器以及 HTML 5 中的默认脚本语言。

并非所有的浏览器都支持 JavaScript，另外，由于浏览器版本和 JavaScript 脚本程序之间存在兼容性问题，可能会导致某些 JavaScript 脚本程序在某些版本浏览器中无法正确执行。如果浏览不能识别<script>标签，就会将<script>与</script>之间的 JavaScript 脚本程序当作普通的 HTML 字符显示在浏览器中。针对此类问题，可以将 JavaScript 脚本程序代码置于 HTML 注释符之间，这样对于不支持 JavaScript 的浏览器就不会把代码内容当作文本显示在页面上，而是把它们当作注释，不会做任何操作。

"<!--"是 HTML 注释符的起始标签，"//-->"是 HTML 注释符的结束标签。对于不支持 JavaScript 脚本程序的浏览器，标签<!--和//-->之间的内容被当作注释内容，对于支持 JavaScript 程序的浏览器，这对标签将不起任何作用。另外，需要注意的是，HTML 注释符的结束标记之前有两个斜杠"//"，这两个斜杠是 JavaScript 语言中的注释符号，如果没有这两个斜杠，JavaScript 解释器试图将 HTML 注释的结束标记作为 JavaScript 来解释，从而有可能导致出错。

（2）所有的 JavaScript 语句都以分号";"结束。

（3）JavaScript 语言对大小写是敏感的。

1.3 JavaScript 常用的开发工具

编写与调试 JavaScript 脚本程序的工具有多种，目前常用的工具有 Dreamweaver、Firebug、Visual Studio、Aptana、JavaScript Editor 等。

1. Dreamweaver

Dreamweaver 是世界顶级软件厂商 Adobe 推出的一套制作并编辑网站和移动应用程序的专业网页设计软件，其最新推出的版本为 Dreamweaver CC。它支持以代码、拆分、设计、实时视图等多种方式来创作、编写和修改网页，无须编写任何代码就能快速创建 Web 页面。

Dreamweaver CC 支持 jQuery 代码自动提示功能，借助 jQuery 代码提示加入高级交互性功能，jQuery 可轻松为网页添加互动内容，借助针对手机的启动模板快速开始设计。

2. Firebug

Firebug 是一个用于网站前端开发的工具，它是 Firefox 浏览器的一个扩展插件，它集 HTML 查看和编辑、JavaScript 控制台、网络状况监视器于一体，可以用于调试 JavaScript、查看 DOM、分析 CSS 以及 AJAX 交互等。

3. Visual Studio

Visual Studio 是 Microsoft 公司推出的程序集成开发环境，Visual Studio 2008 版本之后就可以使用 jQuery 智能提示功能了。

4. Aptana

Aptana 是一个功能非常强大、开源和专注于 JavaScript 的 AJAX 开发，它支持 jQuery 代码自动提示功能。

1.4 在 HTML 文档中嵌入 JavaScript 代码的方法

HTML 中的 JavaScript 脚本必须位于<script>与</script>标签之间，脚本可被放置在 HTML 页面的<body>或<head>部分中，或者同时存在于两个部分中。通常的做法是把函数放入<head>部分中，或者放在页面底部，这样就可以把它们安置到同一处位置，不会干扰页面的内容。

JavaScript 代码嵌入 HTML 文档的形式有以下几种。

（1）在 head 部分添加 JavaScript 脚本。

将 JavaScript 脚本置于 head 部分，使之在其余代码之前装载，快速实现其功能，并且容易维护。

有时在 head 部分定义 JavaScript 脚本，在 body 部分调用 JavaScript 脚本。

（2）直接在 body 部分添加 JavaScript 脚本。

由于某些脚本程序在网页中特定部分显示其效果，此时脚本代码就会位于 body 中的特定位置。也可以直接在 HTML 表单的<input>标签内添加脚本，以响应输入元素的事件。

（3）链接 JavaScript 脚本文件。

引用外部脚本文件，应使用 script 标签的 src 属性来指定外部脚本文件的 URL。这种方式可以使脚本得到重复利用，从而降低维护的工作量。

外部 JavaScript 文件是最常见的包含 JavaScript 代码的方式，其主要原因有以下几点。

① HTML 页面中代码越少，搜索引擎就能够以越快的速度来抓取网站并建立索引。

② 保持 JavaScript 代码和 HTML 的分离，这样代码显得更清晰，且最终更易于管理。

③ 因为可以在 HTML 代码中包含多个 JavaScript 文件，因此可以把 JavaScript 文件分开放在 Web 服务器上不同的文件目录结构中，这类似于图像的存放方式，是一种更容易管理代码的做法。清晰、有条理的代码始终是让网站管理变容易的关键。

1.5 JavaScript 的注释

JavaScript 的注释用于对 JavaScript 代码进行解释，以提高程序的可读性。调试 JavaScript 程序时，还可以使用注释阻止代码块的执行。

JavaScript 有两种类型的注释。

（1）单行注释以双斜杠开头（//）。

例如：

// this is a single-line comment

（2）多行注释以单斜杠和星号开头（/*），以星号和单斜杠结尾（*/）。

例如：

/*this is a multi-

line comment*/

注释可以单独一行，也可以在行末。

1.6 JavaScript 的数据类型

JavaScript 的基本数据类型主要有字符串（String）、数字（Number）、布尔（Boolean）、Null、Undefined，引用类型主要有数组和对象。

JavaScript 拥有动态类型。这意味着相同的变量可用作不同的类型。

例如：

var x;   // x 为 undefined

var x = 26 ;   // x 为数字

var x = "Good" ;   // x 为字符串

1. 字符串

JavaScript 的字符串可以是引号中的任意文本，可以使用单引号或双引号。

例如：

var name="Good";

var name='Good';

2. 数字

JavaScript 只有一种数字类型，数字可以带小数点，也可以不带。

例如：
var x1=34.00；   //使用小数点来写
var x2=34；   //不使用小数点来写

较大或较小的数字可以通过科学计数法（指数）来书写。

例如：
var y=123e5;   // 12 300 000
var z=123e-5;   // 0.001 23

JavaScript 不是类型语言，与许多其他编程语言不同，JavaScript 不定义不同类型的数字，如整数、短整型、长整型、浮点型等。

JavaScript 中的所有数字均为 64 位，都存储为根为 10 的 64 位数字（8 比特）。

整数（不使用小数点或指数计数法）的精度最多为 15 位，小数的最大位数是 17 位，但是浮点运算并不总是百分之百准确。

如果数字的前缀为 0，则 JavaScript 会把数值常量解释为八进制数，如果数字的前缀为 0x，则解释为十六进制数。

例如：
var y=0377;
var z=0xFF;

> **说明**
>
> 绝不要在数字前面写 0，除非需要进行八进制转换。
>
> NaN 是 JavaScript 的全局常量，本意表示某个值不是数值，但其本身却又是数值，且不等于其自身，看下面的代码。
>
> alert(typeof NaN);   //显示为'Number'
> alert(NaN == NaN); //显示为 false
>
> 实际上 NaN 不等于任何东西。要确认是不是 NaN 只能使用 isNaN，如以下代码。
>
> alert(isNaN(NaN)) ; //显示为 true

3. 布尔

JavaScript 的布尔（逻辑）类型只能有两个值：true 或 false。布尔类型值常用在条件测试中。

例如：
var x=true；
var y=false；

Boolean（逻辑）对象用于将非逻辑值转换为逻辑值（true 或者 false）。使用关键词 new 来定义 Boolean 对象。

下面的代码定义了一个名为 myBoolean 的逻辑对象。

var myBoolean=new Boolean()；

> **注意**
>
> 如果逻辑对象无初始值或者其值为 0、-0、null、""、false、undefined 或者 NaN，那么对象的值为 false。否则，其值为 true（即使当自变量为字符串"false"时）。

4. null

可以通过将变量的值设置为 null 来清空变量。

例如：
book=null;

5. Undefined

Undefined 表示变量不含有值。

1.7 JavaScript 的常量

JavaScript 有 6 种基本类型的常量。

1. 字符型常量

字符型常量是使用单引号（' '）或双引号（" "）括起来的一个或几个字符。

2. 整型常量

整型常量是不能改变的数据，可以使用十进制、十六进制、八进制表示其值。

3. 实型常量

实型常量由整数部分加小数部分表示，可以使用科学或标准方法表示。

4. 布尔值

布尔常量只有两种值：true 或 false，主要用来说明或代表一种状态或标志。

5. 空值

JavaScript 中有一种空值类型 null，表示什么也没有，可以理解为对象占位符。如果试图引用没有定义的变量，则返回一个 null 值。

> **说明** null 是个对象。JavaScript 有一种空值类型，它有一个唯一的值 null，即它的字面量，定义为完全没有任何意义的值，其表现得像个对象。
>
> 例如：
>
> alert(typeof null);   //显示为'object'
>
> 尽管 typeof 值显示为"object"，但 null 并不认为是一个对象实例。要知道，JavaScript 中的值都是对象实例，每个数值都是 Number 对象，每个对象都是 Object 对象。因为 null 是没有值的，所以 null 不是任何东西的实例。
>
> 例如：
>
> alert(null instanceof Object);   //显示为 false

6. 特殊字符

JavaScript 中包含以反斜杠（ / ）开头的特殊字符，通常称为控制字符。

1.8 JavaScript 的变量

1. 变量的概念与命名

变量是内存中存取数据的容器。

例如：

var name="李明";   //创建了名为 name 的变量，并向其赋值"李明"

var x=2;

var y=3;

var z=x+y;

在 JavaScript 中，这些字母被称为变量。

JavaScript 变量可用于存放常量数值（如 x=2）和表达式的值（如 z=x+y）。

变量可以使用短名称（如 x 和 y），也可以使用描述性更好的名称（如 name、age、sum、total、volume）。

变量名必须以字母开头，中间可以出现字母、数字、下划线（_），变量名不能有空格、+、−等字符，JavaScript 的关键字不能作变量名。JavaScript 变量的名称也允许以$和_符号开头，不过不推荐这么做。

变量名称对大小写敏感（如 y 和 Y 是不同的变量），JavaScript 语句和 JavaScript 变量都对大小写敏感。

变量的基本类型有 4 种：字符串变量、整型变量、实型变量和布尔型变量。

2. JavaScript 变量的声明

（1）单个变量的声明与赋值。

在 JavaScript 中创建变量通常称为"声明"变量。

使用 var 关键词来声明变量。

例如：

var name;

变量声明之后，该变量是空的（它没有值）。

使用赋值号（=）向变量赋值。

例如：

name="李明";

也可以在声明变量时对其赋值。

例如：

var name="李明";

提示　　一个好的编程习惯是，在代码开始处，统一对需要的变量进行声明。

（2）多个变量的声明与赋值。

可以在一条语句中声明多个变量。该语句以 var 开头，并使用逗号分隔变量即可。

例如：

var name="李明" , age=26 , job="程序员";

多个变量的声明也可横跨多行。

例如：

　　var name="李明",
　　age=26,
　　job="程序员";

（3）声明无值的变量。

声明变量时可以只用 var 标识符声明无值的变量。未赋值的变量，其值实际上是 undefined。

在执行过以下语句后，变量 name 的值将是 undefined。

例如：

var name;

（4）重复声明 JavaScript 变量。

如果重复声明 JavaScript 变量，该变量的值不会丢失。在以下两条语句执行后，变量 name 的值依然是"李明"。

例如：

var name="李明";

var name;

由于 JavaScript 的变量是弱类型的，可以将变量初始化为任意值。因此，可以随时改变变量所存数据的类型，但尽量避免这样做。

3. JavaScript 变量类型的声明

声明新变量时，可以使用关键词"new"来声明其类型。

例如：

var name=new String ;
var x= new Number ;
var y= new Boolean ;
var color= new Array ;
var book= new Object ;

JavaScript 变量均为对象，当声明一个变量时，就创建了一个新的对象。

4. 局部 JavaScript 变量

在 JavaScript 函数内部使用 var 声明的变量是局部变量，该变量的作用域是局部的，即只能在函数内部访问它。

可以在不同的函数中使用名称相同的局部变量，因为只有声明过该变量的函数才能识别出该变量。该函数运行完毕，局部变量就会被删除。

5. 全局 JavaScript 变量

在函数外声明的变量是全局变量，网页中的所有脚本和函数都能访问它。JavaScript 变量的生命期从它们被声明的时间开始。

局部变量会在函数运行以后被删除，而全局变量会在页面关闭后被删除。

如果直接将值赋给尚未声明的变量，该变量将被自动作为全局变量声明。

例如：

name="李明";

将声明一个全局变量 name，即使它在函数内执行。

注意 　局部变量使用 var 这一关键字来声明，声明全局变量则不需要使用 var 关键字。

使用了 var 关键字的变量被看成是局部的，因为只能在声明它的地方所处的范围内访问，不能在其他任何地方访问。

例如，如果在一个函数内部声明了一个局部变量的话，该变量就不能在该函数之外访问，这就使得它是这一函数局部的。如果没有使用 var 关键字声明同一变量的话，它在整个脚本中就都是可被访问到的，而不仅限定于只能在那个函数中被访问。

1.9 JavaScript 的消息框

可以在 JavaScript 中创建 3 种形式的消息框，即警告框、确认框、提示框。

1. 警告框

警告框是一个带有提示信息和"确定"按钮的对话框，经常用于输出提示信息，当警告框出现后，用户需要单击【确定】按钮才能继续进行操作。

语法格式：alert("文本")

例如：

alert("感谢你光临本网站")；

如果警告框中输出的提示信息要分为多行，则使用"\n"分行。

2. 确认框

确认框是一个带有提示信息以及【确定】和【取消】按钮的对话框，用于使用户可以验证或者接受某些信息。当确认框出现后，用户只有单击【确定】或者【取消】按钮才能继续进行操作。

语法格式：confirm("文本")

例如：

var r=confirm("Press a button!");

当弹出确认框后，如果用户单击【确认】按钮，那么其返回值为 true，即 r 的值为 true。如果用户单击【取消】按钮，那么其返回值为 false，即 r 的值为 false。

3. 提示框

提示框是一个提示用户输入的对话框，经常用于提示用户在进入页面前输入某个值。当提示框出现后，用户需要输入某个值，然后单击【确认】按钮或【取消】按钮才能继续操作。

语法格式：prompt("文本","默认值")

例如：

var name=prompt("请输入您的姓名","李明");

如果用户单击【确认】按钮，那么返回值为输入的值；如果用户单击【取消】按钮，那么返回值为 null。

1.10 JavaScript 的异常处理

当 JavaScript 引擎执行 JavaScript 代码时，会发生各种错误，如下所列。

（1）可能是语法错误，通常是程序员造成的编码错误或错别字。

（2）可能是拼写错误或语言中缺少的功能（可能由于浏览器差异导致）。

（3）可能是由于来自服务器或用户的错误输入而导致的错误。

（4）也可能是由于许多其他不可预知的原因导致。

当错误发生或当事件出现问题时，JavaScript 将抛出一个错误。JavaScript 使用 try…catch…语句处理这些异常，try 语句和 catch 语句总是成对出现的。

语法格式：

try

　　{

　　　　//在这里运行代码

　　}

catch(err)

　　{

　　　　//在这里处理错误

　　}

try 语句用于测试代码块的错误，允许用户定义在执行时进行错误测试的代码块。

catch 语句用于处理错误，允许定义当 try 代码块发生错误时所执行的代码块。

在下面的示例代码中，我们故意在 try 块的代码中将"alert"写成了"Alert"，即首字母写成大写"A"。catch 块会捕捉到 try 块中的错误，并执行代码来处理它。

例如：

var txt="";

try

　　{

```
        Alert("欢迎您!");
    }
  catch(err)
    {
      txt="本页有一个错误。\n";
      txt+="错误描述: " + err.message ;
      alert(txt);
    }
```
throw 语句允许用户自行定义错误或抛出异常（exception）。
如果把 throw 与 try 和 catch 一起使用，就能够控制程序流，并生成自定义的错误消息。
语法格式：throw exception
异常可以是 JavaScript 字符串、数字、逻辑值或对象。
例如：
```
<script>
function myFunction()
{
  try
    {
      var x=document.getElementById("demo").value;
      if(x=="")      throw "值为空";
      if(isNaN(x))   throw "不是数字";
    }
  catch(err)
    {
      var y=document.getElementById("mess");
      y.innerHTML="错误: " + err + "。";
    }
}
</script>
<input id="demo" type="text">
<button type="button" onclick="myFunction()">测试输入值</button>
<p id="mess"></p>
```
以上实例代码用于检测输入的值。如果值是错误的，会抛出一个异常（错误）。catch 会捕捉到这个错误，并显示一段自定义的错误消息。

以上实例代码中如果 getElementById 函数出错，也会抛出一个错误。

1.11 JavaScript 库

JavaScript 高级程序设计（特别是对浏览器差异的复杂处理）通常很困难也很耗时，为了简化 JavaScript 的开发，许多 JavaScript 库应运而生。这些 JavaScript 库常被称为 JavaScript 框架。这些库封装了很多预定义的对象和实用函数，能帮助使用者轻松建立有高难度交互的富客户端页面，并且兼容各大浏览器。jQuery 是继 Prototype 之后又一个优秀的 JavaScript 库，是一个由约翰·瑞齐格（John Resig）创建于 2006 年 1 月的开源项目。

广受欢迎的 JavaScript 框架有 jQuery、Prototype、MooTools，所有这些框架都提供针对常见 JavaScript 任务的函数，包括动画、DOM 操作以及 AJAX 处理。

1. jQuery

jQuery 是目前最受欢迎的 JavaScript 库，它使用 CSS 选择器来访问和操作网页上的 HTML 元素（DOM 对象），jQuery 同时提供 companion UI（用户界面）和插件。目前 Google、Microsoft、IBM、Netflix 等许多大公司在网站上都使用了 jQuery。

2. Prototype

Prototype 是一种 JavaScript 库，提供用于执行常见 Web 任务的简单 API。API 是应用程序编程接口（Application Programming Interface）的缩写，它是包含属性和方法的库，用于操作 HTML DOM。Prototype 通过提供类和继承实现对 JavaScript 的增强。

3. MooTools

MooTools 也是一个 JavaScript 库，提供了可使常见的 JavaScript 编程更为简单的 API，也包含一些轻量级的效果和动画函数。

1.12 下载和替代 jQuery 库

进入 jQuery 的官方网站可以下载各个版本的 jQuery 库文件。jQuery 不需要安装，把下载的 JS 文件存入网站上的一个公共位置，想要在某个页面中使用 jQuery 时，只需要在相关的 HTML 文档中引入该库文件即可。

有以下两个版本的 jQuery 库可供下载：一个版本用于实际的网站中，是已被精简和压缩的；另一个版本用于测试和开发，是未压缩的（是可读的代码，供调试或阅读）。

这两个版本都可以从 jQuery 官方网站上下载。可以把下载文件放到与页面相同的文件夹中，这样更方便使用。

如果许多不同的网站使用相同的 JavaScript 库，那么把框架库存放在一个通用的位置供每个网页分享就变得很有意义了。CDN（Content Delivery Network）解决了这个问题。CDN 是包含可分享代码库的网络服务器。

Google 和 Microsoft 公司的网站对 jQuery 的支持都很好。如果不希望下载并存放 jQuery 库，那么也可以通过 Google 或 Microsoft 的 CDN（内容分发网络）引用它，Google 和 Microsoft 的服务器都存有 jQuery 库。

如需从 Google 或 Microsoft 引用 jQuery，使用以下代码之一。

（1）使用 Google 的 CDN。

<script src="http://ajax.googleapis.com/ajax/libs/jquery/1.4.0/jquery.min.js"></script>

（2）使用 Microsoft 的 CDN。

<script src="http://ajax.microsoft.com/ajax/jquery/jquery-1.4.min.js "></script>

提 示　使用 Google 或 Microsoft 的 jQuery 有一个很大的优势：许多用户在访问其他站点时，已经从 Google 或 Microsoft 加载过 jQuery。所以当用户访问使用 jQuery 的站点时，会从缓存中加载 jQuery，这样可以减少加载时间。同时，大多数 CDN 都可以确保当用户向其请求文件时，会从离用户最近的服务器上返回响应，这样也可以提高加载速度。

1.13 jQuery 简介

jQuery 是一个 JavaScript 函数库，是一个"写得更少，但做得更多"的轻量级 JavaScript 库，jQuery

极大地简化了 JavaScript 编程。

1. jQuery 的引用方法

如需使用 jQuery，需要先下载 jQuery 库，然后使用 HTML 的<script>标签引用它。
<script type="text/javascript" src="jquery.js"></script>
在 HTML 5 中，<script>标签中的 type="text/javascript"可以省略不写，因为 JavaScript 是 HTML 5 以及所有现代浏览器中的默认脚本语言。

2. jQuery 函数的类别

jQuery 库是一个 JavaScript 文件，其中包含了所有的 jQuery 函数。jQuery 库包含以下类别的函数。

（1）HTML 元素选取函数。
（2）HTML 元素操作函数。
（3）CSS 操作函数。
（4）HTML 事件函数。
（5）JavaScript 特效和动画函数。
（6）HTML DOM 遍历和修改函数。
（7）AJAX 函数。
（8）Utilities 函数。

3. jQuery 的基础语法

通过 jQuery，可以选取（查询，query）HTML 元素，并对它们执行"操作"（actions）。
jQuery 语法是为 HTML 元素的选取编制的，可以对元素执行某些操作。
其基础语法是：$(selector).action()
（1）美元符号$定义 jQuery。jQuery 库只建立一个名为 jQuery 的对象，其所有函数都在该对象之下，其别名为$。
（2）选择符（selector）用于"查询"或"查找"HTML 元素。
（3）jQuery 的 action( )用于执行对元素的操作。
例如：
$(this).hide()   //隐藏当前元素

4. 文档就绪函数 ready

jQuery 使用$(document).ready()方法代替传统 JavaScript 的 window.onload 事件，通过使用该方法，可以在 DOM 载入就绪时就对其进行操纵并调用执行它所绑定的函数。$(document).ready()方法和 window.onload 事件有相似的功能，但是在执行时机方面有细微区别。window.onload 方法是在网页中所有的元素（包括元素的所有关联文件）完全加载到浏览器后才执行，即 JavaScript 此时才可以访问网页中的任何元素。而通过 jQuery 中的$(document).ready()方法注册的事件处理程序，在 DOM 完全就绪时就可以被调用。此时，网页的所有元素对 jQuery 而言都是可以访问的，但是，这并不意味着这些元素关联的文件都已经下载完毕。

jQuery 函数应位于 ready 方法中。
例如：
$(document).ready(function(){
　　//函数代码
});
这是为了防止文档在完全加载（就绪）之前运行 jQuery 代码。
如果在文档没有完全加载之前就运行函数，操作可能失败。例如，试图隐藏一个不存在的元素或者获得未完全加载的图像的大小。

以上代码可简写为以下形式。
```
$(function(){
    //函数代码
});
```
另外，由于$(document)也可以简写为$()。当$()不带参数时，默认参数就是"document"，因此也可以简写为以下形式。
```
$().ready(function(){
    //函数代码
});
```
以上3种形式的功能相同，用户可以根据喜好进行选择。

引导训练

任务 1-3　JavaScript 实现动态改变样式文件

【任务描述】

网页 0103.html 的底部内容如图 1-4 所示，单击超链接"应用 CSS 样式 1"时网页引用外部样式文件 style1.css，单击超链接"应用 CSS 样式 2"时网页引用外部样式文件 style2.css。编写代码实现此功能。

Copyright © 2019-2025 All Rights Reserved 蝴蝶工作室 版权所有　　切换样式：应用CSS样式1 | 应用CSS样式2

图 1-4　网页 0103.html 的底部内容

【思路探析】

（1）编写引用外部样式文件的代码，且设置其 id 为"cssfile"，完整代码如下所示。
`<link href="css/style1.css" type="text/css" rel="stylesheet" id="cssfile" />`

（2）使用 document.getElementById("id")方法，根据指定的 id，获取 HTML 元素。

（3）使用 HTML 元素的 href 属性改变引用的外部文件。

【特效实现】

外部样式文件 style1.css 的主要代码如表 1-4 所示。

表 1-4　外部样式文件 style1.css 的主要代码

序号	程序代码	序号	程序代码
01	div#proPanel div.proPanelCon1 {	08	div#proPanel div.proPanelCon3 {
02	background: url(../images/pro_bg1.gif)	09	background: url(../images/pro_bg3.gif)
03	#9edeff repeat-x left top;	10	#959595 repeat-x left top;
04	width: 260px;	11	width: 260px;
05	color: #013087;	12	color: #fff;
06	float: left;	13	float: right;
07	}	14	}

外部样式文件 style2.css 的主要代码如表 1-5 所示。

表 1-5　外部样式文件 style2.css 的主要代码

序号	程序代码	序号	程序代码
01	div#proPanel div.proPanelCon1 {	08	div#proPanel div.proPanelCon3 {
02	background: url(../images/pro_bg3.gif)	09	background: url(../images/pro_bg1.gif)
03	#959595 repeat-x left top;	10	#9edeff repeat-x left top;
04	width: 260px;	11	width: 260px;
05	color: #fff;	12	color: #013087;
06	float: right;	13	float: left;
07	}	14	}

实现动态改变样式的 JavaScript 代码如表 1-6 所示。

表 1-6　实现动态改变样式的 JavaScript 代码

序号	程序代码
01	`<script type="text/javascript">`
02	function changestyle(name){
03	css=document.getElementById("cssfile");
04	css.href="css/"+name+".css";
05	}
06	`</script>`

网页 0103.html 底部对应的 HTML 代码如表 1-7 所示。

表 1-7　网页 0103.html 底部对应的 HTML 代码

序号	程序代码
01	`<div id="bottom">`Copyright © 2019-2025
02	All Rights Reserved 蝴蝶工作室 版权所有 切换样式:
03	`<span style="cursor:pointer" onclick="changestyle('style1');">`应用 CSS 样式 1`</span>`
04	|
05	`<span style="cursor:pointer" onclick="changestyle('style2');">`应用 CSS 样式 2`</span>`
06	`</div>`

任务 1-4　JavaScript 实现动态改变网页字体大小及关闭网页窗口

【任务描述】

网页 0104.html 的底部导航栏如图 1-5 所示，分别单击超链接"大"、"中"、"小"，可以动态改变网页中文本的字体大小，单击超链接"关闭"会弹出"是否关闭此窗口"提示信息对话框，在该对话框单击【是】按钮，将会关闭此网页窗口。编写代码实现此功能。

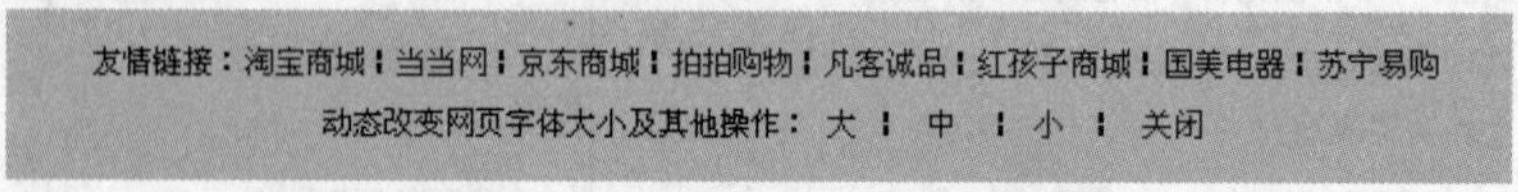

　　友情链接：淘宝商城 \| 当当网 \| 京东商城 \| 拍拍购物 \| 凡客诚品 \| 红孩子商城 \| 国美电器 \| 苏宁易购
　　动态改变网页字体大小及其他操作：　大 \| 中 \| 小 \| 关闭

图 1-5　网页 0104.html 的底部导航栏

【思路探析】

（1）通过设置 HTML 元素的样式属性 style.fontSize 来改变网页中文本的字体大小。

（2）通过调用 window 对象的 close()方法实现关闭网页窗口。

【特效实现】

自定义函数 setFontSize()对应的代码如表 1-8 所示。

表 1-8　自定义函数 setFontSize()对应的代码

序号	程序代码
01	`<script type="text/javascript">`
02	`<!--`
03	`  function setFontSize(size){`
04	`    document.getElementById('bc').style.fontSize=size+'px'`
05	`  }`
06	`//-->`
07	`</script>`

表 1-8 中自定义函数 setFontSize()带有 1 个参数，该参数用于传递字体大小数值，从 JavaScript 访问某个 HTML 元素，可以使用 document.getElementById(id)方法。使用"id"属性来标识 HTML 元素。通过 document.getElementById('bc')找到 id 为"bc"的元素，然后改变该元素的样式属性值。

网页 0104.html 的底部导航栏对应的 HTML 代码如表 1-9 所示。

表 1-9　网页 0104.html 的底部导航栏对应的 HTML 代码

序号	程序代码
01	`<div id="bc">`
02	友情链接：`<a href="http://www.taobao.com/" target="_blank">`淘宝商城`</a>`｜
03	`<a href="http://www.dangdang.com/" target="_blank">`当当网`</a>`｜
04	`<a href="http://www.360buy.com/" target="_blank">`京东商城`</a>`｜
05	`<a href="http://www.paipai.com/" target="_blank">`拍拍购物`</a>`｜
06	`<a href="http://www.vancl.com/" target="_blank">`凡客诚品`</a>`｜
07	`<a href="http://www.redbaby.com.cn/" target="_blank">`红孩子商城`</a>`｜
08	`<a href="http://www.gome.com.cn/" target="_blank">`国美电器`</a>`｜
09	`<a href="http://www.suning.cn/" target="_blank">`苏宁易购`</a> `
10	动态改变网页字体大小及其他操作：`  `
11	`<a href="javascript:setFontSize(16)">`大`</a>   ｜  `
12	`<a href="javascript:setFontSize(14.9)">`中`</a>   ｜  `
13	`<a href="javascript:setFontSize(12)">`小`</a>  ｜  `
14	`<a href="javascript:window.close()" >`关闭`</a>`
15	`</div>`

任务 1-5　JavaScript 实现播放 Flash 动画

【任务描述】

在网页 0105.html 中播放如图 1-6 所示的 Flash 动画。

【思路探析】

自定义一个专用于播放 Flash 动画的函数，该函数带有 3 个参数，分别用于传递 Flash 动画的路径和名称、动画外观的宽度和高度。

图 1-6　在网页 0105.html 中播放的 Flash 动画

【特效实现】

外部 JS 文件的名称为 flashInsert.js，该外部 JS 文件中定义了一个名称为 swf()的函数，其代码如表 1-10 所示。

表 1-10 flashInsert.js 文件中自定义函数 swf()的代码

序号	程序代码
01	function swf(f , w , h) {
02	document.write('<object classid="clsid:D27CDB6E-AE6D-11cf-96B8-444553540000"code-
03	base="http://download.macromedia.com/pub/shockwave/cabs/flash/swflash.cab#version=9,0,28,0" width="'
04	+ w + '" height="' + h + '"> ');
05	document.write('<param name="movie" value="' + f + '">');
06	document.write('<param name="quality" value="high"> ');
07	document.write('<param name="wmode" value="transparent"> ');
08	document.write('<param name="menu" value="false"> ');
09	document.write('<embed src="' + f + '" quality="high" plugin-
10	spage="http://www.macromedia.com/go/getflashplayer" type="application/x-shockwave-flash" width="' + w
11	+ '" height="' + h + '"></embed> ');
12	document.write('</object> ');
13	}

引用外部 JS 文件的代码如下所示。
`<script type="text/javascript" language="javascript" src="js/flashInsert.js"></script>`
调用自定义函数 swf()的代码如下所示。
`<div id="r_flash">`
　　`<script type="text/javascript">swf("flash/02.swf" , "764" , "82");</script>`
`</div>`

任务 1-6 jQuery 实现动态设置页面的宽度和高度

【任务描述】

由于目前使用的显示器有多种不同的规格尺寸，因此我们在设计网页时需要根据屏幕的尺寸合理设置网页的尺寸与背景。试编写代码，在网页 0106.html 中实现动态设置页面宽度和高度的功能。

【思路探析】

（1）根据常见的屏幕尺寸定义多种不同的样式。
（2）使用 screen.width 属性获取屏幕宽度数据。
（3）使用 jQuery 的$符号选取 HTML 元素，使用 jQuery 的 addClass()方法向被选元素添加一个类，使用 jQuery 的 removeClass 方法从被选元素中删除一个类，使用 jQuery 的 text()方法设置所选元素的文本内容。

【特效实现】

根据常见的屏幕尺寸定义的样式如表 1-11 所示。

表 1-11 根据常见的屏幕尺寸定义的样式

序号	程序代码	序号	程序代码
01	.w960 {	07	.w1200 {
02	width: 960px;	08	width: 1200px;
03	height: 600px;	09	height: 800px;
04	border: 1px solid #99F;	10	border: 1px solid #FCF;
05	background: #99F;	11	background: #FCF;
06	}	12	}

引用外部 JS 文件的代码如下所示。

```html
<script type="text/javascript" src="js/jquery.js"></script>
```
自定义函数 windowMedia()，其代码如表 1-12 所示。

表 1-12　自定义函数 windowMedia()的代码

序号	程序代码
01	`<script>`
02	`function windowMedia(){`
03	`　　var winWidth = (screen.width);`
04	`　　if (winWidth<=1024) {`
05	`　　　　$("#content").addClass("w960");`
06	`　　　　$("#content").removeClass("w1200");`
07	`　　　　$("#content").text("960×600");`
08	`　　}else {`
09	`　　　　$("#content").addClass("w1200");`
10	`　　　　$("#content").removeClass("w960")`
11	`　　　　$("#content").text("1200×800");`
12	`　　};`
13	`}`
14	`</script>`

调用自定义函数的代码如下所示。

```javascript
$(document).ready(function(){
    windowMedia();
});
```

网页 0106.html 对应的 HTML 代码如下所示。

```html
<div id="content" style="text-align: center; margin-right: auto; margin-left:auto;"></div>
```

自主训练

任务 1-7　利用外部 JS 文件动态输出网页内容

可以将 JavaScript 脚本保存到外部文件中，外部文件通常包含被多个网页使用的代码。外部 JavaScript 文件的文件扩展名是.js。如果需使用外部文件，则应在<script>标签的"src"属性中设置该 JS 文件。注意外部脚本不能包含<script>标签。

在<head>或<body>中引用脚本文件都是可以的。实际运行效果与在<script>标签中编写脚本完全一致。

【任务描述】

创建网页 0107.html 和独立的 JS 文件 bottom.js，分别使用 HTML 代码和 JavaScript 代码实现图 1-7 所示的网页底部导航栏。

【操作提示】

（1）创建网页，编写 HTML 代码实现如图 1-7 所示的网页底部导航栏。

（2）在 JS 文件 bottom.js 中编写 JavaScript 代码，输出网页底部导航栏。

（3）在网页编写以下代码实现所需功能。

```html
<script src="js/bottom.js" type="text/javascript"></script>
```

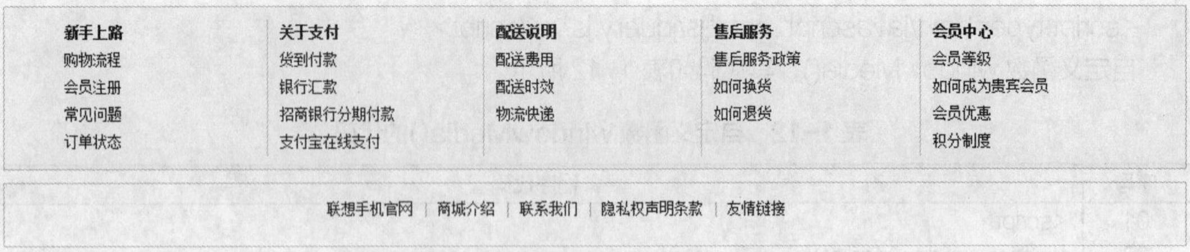

图 1-7　网页底部导航栏的浏览外观效果

任务 1-8　巧用 CSS 实现下拉菜单

【任务描述】

创建网页 0108.html，浏览该网页时会出现如图 1-8 所示的导航栏，鼠标指针指向该超链接时，自动弹出如图 1-9 所示的下拉菜单，编写程序使用 CSS 实现此下拉菜单。

图 1-8　网页 0108.html 的导航栏 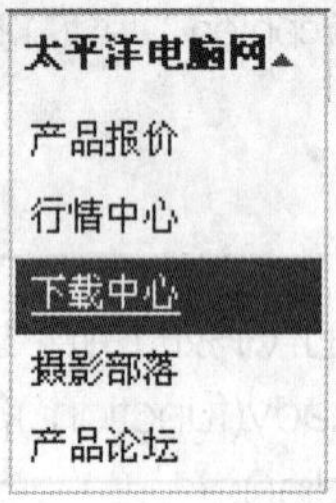　　　图 1-9　网页 0108.html 中的下拉菜单

【操作提示】

网页 0108.html 对应的 HTML 代码如表 1-13 所示。

表 1-13　网页 0108.html 对应的 HTML 代码

序号	程序代码
01	`<div class="navibar" id="navibar">`
02	`  <div class="navL">`
03	`    <span class="drop1" onmouseover="this.className='drop1 aHover'"`
04	`                        onmouseout="this.className='drop1'">`
05	`      <a class="trigger1" href="http://www.pconline.com.cn/">太平洋电脑网<s></s></a>`
06	`      <div class="con1">`
07	`        <a href="http://product.pconline.com.cn/" target="_blank">产品报价</a>`
08	`        <a href="http://www.pconline.com.cn/market/" target="_blank">行情中心</a>`
09	`        <a href="http://dl.pconline.com.cn/" target="_blank">下载中心</a>`
10	`        <a href="http://dp.pconline.com.cn/" target="_blank">摄影部落</a>`
11	`        <a href="http://itbbs.pconline.com.cn/" target="_blank">产品论坛</a>`
12	`      </div>`
13	`    </span>`
14	`  </div>`
15	`</div>`

网页 0108.html 主要应用的 CSS 代码如表 1-14 所示。

表1-14 网页0108.html 的关键 CSS 代码

序号	程序代码	序号	程序代码
01	a {	52	#navibar .navL .trigger1 {
02	color: #343434;	53	padding-right: 0px;
03	text-decoration: none	54	padding-left: 5px;
04	}	55	font-weight: bold;
05	a:hover {	56	z-index: 460;
06	color: #f60;	57	padding-bottom: 0px;
07	text-decoration: underline	58	width: 92px;
08	}	59	padding-top: 0px;
09		60	position: relative
10	#navibar {	61	}
11	padding-right: 0px;	62	
12	padding-left: 0px;	63	#navibar .navL .trigger1 s {
13	padding-top: 0px;	64	right: 5px;
14	font-size: 12px;	65	background: url(images/hb2_n.png)
15	background: url(images/hb2_n.png)	66	no-repeat -63px -86px;
16	#f6f6f6 repeat-x 0px -49px;	67	width: 7px;
17	padding-bottom: 0px;	68	position: absolute;
18	margin: 0px auto;	69	top: 13px;
19	width: 1000px;	70	height: 4px;
20	line-height: 28px;	71	}
21	position: relative;	72	
22	height: 28px;	73	#navibar .navL .con1 a {
23	text-align: left	74	padding-right: 5px;
24	}	75	display: block;
25	#navibar a {	76	padding-left: 5px;
26	text-decoration: none	77	padding-bottom: 0px;
27	}	78	line-height: 24px;
28	#navibar a:hover {	79	padding-top: 0px;
29	color: #f60;	80	height: 24px
30	text-decoration: none	81	}
31	}	82	
32		83	#navibar .navL .con1 a:hover {
33	#navibar .navL {	84	background: #3953a8;
34	float: left;	85	color: #fff
35	width: 600px	86	}
36	}	87	
37	#navibar .navL a {	88	#navibar .navL .con1 {
38	display: inline-block	89	display: none;
39	}	90	z-index: 450;
40		91	background: #fff;
41	#navibar .navL a:hover {	92	left: 0px;
42	text-decoration: underline	93	width: 98px;
43	}	94	position: absolute;
44	#navibar .navL .drop1 {	95	top: 0px;
45	display: inline-block;	96	padding: 28px 1px 1px;
46	z-index: 3;	97	border: 1px solid #d7d7d7;
47	position: relative;	98	}
48	}	99	
49	#navibar .navL .drop1 a:hover {	100	#navibar .navL .aHover .con1 {
50	text-decoration: underline	101	display: block;
51	}	102	}

单元 2
设计日期时间类网页特效

本单元我们主要探讨实用的日期时间类网页特效的设计方法。

教学导航

▶ 教学目标

① 学会设计日期时间类网页特效
② 熟练使用 JavaScript 的运算符与表达式
③ 熟悉 JavaScript 的语句及其规则
④ 熟练使用 JavaScript 的条件语句
⑤ 熟练使用 JavaScript 的函数
⑥ 熟悉 JavaScript 的计时方法
⑦ 熟悉 JavaScript 的 RegExp 对象及其方法
⑧ 掌握 JavaScript 的 String（字符串）对象、Math（数学）对象和 Date（日期）对象的使用方法
⑨ 正确使用支持正则表达式的 String 对象的方法
⑩ 区别 JavaScript 和 jQuery 的使用

▶ 教学方法　　任务驱动法、分组讨论法、探究学习法

▶ 建议课时　　8 课时

特效赏析

任务 2-1　显示常规格式的当前日期与时间

在网页中显示如下形式的当前日期和时间。

当前日期和时间：2018/9/16 上午10:15:51

对应的 JavaScript 代码如表 2-1 所示。

表 2-1　网页中显示常规格式的当前日期与时间的 JavaScript 代码

序号	程序代码
01	`<script type="text/javascript">`
02	`function tick(){`
03	`  var date=new Date()`
04	`  window.setTimeout("tick()",1000);`
05	`  nowclock.innerHTML="当前日期和时间："+date.toLocaleString();`
06	`}`

续表

序号	程序代码
07	window.onload=function(){
08	tick();
09	}
10	</script>

网页中对应的 HTML 代码如下所示。

```html
<div id="nowclock">
  <span class="red" >当前日期和时间：</span>2018 年 01 月 01 日 00 时 00 分 00 秒
</div>
```

也可以使用以下代码实现类似功能。

```html
<div id="showtime" >
 <script>
        setInterval("showtime.innerHTML='当前日期和时间：'
                 + new Date().toLocaleString()" , 1000);
 </script>
</div>
```

表 2-1 中的代码解释如下。

（1）02~06 行为自定义函数 tick()的代码。
（2）03 行使用 Date()对象创建了一个日期对象示例。
（3）04 行调用计时方法每秒钟调用一次函数 tick()。
（4）05 行使用网页元素的 innerHTML 属性设置网页内容。

任务 2-2 采用多种方式显示当前的日期

在网页中以自定义形式显示当前日期及星期数，日期格式为：年-月-日-星期。
以自定义形式显示当前日期及星期数的 JavaScript 程序之一如表 2-2 所示。

表 2-2 以自定义形式显示当前日期及星期数的 JavaScript 程序之一

序号	程序代码
01	<script>
02	<!--
03	var year, month , day, tempdate ;
04	tempdate = new Date();
05	year= tempdate.getFullYear();
06	month= tempdate.getMonth() + 1 ;
07	day = tempdate.getDate();
08	document.write(year+"年"+month+"月"+day+"日"+" ");
09	var weekarray=new Array(7);
10	weekarray[0]="星期日" ;
11	weekarray[1]="星期一" ;
12	weekarray[2]="星期二" ;
13	weekarray[3]="星期三" ;
14	weekarray[4]="星期四" ;
15	weekarray[5]="星期五" ;

续表

序号	程序代码
16	weekarray[6]="星期六";
17	weekday=tempdate.getDay();
18	document.write(weekarray[weekday]);
19	// -->
20	</script>

表 2-2 中的代码解释如下。

（1）03 行为声明变量的语句，声明了 4 个变量，变量名分别为 year、month、day 和 tempdate。

（2）04 行创建一个日期对象示例，其内容为当前日期和时间，且将日期对象示例赋给变量 tempdate。

（3）05 行使用日期对象的 getFullYear()方法获取日期对象的当前年份数，且赋给变量 year。

（4）06 行使用日期对象的 getMonth 方法获取日期对象的当前月份数，且赋给变量 month。注意由于月份的返回值是从 0 开始的索引序号，即 1 月返回 0，其他月份以此类推，为了正确表述月份，需要做加 1 处理，让 1 月显示为"1 月"而不是"0 月"。

（5）07 行使用日期对象的 getDate 方法获取日期对象的当前日期数（即 1～31），且赋给变量 day。

（6）08 行使用文档对象 document 的 write 方法向网页中输出当前日期，表达式"year+"年"+month+"月"+day+"日"+"   ""使用运算符"+"连接字符串，其中 year、month、day 是变量，"年"、"月"、"日"和"   "是字符串。

（7）09 行使用关键字 new 和构造函数 Array()创建一个数组对象 weekarray，并且创建数组对象时指定了数组的长度为 7，即该数组元素的个数为 7，数组元素的下标（序列号）从 0 开始，各个数组元素的下标为 0～6。此时数组对象的每一个元素都尚未指定类型。

（8）10～16 行分别给数组对象 weekarray 的各个元素赋值。

（9）17 行使用日期对象的 getDay 方法获取日期对象的当前星期数，其返回值为 0～6，序号 0 对应星期日，序号 1 对应星期一，以此类推，序号 6 对应星期六。

（10）使用"[ ]"运算符访问数组元素，即获取当前星期数的中文表示。

以自定义形式显示当前日期及星期数的 JavaScript 程序之二如表 2-3 所示。

表 2-3 以自定义形式显示当前日期及星期数的 JavaScript 程序之二

序号	程序代码
01	<span id="showtime" >
02	<script>
03	var year="";
04	mydate=new Date();
05	mymonth=mydate.getMonth()+1;
06	myday= mydate.getDate();
07	myyear= mydate.getFullYear();
08	showtime.innerHTML=myyear+"年"+mymonth+"月"+myday+"日　星期"
09	+"日一二三四五六".charAt(new Date().getDay());
10	</script>
11	</span>

表 2-3 中的代码解释如下。

（1）08 行使用条件运算符保证年份用 4 位数表示。

（2）09 行通过网页元素的 innerHTML 属性显示当前日期和时间。使用字符串的 charAt()显示星期数。

以自定义形式显示当前日期及星期数的 JavaScript 程序之三如表 2-4 所示。

表 2-4 以自定义形式显示当前日期及星期数的 JavaScript 程序之三

行号	JavaScript 代码
01	<script language="JavaScript1.2" type="text/javascript">
02	<!--
03	var today , year , day ;
04	today = new Date () ;
05	year=today.getFullYear() ;
06	day=today.getDate() ;
07	var isMonth = new Array("1 月","2 月","3 月","4 月","5 月","6 月",
08	"7 月","8 月","9 月","10 月","11 月","12 月") ;
09	var isDay = ["星期日","星期一","星期二","星期三","星期四","星期五","星期六"]
10	document.write(year+"年"+isMonth[today.getMonth()]+day+"日 "
11	+isDay[today.getDay()]) ;
12	//-->
13	</script>

表 2-4 中的代码解释如下。

（1）07～09 行分别使用两种不同的方式定义数组。

（2）10 行中通过访问数组元素的方式 isMonth[today.getMonth()]获取当前的月份名称。

（3）11 行中通过访问数组元素的方式 isDay[today.getDay()]获取当前的星期名称。

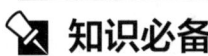

2.1 JavaScript 的运算符与表达式

运算符也称为操作符，JavaScript 常用的运算符有：算术运算符（包括+、-、*、/、%、++、--）、比较运算符（包括<、<=、>、>=、==、!=）、逻辑运算符（&&、||、!）、赋值运算符（=）、条件运算符（?:）以及其他类型的运算符。

表达式是运算符和操作数的组合，表达式通过求值确定表达式的值，这个值是操作数据实施运算所确定的结果。由于表达式是以运算符为基础的，所以表达式可以分为算术表达式、字符串表达式、赋值表达式、逻辑表达式等。

1. JavaScript 的算术运算符

算术运算符用于执行变量或数值之间的算术运算。给定 y=5，表 2-5 解释了这些算术运算符。

表 2-5 JavaScript 的算术运算符及示例

运算符	描述	示例	运算结果
+	加	x=y+2	7
-	减	x=y-2	3
*	乘	x=y*2	10
/	除	x=y/2	2.5
%	求余数（保留整数）	x=y%2	1
++	累加	x=++y	6
		x=y++	5
--	递减	x=--y	4
		x=y--	5

2. JavaScript 的赋值运算符

赋值运算符用于给 JavaScript 变量赋值。给定 $x=10$ 和 $y=5$，表 2-6 解释了这些赋值运算符。

表 2-6　JavaScript 的赋值运算符及示例

运算符	示例	等价于	结果
=	x=y		5
+=	x+=y	x=x+y	15
-=	x-=y	x=x-y	5
*=	x*=y	x=x*y	50
/=	x/=y	x=x/y	2
%=	x%=y	x=x%y	0

3. JavaScript 的连接运算符

+运算符用于把文本值或字符串变量连接起来。如果需要把两个或多个字符串变量连接起来，则使用+运算符。

例如：

txt1="What a very ";
txt2="nice day";
txt3=txt1+txt2;

在以上语句执行后，变量 txt3 包含的值是"What a very nice day"。

> **注意**　要想在两个字符串之间增加空格，需要把空格插入一个字符串之中。
>
> 例如：
>
> txt1="What a very ";
>
> 或者把空格插入表达式中。
>
> 例如：
>
> txt3=txt1+" "+txt2;
>
> 在以上语句执行后，变量 txt3 包含的值均为
>
> "What a very nice day"
>
> 对字符串和数字进行加法运算，其运算规则是：如果把数字与字符串相加，结果将成为字符串。
>
> 例如：
>
> x=5+"5";
> document.write(x);
>
> 运算结果为：55
>
> 例如：
>
> x="5"+5;
> document.write(x);
>
> 运算结果为：55

4. JavaScript 的比较运算符

比较运算符确定变量或它们的值之间的关系。在逻辑语句中使用比较运算符，通过比较变量或它们的值来计算出表达式的值是为 true 还是为 false。

给定 $x=5$，表 2-7 解释了比较运算符。

表2-7　JavaScript 的比较运算符及示例

运算符	描述	示例	运算结果
==	等于（弱等于）	x==8	false
===	全等（值和类型）	x===5	true
===	全等（值和类型）	x==="5"	false
!=	不等于	x!=8	true
>	大于	x>8	false
<	小于	x<8	true
>=	大于或等于	x>=8	false
<=	小于或等于	x<=8	true

可以在条件语句中使用比较运算符对值进行比较，然后根据结果执行不同的语句。

例如：

if (hour < 12) document.write("上午好!") ;

> **注意**　当 JavaScript 两个不同类型的值进行比较时，首先会将其弱化成相同的类型。因为苹果不能和梨做比较，所以 false、undefined、null、0、""、NaN 都弱化成 false。这种强制转化并不是一直存在的，只有当作为表达式使用的时候才存在。
>
> 例如：
>
> var someVar =0 ;
>
> alert(someVar == false) ;　　//显示 true

5. JavaScript 的逻辑运算符

逻辑运算符用于测定变量或值之间的逻辑关系，其值为 true 或 false。

给定 x=6 及 y=3，表2-8 解释了逻辑运算符。

表2-8　JavaScript 的逻辑运算符及示例

运算符	描述	示例	运算结果
&&	and	(x < 10 && y > 1)	true
||	or	(x==5 || y==5)	false
!	not	!(x==y)	true

6. JavaScript 的条件运算符

JavaScript 还包含了基于某些条件对变量进行赋值的条件运算符。

语法格式如下。

variablename=(condition) ? value1 : value2

例如：

tax=(salary>1500) ? 1 : 0 ;

如果变量 salary 中的值大于 1500，则向变量 tax 赋值 1，否则赋值 0。

条件运算符（?：）是一个三元运算符，它由 2 个符号和 3 个运算数组成，两个符号分别位于 3 个运算数之间。第 1 个运算数是布尔型，通常由一个表达式计算而来，第 2 个运算数和第 3 个运算数可以是任意类型的数据，或者是任何形式的表达式。条件运算符的运算规则是：如果第 1 个运算数为 true，那么条件表达式的值就是第 2 个运算数的值；如果第 1 个运算数是 false，那么条件表达式的值就是第 3 个运算数的值。

对于条件表达式"typeof(x)=='string'？eval(x)：x"，如果typeof(x)的返回值是string，则条件表达式的值就是eval(x)，即当x是字符串时，当作表达式进行处理，即条件表达式的值为表达式的计算结果；否则直接将变量x的值作为条件表达式的值。

2.2 JavaScript的语句及其规则

JavaScript语句向浏览器发出命令，告诉浏览器该做什么。

1. 分号

分号用于分隔JavaScript语句，通常在每条可执行的语句结尾添加分号。使用分号的另一用处是在一行中编写多条语句。最好的代码编写习惯是统一加入分号，因为没有分号，有些浏览器就不能正确运行。

提示 在JavaScript中，每行结尾的分号是可选的。ECMAScript则允许开发者自行决定是否以分号结束一行代码。如果没有分号，ECMAScript就把折行代码的结尾看作该语句的结尾（与Visual Basic和VBScript相似），但其前提是没有破坏代码的语义。

根据ECMAScript标准，下面两行代码都是正确的。
var test1 = "red"
var test2 = "blue" ;

2. JavaScript代码

JavaScript代码是JavaScript语句的序列，浏览器会按照编写顺序来执行每条语句。

3. JavaScript代码块

JavaScript语句通过代码块的形式进行组合，代码块由左花括号"{"开始，由右花括号"}"结束，程序语句被封装在左括号和右括号之间。

代码块的作用是使语句序列按其顺序执行，JavaScript函数是将语句组合在块中的典型示例。

4. JavaScript区分大小写

JavaScript对大小写敏感，变量、函数名、运算符以及其他一切对象都是区分大小写的。变量test与变量TEST是不同的，同样，函数getElementById与getElementbyID也是不同的。

5. 空格

JavaScript会忽略多余的空格，可以向脚本添加空格来提高其可读性。

下面的两行代码是等效的。
var name="李明";
var name = "李明" ;

6. 对代码行进行折行

可以在文本字符串中使用反斜杠\对代码行进行换行。以下代码会正确显示。
document.write("Hello \
World!");

但以下的折行则是不允许的。
document.write \
("Hello World!");

提示 JavaScript是脚本语言，浏览器会在读取代码时逐行地执行脚本代码。但传统编程语言会在执行前对所有代码进行编译。

2.3 JavaScript 的条件语句

JavaScript 的条件语句用于基于不同的条件来执行不同的语句。编写程序代码时，经常需要为不同的决定执行不同的动作，可以在代码中使用条件语句来完成该任务。

在 JavaScript 中，可以使用以下条件语句。

（1）if 语句：只有当指定条件为 true 时，才使用该语句来执行代码。

（2）if...else...语句：当条件为 true 时执行代码，当条件为 false 时执行其他代码。

（3）if...else if...else...语句：使用该语句来选择多个代码块之一来执行。

（4）switch 语句：使用该语句来选择多个代码块之一来执行。

1. if 语句

只有当指定条件为 true 时，该语句才会执行代码。

语法格式：

if (条件)
　　{
　　　　// 当条件为 true 时执行的代码
　　}

> **注意** 应使用小写的 if。使用大写字母（IF）会产生 JavaScript 错误。

例如：

当时间小于 20:00 时，问候语显示为"Good day"。

if (time<20)
　　{
　　　　x="Good day";
　　}

该语句不包含 else，只有在指定条件为 true 时才执行代码。

2. if...else...语句

使用 if...else...语句在条件为 true 时执行代码，在条件为 false 时执行其他代码。

语法格式：

if (条件)
　　{
　　　　// 当条件为 true 时执行的代码
　　}
else
　　{
　　　　// 当条件为 false 时执行的代码
　　}

例如：

当时间小于 20:00 时，显示问候语"Good day"，否则显示问候语"Good evening"。

if (time<20)
　　{

```
        x="Good day";
    }
else
    {
        x="Good evening";
    }
```

3. if…else if…else…语句

使用 if…else if…else…语句来选择多个代码块之一来执行。

语法格式：
```
if (条件 1)
    {
        // 当条件 1 为 true 时执行的代码
    }
else if (条件 2)
    {
        // 当条件 2 为 true 时执行的代码
    }
else
    {
        // 当条件 1 和条件 2 都不为 true 时执行的代码
    }
```

例如：

时间小于 10:00 时，显示问候语 Good morning，时间小于 20:00 时，显示问候语 Good day，否则显示问候语 Good evening。

```
if (time<10)
    {
        x="Good morning";
    }
else if (time<20)
    {
        x="Good day";
    }
else
    {
        x="Good evening";
    }
```

4. switch 语句

使用 switch 语句来选择要执行的多个代码块之一。

语法格式：
```
switch(n)
{
    case 1:
            // 执行代码块 1
```

```
            break;
    case 2:
            // 执行代码块 2
            break;
    default:
            // n 与 case 1 和 case 2 不同时执行的代码
}
```
首先设置表达式 n（通常是一个变量），随后表达式的值会与结构中每个 case 的值进行比较。如果存在匹配项，则与该 case 关联的代码块会被执行。使用 break 来阻止代码自动向下一个 case 运行，跳出 switch 语句。

switch 语句中的表达式不一定是条件表达式，可以是普通的表达式，其值可以是数值、字符串或布尔值。执行 switch 语句时，首先将表达式的值与一组数据进行比较，当表达式的值与所列数据值相等时，执行其中的语句块；如果表达式的值与所有列出的数据值都不相等，就会执行 default 后的语句块；如果没有 default 关键字，就会跳出 switch 语句执行 switch 语句后面的语句。

例如：

显示今日的周名称。注意 Sunday=0、Monday=1、Tuesday=2 等。

```
var day=new Date().getDay();
switch (day)
{
case 0:
        x="Today it's Sunday";
        break;
case 1:
        x="Today it's Monday";
        break;
case 2:
        x="Today it's Tuesday";
        break;
case 3:
        x="Today it's Wednesday";
    break;
case 4:
        x="Today it's Thursday";
        break;
case 5:
        x="Today it's Friday";
        break;
case 6:
        x="Today it's Saturday";
        break;
}
```

5. default 关键词

使用 default 关键词来指定匹配不存在时执行的操作。

例如：
如果今天不是周六或周日，则会输出默认的消息。
```
var day=new Date().getDay();
switch (day)
{
case 6:
        x="Today it's Saturday";
        break;
case 0:
        x="Today it's Sunday";
        break;
default:
        x="Looking forward to the Weekend";
}
```

2.4 JavaScript 的函数

函数是由事件驱动的，或者当它被调用时执行可重复使用的代码块。函数是功能相对独立的代码块，该代码块中的语句被作为一个整体来执行。

函数是那些只能由事件或是函数调用来执行的脚本的容器，因此，在浏览器最初加载和执行包含在网页中的脚本时，函数并没有被执行。函数的目的是包含那些要完成某个任务的脚本，这样就能够随时执行该脚本和运行该任务。

例如：
```
<script>
    function openWin( )
    {
        alert("感谢你光临本网站");
    }
</script>
<button onclick="openWin ( )">单击这里</button>
```

1. JavaScript 函数的语法格式

函数就是包含在花括号中的代码块，前面使用了关键词 function，其语法格式如下。
```
function functionName()
{
    // 这里是要执行的代码
}
```
当调用该函数时，会执行函数内的代码。

可以在某事件发生时直接调用函数（如用户单击按钮时），并且可由 JavaScript 在任何位置进行调用。

 **提 示** JavaScript 对大小写敏感。关键字 function 必须是小写的，并且必须以与函数名称相同的大小写来调用函数。

2. 调用带参数的函数

函数能够通过函数的参数来接收数据，函数可以有一个或多个形式参数，函数调用基于函数的形式参数可以有一个或多个实际参数。形式参数（形参，parameter）和实际参数（实参，argument）常会被弄混，形参是函数定义的组成部分，而实参则是在调用函数时用到的表达式。

在调用带参数的函数时，可以向其传递值，这些值被称为参数值。这些参数值可以在函数内使用。可以传送任意多个参数，由逗号","分隔，其形式如下。

functionName(argument1 , argument2)

声明函数时，将参数作为变量来声明。

例如：

function functionName(var1 , var2)
{
    // 这里是要执行的代码
}

变量和参数必须以一致的顺序出现，第一个变量就是第一个被传递的参数的给定值，以此类推。

包含1个参数的函数示例如下所示。

```
<script>
    function openWin(msg)
    {
        alert(msg) ;
    }
</script>
<button onclick="openWin('感谢你光临本网站')" >单击这里</button>
```

包含2个参数的函数示例如下所示。

```
<script>
function displayInfo(name , job)
    {
        alert("欢迎" + name + job);
    }
</script>
<button onclick=" displayInfo( '张三' , '工程师' )">单击这里</button>
```

上面的函数会在按钮被单击时出现提示信息："欢迎张三工程师"。

可以使用不同的参数来调用该函数，出现不同的提示信息。

例如：

```
<button onclick=" displayInfo('李四' , '教授')">单击这里</button>
<button onclick=" displayInfo('王五' , '会计师')">单击这里</button>
```

根据单击的按钮不同，会出现不同的提示信息："欢迎李四教授"或"欢迎王五会计师"。

3. 调用有返回值的函数

有时，我们希望函数将值返回调用它的地方，使用return语句就可以实现。在使用return语句时，函数会停止执行，并返回指定的值。

语法格式：

```
function myFunction()
    {
        var   x=5;
```

```
        return x;
    }
```
上面的函数会返回 5。

**提示** 整个 JavaScript 并不会停止执行，只是函数执行结束。JavaScript 将继续执行调用语句后面的代码。

函数调用将被返回值取代：var myVar=myFunction()；
myVar 变量的值是 5，也就是函数"myFunction()"所返回的值。
即使不把它保存为变量，也可以使用返回值。
例如：
document.getElementById("demo").innerHTML=myFunction();
网页中"demo"元素的内容将是 5，也就是函数"myFunction()"所返回的值。
可以使返回值基于传递到函数中的参数。
例如：计算两个数字的乘积，并返回结果。
```
function myFunction(a,b)
    {
        return a*b ;
    }
```
document.getElementById("demo").innerHTML=myFunction(4,3) ;
网页中"demo"元素的内容将是 12。
如果只是希望退出函数，也可以使用 return 语句，返回值是可选的。

4．JavaScript 的全局函数

JavaScript 有以下 7 个全局函数，用于完成一些常用的功能：eval()、parseInt()、parseFloat()、isNaN()、isFinite()、escape()、unescape()。

（1）eval()。

该函数用于计算某个字符串，并执行其中的 JavaScript 代码。语法格式为：eval(str)，对表达式 str 进行运算，返回表达式 str 的运算结果，其中参数 str 可以是任何有效的表达式。例如，eval(document.body.clientWidth-90)。

（2）parseInt()。

该函数将字符串的首位字符转化为整型数字，如果字符串不是以数字开头，那么将返回 NaN。例如，表达式 parseInt("2abc")返回数字 2，表达式 parseInt("abc")返回 NaN。

语法格式为：parseInt（string，radix），参数 radix 可以是 2～36 的任意整数，当 radix 为 0 或 10 时，提取的整数以 10 为基数表示，即返回 10、20、30、…、100、110、120…该函数也可以用于将字符串转换为整数。

（3）parseFloat()。

该函数将字符串的首位字符转化为浮点型数字，如果字符串不是以数字开头，那么将返回 NaN。例如，表达式 parseFloat("2.6abc")返回数字 2.6，表达式 parseFloat("abc")返回 NaN。

（4）isNaN()。

该函数主要用于检验某个值是否为 NaN。例如，表达式 isNaN("NaN")的值为 true，表达式 isNaN(123)的值为 false。

（5）isFinite()。

该函数用于检查其参数是否是无穷大。语法格式为：isFinite(number)。

如果 number 是有限数字（或可转换为有限数字），那么返回 true。如果 number 是 NaN（非数字），或者是正、负无穷大的数，则返回 false。例如，表达式 isFinite(123)的值为 true，表达式 isFinite("NaN")的值为 false。

（6）escape()。

该函数用于对字符串进行编码，这样就可以在所有的计算机上读取该字符串。语法格式为：escape(str)，其返回值为已编码的 string 的副本。其中某些字符被替换成了十六进制的转义序列。例如，表达式 escape("a(b)|d")的值为 a%28b%29%7Cd。

（7）unescape()。

该函数可对通过 escape()编码的字符串进行解码。语法格式为：unescape(str)，其返回值为 string 被解码后的一个副本。该函数的工作原理是：通过找到形式为%xx 和%uxxxx 的字符序列（x 表示十六进制的数字），用 Unicode 字符\u00xx 和\uxxxx 替换这样的字符序列进行解码。

例如，表达式 unescape(escape("a(b)|d"))的值为 a(b)|d。

注意 ECMAScript v3 已从标准中删除了 escape()和 unescape()函数，并反对使用它，因此应该用 decodeURI()和 decodeURIComponent()取而代之。

2.5 JavaScript 的 String（字符串）对象

JavaScript 的字符串对象是存储字符（如 "Good"）的变量。

字符串可以是引号中的任意文本，可以使用单引号或双引号，也可以在字符串中使用引号，只要不匹配包围字符串的引号即可。

例如：

var answer="Nice to meet you!" ;

var answer="He is called 'Bill'" ;

var answer='He is called "Bill"' ;

String 对象的属性、方法及示例如表 2-9 所示。

表 2-9 String 对象的属性与方法

属性与方法名称	功能描述	示例代码	显示结果
length 属性	计算字符串的长度	var str="JavaScript" ; str.length	10
toUpperCase()方法	将字符串转换为大写	str.toUpperCase()	JAVASCRIPT
toLowerCase()方法	将字符串转换为小写	str.toLowerCase()	javascript
indexOf("子字符串"，起始位置)方法	返回字符串中某个指定的字符从左至右首次出现的位置	str.indexOf("a") str.indexOf("e")	1 -1
lastIndexOf()方法	返回字符串中某个指定的字符从右至左首次出现的位置（从左往右计数）	str.lastIndexOf("a") str.lastIndexOf("b")	3 -1
match()方法	查找字符串中特定的字符，并且如果找到的话，则返回这个字符	str.match("Java") str.match("World")	Java null
replace()方法	在字符串中用某些字符替换另一些字符	str.replace(/S/,"s")	Javascript
substring(i1 , i2)方法	从指定的字符串截取一定数量的字符	str.substring(0,4) str.substring(4)	Java Script
charAt(index)方法	从指定的字符串中获取指定索引位置的字符	str.charAt(0) str.charAt(4)	J S

> **注意** String 对象的 substring( )和 substr( )的区别。
>
> String 对象的 substring()方法的一般形式为 substring(indexStart,indexEnd)，即从字符串中截取子串，两个参数分别是截取子串的起始和终止字符的索引值，截取的子串不包含索引值较大的参数对应的字符。若忽略 indexEnd，则字符串的末尾是终止值。若 indexStart=indexEnd，则返回空字符串。
>
> String 对象的 substr()方法的一般形式为 substr(start,length)，即从 start 索引开始，向后截取 length 个字符。若省略 length，则一直截取到字符串尾；若 length 设定的个数超过了字符串的结尾，则返回到字符串结尾的子字符串。

2.6 JavaScript 的 Math（数学）对象

Math 对象包含用于各种数学运算的属性和方法，Math 对象的内置方法可以在不使用构造函数创建对象时直接调用。调用形式为 Math.数学函数(参数)。

例如，计算 cos（π/6）可以写成：Math.cos(Math.PI/6)。

1. 数学值

JavaScript 提供了 8 种可被 Math 对象访问的数学值。

（1）常数：Math.E。
（2）圆周率：Math.PI。
（3）2 的平方根：Math.SQRT2。
（4）1/2 的平方根：Math.SQRT1_2。
（5）2 的自然对数：Math.LN2。
（6）10 的自然对数：Math.LN10。
（7）以 2 为底的 e 的对数：Math.LOG2E。
（8）以 10 为底的 e 的对数：Math.LOG10E。

2. 数学方法

除了可以被 Math 对象访问的数学值以外，还有几个函数（方法）可以使用，如表 2-10 所示。

表 2-10 Math 对象的函数（方法）

函数（方法）名称	功能描述	示例	函数调用的结果
round()	对一个数进行四舍五入运算	Math.round(4.7)	5
floor()	返回小于或等于指定参数的最大整数	Math.floor(4.7)	4
ceil()	返回大于或等于指定参数的最小整数	Math.ceil(4.7)	5
random()	返回一个 0~1 的随机数	Math.random()	0.9370844220218102
max()	返回两个给定数中较大的数	Math.max(-3，5)	5
min()	返回两个给定数中较小的数	Math.min(-3,5)	-3

2.7 JavaScript 的 Date（日期）对象

日期对象主要用于从系统中获得当前的日期和时间，设置当前日期和时间，在时间、日期同字符串之间转换。

1. 定义日期

Date 对象用于处理日期和时间。可以通过 new 关键词来定义 Date 对象。

以下代码定义了名称为 d 的 Date 对象：var d=new Date()。

提示 Date 对象自动使用当前的日期和时间作为其初始值。

2. 操作日期

通过使用针对日期对象的方法，可以很容易地对日期进行操作。

例如：为日期对象设置一个特定的日期（2020 年 10 月 1 日）。

var d=new Date()；
d.setFullYear(2020，9，1)；
document.write(d)；

注意 表示月份的参数为 0～11。也就是说，如果希望把月设置为 10 月，则参数应该是 9。

下面的示例代码将日期对象设置为 5 天后的日期。

var d=new Date()；
d.setDate(d.getDate()+5)；
document.write(d)；

注意 如果增加天数会改变月份或者年份，那么日期对象会自动完成这种转换。

3. 比较日期

日期对象也可用于比较两个日期。

例如：将当前日期与 2020 年 10 月 1 日进行比较。

var d=new Date();
d.setFullYear(2020，10，1);
var today = new Date();
if (d>today)
　{
　　　alert("今天在 2020 年 10 月 1 日之前")；
　}

4. Date 对象的函数

Date 对象的函数（方法）及示例如表 2-11 所示。

表 2-11　Date 对象的函数（方法）

函数名称	功能描述	示例	显示结果示例
Date()	获取当日的日期和时间，也可以创建日期对象	var d = new Date()；	Sun Sep 16 2018 10:43:07 GMT+0800
getTime()	返回从 1970 年 1 月 1 日至今的毫秒数	var d1=new Date().getTime()	1537065909444
setFullYear()	设置具体的日期	d.setFullYear(2020,10,1)；	Sun Nov 01 2020 10:48:21 GMT+0800
toUTCString()	将当日的日期（根据 UTC）转换为字符串	d.toUTCString()；	Sun, 01 Nov 2020 02:48:21 GMT

续表

函数名称	功能描述	示例	显示结果示例
getFullYear()	从 Date 对象以 4 位数字返回年份	d.getFullYear()	2020
getMonth()	从 Date 对象返回月份（0~11）	d.getMonth()	10
getDate()	从 Date 对象返回一个月中的某一天（1~31）	d.getDate()	1
getDay()	从 Date 对象返回一周中的某一天（0~6，0 表示星期日，6 表示星期六）	d.getDay()	0
getHours()	返回 Date 对象的小时（0~23）	d.getHours()	11
getMinutes()	返回 Date 对象的分钟（0~59）	d.getMinutes()	3
getSeconds()	返回 Date 对象的秒数（0~59）	d.getSeconds()	8
getMilliseconds()	返回 Date 对象的毫秒（0~999）	d.getMilliseconds()	814
getTime()	返回 1970 年 1 月 1 日至今的毫秒数	d.getTime()	1604199788814

2.8 JavaScript 的计时方法

通过使用 JavaScript 的计时方法，可以在一个设定的时间间隔之后执行代码，而不是在函数被调用后立即执行。我们称之为计时事件。

JavaScritp 中使用计时事件的两个关键方法是 setTimeout()和 clearTimeout()。

1. setTimeout()方法

setTimeout()用于指定未来的某个时间执行代码，即经过指定时间间隔后调用函数或运算表达式。

语法格式：

var t=setTimeout("javascript 语句"，毫秒数)；

setTimeout()方法会返回某个值。在上面的语句中，值被储存在名为 *t* 的变量中。如果希望取消这个 setTimeout()，就可以使用这个变量名来指定它。

setTimeout()的第 1 个参数是含有 JavaScript 语句的字符串。这个语句可能诸如"alert('5 seconds!')"，或者对函数进行调用，诸如 alertMsg()"。

第 2 个参数指示从当前起多少毫秒后执行第 1 个参数。

提 示

1000 毫秒等于 1 秒。

2. clearTimeout()方法

clearTimeout()用于取消 setTimeout()。

例如：在网页上显示一个钟表。

```
<script>
function startTime()
{
    var today=new Date()；
    var h=today.getHours()；
    var m=today.getMinutes()；
    var s=today.getSeconds()；
    m=checkTime(m)；
    s=checkTime(s)；
    document.getElementById('txtTime').innerHTML=h+":"+m+":"+s；
```

```
        t=setTimeout('startTime()' , 500) ;
    }
    function checkTime(i)
    {
        if (i<10){
            i="0" + i ;
        }
        return i ;
    }
</script>
<button onclick="startTime()">单击这里</button>
<div id="txtTime"></div>
```

3. setInterval()方法

setInterval()方法可按照指定的周期（以毫秒计）来调用函数或计算表达式。setInterval()方法会不停地调用函数,直到clearInterval()被调用或窗口被关闭。由setInterval()返回的值可用作clearInterval()方法的参数。

语法格式：

setInterval(code , millisec)

两个参数都是必需参数,其中参数 code 表示要调用的函数或要执行的代码串, millisec 表示周期性执行或调用 code 之间的时间间隔,以毫秒计。

4. clearInterval()方法

clearInterval()方法可取消由 setInterval()设置的毫秒时间。

语法格式：

clearInterval(id_of_setinterval)

参数 id_of_setinterval 必须是由 setInterval()返回的 ID 值。

2.9 JavaScript 的 RegExp 对象及其方法

RegExp 对象表示正则表达式,它是对字符串执行模式匹配的强大工具。当检索某个文本时,可以使用一种模式来描述要检索的内容,RegExp 就是这种模式。简单的模式可以是一个单独的字符,更复杂的模式包括了更多的字符,并可用于解析、格式检查、替换等。RegExp 对象可以规定字符串中的检索位置,以及要检索的字符类型等。

1. 创建 RegExp 对象

（1）直接量语法。

正则表达式的直接量语法格式如下。

/pattern/attributes

（2）创建 RegExp 对象的语法。

创建 RegExp 对象的语法格式如下。

new RegExp(pattern , attributes) ;

（3）RegExp 对象的参数说明。

参数 pattern 表示一个字符串,指定了正则表达式的模式或其他正则表达式。

参数 attributes 表示一个可选的字符串,包含属性"g""i"和"m",分别用于指定全局匹配、不区分大小写的匹配和多行匹配。ECMAScript 标准化之前,不支持 m 属性。如果 pattern 是正则表达式,而不是字符串,则必须省略该参数。

(4) RegExp 对象的返回值。

一个新的 RegExp 对象具有指定的模式和标志。如果参数 pattern 是正则表达式而不是字符串,那么 RegExp() 构造函数将用与指定的 RegExp 相同的模式和标志创建一个新的 RegExp 对象。

如果不使用 new 运算符,而将 RegExp() 作为函数调用,那么它的行为与用 new 运算符调用时一样,只是当 pattern 是正则表达式时,它只返回 pattern,而不再创建一个新的 RegExp 对象。

(5) 创建 RegExp 对象时抛出的异常。

① SyntaxError: 如果 pattern 不是合法的正则表达式,或 attributes 含有 "g" "i" 和 "m" 之外的字符,创建 RegExp 对象时会抛出该异常。

② TypeError: 如果 pattern 是 RegExp 对象,但没有省略 attributes 参数,就抛出该异常。

2. 创建 RegExp 对象的修饰符

创建 RegExp 对象的修饰符如表 2-12 所示。

表 2-12 创建 RegExp 对象的修饰符

修饰符	直接量语法	语法格式	功能描述
i	/regexp/i	new RegExp("regexp","i")	执行对大小写不敏感的匹配
g	/regexp/g	new RegExp("regexp","g")	执行全局匹配(查找所有匹配而非在找到第一个匹配后停止)
m			执行多行匹配

(1) g 修饰符。

g 修饰符用于执行全局匹配(查找所有匹配而非在找到第一个匹配后停止)。所有主流浏览器都支持 g 修饰符。

例如,对字符串中的 "is" 进行全局搜索。

var str="Is this all there is?";
var patt1=/is/g;
document.write(str.match(patt1));

由于字符串 str 中第 1 个 "Is" 首字母为大写,所以搜索结果中不包含第 1 个 "Is",只包括其后的 2 个 "is"。

(2) i 修饰符。

i 修饰符用于执行对大小写不敏感的匹配。所有主流浏览器都支持 i 修饰符。

例如,对字符串中的 "is" 进行全局且不区分大小写的搜索。

var str="Is this all there is?";
var patt1=/is/gi;
document.write(str.match(patt1));

搜索结果中包含全部的 3 个 "is"。

3. 正则表达式的模式符

(1) 带方括号的模式表达式。

方括号用于查找某个范围内的字符。带方括号的模式表达式如表 2-13 所示。

表 2-13 带方括号的模式表达式

表达式	描述	表达式	描述
[abc]	查找方括号之间的任何字符,方括号内的字符可以是任何字符或字符范围	[A-Z]	查找任何 A~Z 的字符

续表

表达式	描述	表达式	描述
[^abc]	查找任何不在方括号之间的字符，方括号内的字符可以是任何字符或字符范围	[A-z]	查找任何 A~z 的字符
[0-9]	查找任何 0~9 的数字	[adgk]	查找给定集合内的任何字符
[a-z]	查找任何 a~z 的字符	[^adgk]	查找给定集合外的任何字符
(red|blue|green)	查找任何指定的选项		

（2）模式表达式中的元字符。

元字符（Metacharacter）是拥有特殊含义的字符，模式表达式中的元字符如表 2-14 所示。

表 2-14　模式表达式中的元字符

元字符	描述	元字符	描述
.	查找单个字符，除了换行和行结束符	\d	查找数字
\w	查找单词字符	\D	查找非数字字符
\W	查找非单词字符	\b	匹配单词边界
\s	查找空白字符，空白字符可以是空格符、制表符、回车符、换行符、垂直换行符、换页符	\B	匹配非单词边界
\S	查找非空白字符	\0	查找 NUL 字符
\v	查找垂直制表符	\n	查找换行符
\xxx	查找以八进制数 xxx 规定的字符	\f	查找换页符
\xdd	查找以十六进制数 dd 规定的字符	\r	查找回车符
\uxxxx	查找以十六进制数 xxxx 规定的 Unicode 字符	\t	查找制表符

（3）模式表达式中的量词。

模式表达式中的量词如表 2-15 所示。

表 2-15　模式表达式中的量词

量词	描述	量词	描述
n+	匹配任何包含至少 1 个 n 的字符串	n{X,}	匹配包含至少 X 个 n 的序列的字符串
n*	匹配任何包含 0 个或多个 n 的字符串	n$	匹配任何结尾为 n 的字符串
n?	匹配任何包含 0 个或 1 个 n 的字符串	^n	匹配任何开头为 n 的字符串
n{X}	匹配包含 X 个 n 的序列的字符串	?=n	匹配任何其后紧接指定字符串 n 的字符串
n{X,Y}	匹配包含 X 或 Y 个 n 的序列的字符串	?!n	匹配任何其后没有紧接指定字符串 n 的字符串

4．RegExp 对象的属性

RegExp 对象的属性如表 2-16 所示。

表 2-16　RegExp 对象的属性

属性名称	描述
global	RegExp 对象是否具有标志 g
ignoreCase	RegExp 对象是否具有标志 i
multiline	RegExp 对象是否具有标志 m
lastIndex	一个整数，标示开始下一次匹配的字符位置
source	正则表达式的源文本

5．RegExp 对象的方法

RegExp 对象有 3 种方法：test()、exec() 和 compile()。

（1）test( )方法。

test()方法用于检测一个字符串是否匹配某个模式，或者检索字符串中的指定值，返回值是 true 或 false。

例如：

```
<script type="text/javascript">
        var patt1=new RegExp("r");
        document.write(patt1.test("javascript")) ;
</script>
```

由于该字符串中存在字母"r"，以上代码的输出将是：true。

（2）exec( )方法。

exec()方法用于检索字符串中的正则表达式的匹配，或者检索字符串中的指定值，返回值是被找到的值。如果没有发现匹配，则返回 null。

语法格式：

RegExpObject.exec(str)

其中参数 str 为必需参数，表示要检查的字符串。

exec()方法的功能非常强大，它是一个通用的方法，而且使用起来也比 test()方法以及支持正则表达式的 String 对象的方法更为复杂。

如果 exec()找到了匹配的文本，则返回一个结果数组。否则，返回 null。此数组的第 0 个元素是与正则表达式相匹配的文本，第 1 个元素是与 RegExpObject 的第 1 个子表达式相匹配的文本（如果有的话），第 2 个元素是与 RegExpObject 的第 2 个子表达式相匹配的文本（如果有的话），以此类推。除了数组元素和 length 属性之外，exec()方法还返回两个属性。index 属性声明匹配文本的第 1 个字符的位置，input 属性则存放被检索的字符串 string。可以看得出，在调用非全局的 RegExp 对象的 exec()方法时，返回的数组与调用方法 String.match()返回的数组是相同的。

但是，当 RegExpObject 是一个全局正则表达式时，exec()的行为就稍微复杂一些。它会在 RegExpObject 的 lastIndex 属性指定的字符处开始检索字符串 string。当 exec()找到了与表达式相匹配的文本时，在匹配后，它将把 RegExpObject 的 lastIndex 属性设置为匹配文本的最后一个字符的下一个位置。也就是说，可以通过反复调用 exec()方法来遍历字符串中的所有匹配文本。当 exec()再也找不到匹配的文本时，它将返回 null，并把 lastIndex 属性重置为 0。

如果在一个字符串中完成了一次模式匹配之后要开始检索新的字符串，就必须手动把 lastIndex 属性重置为 0。

无论 RegExpObject 是否是全局模式，exec()都会把完整的细节添加到它返回的数组中。这就是 exec()与 String.match()的不同之处，后者在全局模式下返回的信息要少得多。因此可以这么说，在循环中反复调用 exec()方法是唯一一种获得全局模式的完整模式匹配信息的方法。

例如：全局检索字符串中的字母 a。

```
<script type="text/javascript">
    var str = "javascript";
    var patt = new RegExp("a","g");
    var result;
    while ((result = patt.exec(str)) != null)   {
      document.write(result+" | ");
      document.write(result.lastIndex+" | ");
    }
</script>
```

输出结果为 a|2|a|4|

（3）compile( )方法。

compile()方法用于改变 RegExp，或者在脚本执行过程中编译正则表达式，也可以用于改变和重新编译正则表达式。既可以改变检索模式，也可以添加或删除第 2 个参数。

语法格式：

RegExpObject.compile(regexp , modifier)

其中参数 regexp 表示正则表达式，参数 modifier 用于规定匹配的类型。"g"用于全局匹配，"i"用于不区分大小写，"gi"用于全局不区分大小写的匹配。

例如：在字符串中全局搜索"to"，并用"for"替换，然后使用 compile()方法改变正则表达式，用"he"替换"me"。

```
<script type="text/javascript">
    var str="good luck to me,good luck to you";
    patt=/to/g;
    str2=str.replace(patt,"for");
    document.write(str2+"<br />");
    patt=/me/;
    patt.compile(patt);
    str2=str.replace(patt,"he");
    document.write(str2);
</script>
```

输出结果为

good luck for me,good luck for you

good luck to he,good luck to you

2.10 支持正则表达式的 String 对象的方法

1. search()方法

search()方法用于检索字符串中指定的子字符串，或检索与正则表达式相匹配的子字符串。

语法格式：

stringObject.search(regexp)

其中参数 regexp 可以是需要在 stringObject 中检索的子串，也可以是需要检索的 RegExp 对象。如果要执行忽略大小写的检索，则追加标志 i。

其返回值是 stringObject 中第一个与 regexp 相匹配的子串的起始位置。如果没有找到任何匹配的子串，则返回-1。

search()方法不执行全局匹配，它将同时忽略标志 g 和 regexp 的 lastIndex 属性，并且总是从字符串的开始进行检索，这意味着它总是返回 stringObject 的第一个匹配的位置。

例如：分别检索"a""R"。

```
<script type="text/javascript">
    var str="javascript" ;
    document.write(str.search(/a/)) ;
    document.write(" | ") ;
    document.write(str.search(/R/)) ;    //区分大小写
    document.write(" | ") ;
```

document.write(str.search(/R/i))　　//不区分大小写
</script>
输出结果为
1|-1|6

2. match()方法

可在字符串内检索指定的值，或找到一个或多个正则表达式的匹配。该方法类似于 indexOf()和 lastIndexOf()，但是它返回指定的值，而不是字符串的位置。

语法格式如下。

（1）stringObject.match(searchvalue)。

其中参数 searchvalue 指定要检索的字符串值。

（2）stringObject.match(regexp)。

其中参数 regexp 规定要匹配的模式的 RegExp 对象。如果该参数不是 RegExp 对象，则需要首先把它传递给 RegExp 构造函数，将其转换为 RegExp 对象。

其返回值为存放匹配结果的数组，该数组的内容依赖于 regexp 是否具有全局标志 g。

match()方法将检索字符串 stringObject，以找到一个或多个与 regexp 匹配的文本。这个方法的行为在很大程度上依赖于 regexp 是否具有标志 g。如果 regexp 没有标志 g，那么 match()方法就只能在 stringObject 中执行一次匹配。如果没有找到任何匹配的文本，match()将返回 null。否则，它将返回一个数组，其中存放了与它找到的匹配文本有关的信息。该数组的第 0 个元素存放的是匹配文本，而其余元素存放的是与正则表达式的子表达式匹配的文本。除了这些常规的数组元素之外，返回的数组还含有两个对象属性，index 属性声明匹配文本的起始字符在 stringObject 中的位置，input 属性声明对 stringObject 的引用。如果 regexp 具有标志 g，则 match()方法将执行全局检索，找到 stringObject 中的所有匹配子字符串。若没有找到任何匹配的子串，则返回 null。如果找到了一个或多个匹配子串，则返回一个数组。不过全局匹配返回的数组的内容与前者大不相同，它的数组元素中存放的是 stringObject 中的所有匹配子串，而且也没有 index 属性或 input 属性。

 注意　　在全局检索模式下，match()不提供与子表达式匹配的文本的信息，也不声明每个匹配子串的位置。如果需要这些全局检索的信息，可以使用 RegExp.exec()方法。

例如：使用全局匹配的正则表达式来检索字符串中的所有数字。

```
<script type="text/javascript">
    var str="39 plus 2 equal 41"
    document.write(str.match(/\d+/g))
</script>
```

输出结果为：39,2,41

3. replace()方法

replace()方法用于在字符串中用一些字符替换另一些字符，或替换一个与正则表达式匹配的子串。

语法格式如下。

stringObject.replace(regexp/substr , replacement)

其中参数 regexp/substr 指定子字符串或要替换的模式的 RegExp 对象，如果该值是一个字符串，则将它作为要检索的直接量文本模式，而不是首先被转换为 RegExp 对象。参数 replacement 为一个字符串值，指定了替换文本或生成替换文本的函数。

返回值为一个新的字符串，是用 replacement 替换了 regexp 的第一次匹配或所有匹配之后得到的。字符串 stringObject 的 replace()方法执行查找并替换的操作。它将在 stringObject 中查找与

regexp 相匹配的子字符串，然后用 replacement 来替换这些子串。如果 regexp 具有全局标志 g，那么 replace()方法将替换所有匹配的子串；否则，它只替换第一个匹配子串。

replacement 可以是字符串，也可以是函数。如果它是字符串，那么每个匹配都将由字符串替换。但是 replacement 中的$字符具有特定的含义。表 2-17 说明从模式匹配得到的字符串将用于替换。

表 2-17 参数 replacement 中的$字符的含义

字符	替换文本
$1、$2、…、$99	与 regexp 中的第 1 到第 99 个子表达式相匹配的文本
$&	与 regexp 相匹配的子串
$`	位于匹配子串左侧的文本
$'	位于匹配子串右侧的文本
$$	直接量符号

> **注意** ECMAScript v3 规定，replace()方法的参数 replacement 可以是函数而不是字符串。在这种情况下，每个匹配都调用该函数，它返回的字符串将作为替换文本使用。该函数的第一个参数是匹配模式的字符串。接下来的参数是与模式中的子表达式匹配的字符串，可以有 0 个或多个这样的参数。接下来的参数是一个整数，声明了匹配在 stringObject 中出现的位置。最后一个参数是 stringObject 本身。

示例 1：确保匹配字符串大写字符的正确性。
```
<script type="text/javascript">
    text = "javascript";
    document.write(text.replace(/javascript/i, "JavaScript"));
</script>
```
输出结果为 JavaScript。

示例 2：将所有的双引号替换为单引号。
```
<script type="text/javascript">
    name = '"a", "b"';
    document.write(name.replace(/"([^"]*)"/g, "'$1'"));
</script>
```
输出结果为'a', 'b'。

示例 3：将字符串中所有单词的首字母都转换为大写。
```
    name = 'aaa bbb ccc';
    uw=name.replace(/\b\w+\b/g , function(word){
        return word.substring(0,1).toUpperCase()+word.substring(1);}
    );
    document.write(uw)
```
输出结果为 Aaa Bbb Ccc。

4．split()方法

用于把一个字符串分割成字符串数组。
语法格式如下。
stringObject.split(separator,howmany)

其中参数 separator 是必需参数，该参数为字符串或正则表达式，从该参数指定的位置分割 stringObject。参数 howmany 是可选参数，该参数可指定返回的数组的最大长度。如果设置了该参数，返回的子串不会多于这个参数指定的数组；如果没有设置该参数，整个字符串都会被分割，不考虑它的长度。

返回值为一个字符串数组。该数组是通过在 separator 指定的边界处将字符串 stringObject 分割成子串创建的。返回的数组中的字符串不包括 separator 自身。如果 separator 是包含子表达式的正则表达式，那么返回的数组中包括与这些子表达式匹配的字串（但不包括与整个正则表达式匹配的文本）。

如果把空字符串("")用作 separator，那么 stringObject 中的每个字符之间都会被分割。String.split() 执行的操作与 Array.join 执行的操作相反。

例如：按照不同的方式来分割字符串。

```
<script type="text/javascript">
    var str="How are you?"
    document.write(str.split("") + "<br />")      //把句子分割成单词
    document.write(str.split("") + "<br />")      //把单词分割为字母
    document.write(str.split(" ",2))              //返回一部分字符，这里只返回前两个单词
</script>
```

输出结果为
How,are,you?
H,o,w, ,a,r,e, ,y,o,u,?
How,are

下列表达式将分割结构为更复杂的字符串：
```
"2:3:4:5".split(":")     //将返回["2", "3", "4", "5"]
"|a|b|c".split("|")      //将返回["", "a", "b", "c"]
```

可以把句子分割成单词。
```
var words = sentence.split(' ')
```
或者使用正则表达式作为 separator。
```
var words = sentence.split(/\s+/)
```

2.11 JavaScript 和 jQuery 的使用比较

网页中有以下 HTML 代码：<div id="demo"></div>，分别使用 JavaScript 方式和 jQuery 方式实现在该标签位置输出文本信息。

（1）使用 JavaScript 方式实现。
JavaScript 允许通过 id 查找 HTML 元素，然后改变 HTML 元素的内容。
```
function displayInfo( )
  {
      var obj=document.getElementById("demo");
      obj.innerHTML="JavaScript";
  }
displayInfo();
```
（2）使用 jQuery 方式实现。
jQuery 允许通过 CSS 选择器来选取元素，然后设置 HTML 元素的内容。

```
function displayInfo()
{
    $("#demo").html("jQuery");
}
$(document).ready(displayInfo);
```

jQuery 的主要函数是$()函数（jQuery 函数）。如果向该函数传递 DOM 对象，它会返回 jQuery 对象，带有向其添加的 jQuery 功能。jQuery 使用$("#id")代替 document.getElementById("id")，即通过 id 获取元素。使用$("tagName")代替 document.getElementByTagName("tagName")，即通过标签名称获取 HTML 元素。

上面代码的最后一行，DOM 文档对象$(document)被传递到 jQuery。当向 jQuery 传递 DOM 对象时，jQuery 会返回 jQuery 对象。

ready()是 jQuery 对象的一个方法，由于在 JavaScript 中函数就是对象，因此可以把 displayInfo 作为变量传递给 jQuery 的 ready 方法。

> **提示** jQuery 返回 jQuery 对象，与已传递的 DOM 对象不同。jQuery 对象拥有的属性和方法与 DOM 对象的不同。不能在 jQuery 对象上使用 DOM 的属性和方法。

任务 2-3　不同的节日显示对应的问候语

【任务描述】

在网页中根据不同的节日显示对应的问候语。例如，"五一"劳动节显示的问候语为"劳动节快乐！"，"十一"国庆节显示的问候语为"国庆节快乐！"。

【思路探析】

（1）使用逻辑运算符构成逻辑表达式，如 month==5 && date==1。

（2）使用 if 语句判断条件是否成立，如果逻辑表达式的值为 true，即条件成立，则显示对应的问候语。

【特效实现】

实现不同的节日显示对应问候语的 JavaScript 代码如表 2-18 所示。

表 2-18　实现不同的节日显示对应的问候语的 JavaScript 代码

序号	程序代码
01	`<script type="text/javascript">`
02	`    var msg="快乐每一天";`
03	`    var now=new Date();`
04	`    var month=now.getMonth()+1;`
05	`    var date=now.getDate();`
06	`    if (month= =5 && date= =1) {  msg="劳动节快乐！";}`
07	`    if (month= =10 && date= =1) { msg="国庆节快乐！";}`
08	`    document.write(msg);`
09	`</script>`

任务 2-4　在特定日期的特定时段显示打折促销信息

【任务描述】

（1）创建 1 个日期对象，且以常规格式在网页中显示当前日期与时间。

（2）在特定日期的特定时段实施打折促销，并在网页中输出相应的提示信息。

【思路探析】

（1）使用 new Date(日期与时间字符串)创建自定义的日期。

（2）使用 if 语句与 if...else...语句的嵌套结构分别控制年、月和日期数，只在特定日期的特定时段在网页中输出打折促销的提示信息。

【特效实现】

实现在特定日期的特定时段显示打折促销信息的 JavaScript 代码如表 2-19 所示。

表 2-19　实现在特定日期的特定时段显示打折促销信息的 JavaScript 代码

序号	程序代码
01	`<script>`
02	`    var dq_now = new Date();`
03	`    var dq_year = dq_now.getFullYear();`
04	`    var dq_month = dq_now.getMonth()+1;`
05	`    var dq_day = dq_now.getDate();`
06	`    var dq_houre =dq_now.getHours();`
07	`    var dq_min=dq_now.getMinutes();`
08	`    var dq_sec=dq_now.getSeconds();`
09	`    var timeout=new Date(dq_year+"/"+dq_month+"/"+dq_day+" "`
10	`                  +dq_houre+":"+dq_min+":"+dq_sec);`
11	`    document.write ('当前的日期为：'+timeout.toLocaleString());`
12	`    if(dq_month= =5){`
13	`        if(dq_day>=1 && dq_day<=5 || dq_day>=26 && dq_day<=30){`
14	`            document.write (' '+'正在促销打折，请关注！');`
15	`        }`
16	`        else`
17	`        {`
18	`            document.write (' '+'促销打折暂未开始，请留意！');`
19	`        }`
20	`    }`
21	`    else{`
22	`        document.write (' '+'请关注促销活动');`
23	`    }`
24	`</script>`

表 2-19 中的代码解释如下。

（1）03 行使用的 getFullYear()方法总是返回 4 位完整的年份，如 2001、1998 等。当年份在 1900～1999 时，getFullYear()返回 2 位数字，如 1999 返回 99，1980 返回 80 等，当年份不在 1900～1999 范围时同 getFullYear()，返回 4 位完整的年份。

（2）只有 12 行的表达式"dq_month==5"的值为 true 时，内层的 if...else...语句才会执行。

任务 2-5 不同时间段显示不同的问候语

【任务描述】
在网页中根据不同时间段（采用 24 小时制）显示相应的问候语，具体要求如下。
（1）每天上午 8 点之前（不包含 8 点）显示"早上好！"。
（2）每天上午 12 点之前（包含 8 点但不包含 12 点）显示"上午好！"。
（3）每天的 12 点至 14 点（包含 12 点但不包含 14 点）显示"中午好！"。
（4）每天的 14 点至 17 点（包含 14 点但不包含 17 点）显示"下午好！"。
（5）每天的 17 点之后（包含 17 点）显示"晚上好！"。

【思路探析】
使用 if…else if…else…语句实现所需的功能。

【特效实现】
不同时间段显示不同问候语的 JavaScript 代码如表 2-20 所示。

表 2-20 不同时间段显示不同问候语的 JavaScript 代码

序号	程序代码
01	<script language="javascript" type="text/javascript">
02	<!--
03	var today , hour ;
04	today = new Date() ;
05	hour = today.getHours() ;
06	if(hour < 8){document.write(" 早上好!") ;}
07	else if(hour < 12){document.write(" 上午好!") ;}
08	else if(hour < 14){document.write(" 中午好!") ;}
09	else if(hour < 17){ document.write(" 下午好!") ; }
10	else { document.write(" 晚上好!") ; }
11	// -->
12	</script>

表 2-20 中的代码解释如下。
（1）03 行声明了两个变量，变量名分别为 today、hour。
（2）04 行是一条赋值语句，创建一个日期对象，且赋给变量 today。
（3）05 行是一条赋值语句，调用日期对象的方法 getHours()获取当前日期对象的小时数，且赋给变量 hour。
（4）06~10 行是一个较为复杂的 if…else if…else…语句，该语句的执行规则如下。

首先判断条件表达式 hour < 8 是否成立，如果该条件表达式的值为 true（如早上 7 点），则程序将执行对应语句"document.write(" 早上好!");"，即在网页中显示"早上好！"的问候语。

如果条件表达式 hour < 8 的值为 false（如上午 9 点），那么判断第 1 个 else if 后面的条件表达式 hour < 12 是否成立，如果该条件表达式的值为 true（如上午 9 点），则程序将执行对应语句"document.write(" 上午好!");"，即在网页中显示"上午好！"的问候语。

以此类推，直到完成最后一个 else if 条件表达式 hour < 17 的测试，如果所有的 if 和 else if 的条件表达式都不成立（如晚上 20 点），则执行 else 后面的语句"document.write(" 晚上好!");"，即在网页中显示"晚上好！"的问候语。

任务 2-6　一周内每天输出不同的图片

【任务描述】

在网页中实现一周内每天输出不同的图片,星期一网页输出的图片如图 2-1 所示。

【思路探析】

使用 switch 语句实现所需功能。

图 2-1　星期一网页显示的图片

【特效实现】

创建一个 JS 文件 today_sell.js,该 JS 文件的代码如表 2-21 所示。

表 2-21　JS 文件 today_sell.js 中的程序代码

序号	程序代码
01	var mydate = new Date();
02	today =mydate.getDay();
03	switch(today)
04	{
05	case 1:
06	document.writeln("<img src=\"images/t1.jpg\" border=\"0\" />");
07	break
08	case 2:
09	document.writeln("<img src=\"images/t2.jpg\" border=\"0\" />");
10	break
11	case 3:
12	document.writeln("<img src=\"images/t3.jpg\" border=\"0\" />");
13	break
14	case 4:
15	document.writeln("<img src=\"images/t4.jpg\" border=\"0\" />");
16	break
17	case 5:
18	document.writeln("<img src=\"images/t5.jpg\" border=\"0\" />");
19	break
20	case 6:
21	document.writeln("<img src=\"images/t6.jpg\" border=\"0\" />");
22	break
23	default:
24	document.writeln("<img src=\"images/t7.jpg\" border=\"0\" />");
25	}

在网页中使用以下代码引入外部 JS 文件。

```
<script src="js/today_sell.js" type="text/javascript" ></script>
```

任务 2-7　实现在线考试倒计时

【任务描述】

网络在线考试时,在网页中的合适位置显示一个如图 2-2 所示的倒计时牌,以让考生及时掌握考试剩余的时间。

离考试结束时间还剩:**02小时29分54秒**

图 2-2　在线考试倒计时牌

【思路探析】

(1)使用 setInterval()方法每隔 1 秒(1000 毫秒)调用一次函数,显示一次当前的时间。

(2)对于小于 10 的时、分、秒,前面加"0"表示。

【特效实现】

实现在线考试倒计时的 JavaScript 代码如表 2-22 所示。

表 2-22 实现在线考试倒计时的 JavaScript 代码

序号	程序代码
01	`<script language="javascript">`
02	`var limit_seconds = 9000;`
03	`function deal_limit_time(){`
04	`if(limit_seconds > 0)`
05	`{`
06	`var hours = Math.floor(limit_seconds/3600);`
07	`var minutes = Math.floor(limit_seconds/60)%60;`
08	`var seconds = Math.floor(limit_seconds%60);`
09	`if(hours<10){hours = "0" + hours;}`
10	`else`
11	`if(hours>99){hours = "99";}`
12	`else{hours = hours + "";}`
13	`if(minutes<10){minutes = "0" + minutes;}`
14	`else{minutes = minutes + "";}`
15	`if(seconds<10){seconds = "0" + seconds;}`
16	`else{seconds = seconds + ""}`
17	`var msgTime = "离考试结束时间还剩：<span class=\"key\">"`
18	`+hours.substr(0,2)+"</span>小时<span class=\"key\">"`
19	`+minutes.substr(0,2)+"</span>分<span class=\"key\">"`
20	`+seconds.substr(0,2)+"</span>秒";`
21	`document.getElementById("limit_time").innerHTML = msgTime;`
22	`--limit_seconds;`
23	`}`
24	`}`
25	`timer = setInterval("deal_limit_time()",1000);`
26	`</script>`

表 2-22 中的代码解释如下。

（1）06 行使用除运算符"/"和 Math 对象的 floor()方法获取小时数。

（2）07 行使用 Math 对象的 floor()方法和求余数运算符"%"获取分数。

（3）08 行使用求余数运算符"%"和 Math 对象的 floor()方法获取秒数。

（4）对于小于 10 的时、分、秒，09～16 行代码在其前面加"0"表示。

（5）17～20 行设置时、分、秒及相关字符的字符串。

（6）在网页指定位置显示时间。

（7）22 行使用递减运算符"--"重新给变量 limit_seconds 赋值。

（8）25 行使用 setInterval()方法每隔 1 秒调用一次函数 deal_limit_time()。

任务 2-8 显示限定格式的日期

【任务描述】

在网页显示限定格式的日期，即年使用 4 位整数，月、日都使用 2 位整数表示，对于小于 10 的月和日，前面加"0"表示，如图 2-3 所示。

2018年09月16日 星期日

图 2-3 限定格式的日期

【思路探析】

使用 Date.prototype.Format 属性定义时、分、秒的标准格式，即年使用 4 位整数，月、日都使用 2 位整数表示。

【特效实现】

显示限定格式的日期与时间的 JavaScript 代码如表 2-23 所示。

表 2-23　显示限定格式的日期与时间的 JavaScript 代码

序号	程序代码
01	`<script type="text/javascript">`
02	`  Date.prototype.Format = function(formatStr)`
03	`  {`
04	`    var Week = ['日','一','二','三','四','五','六'];`
05	`    return formatStr.replace(/yyyy|YYYY/`
06	`      ,this.getFullYear()).replace(/yy|YY/,`
07	`      (this.getFullYear() % 100)>9?(this.getFullYear() % 100).toString():'0'`
08	`      + (this.getFullYear() % 100)).replace(/MM/`
09	`      ,(this.getMonth()+1)>9?(this.getMonth()+1).toString():'0'`
10	`      + (this.getMonth()+1)).replace(/M/g,(this.getMonth()+1)).replace(/w|W/g,`
11	`      Week[this.getDay()]).replace(/dd|DD/`
12	`      ,this.getDate()>9?this.getDate().toString():'0'`
13	`      + this.getDate()).replace(/d|D/g,this.getDate());`
14	`  };`
15	`  document.write(new Date().Format("yyyy 年 MM 月 dd 日")+"　");`
16	`  document.write(new Date().Format("星期 W"));`
17	`</script>`

表 2-23 中的代码解释如下。

（1）02～14 行定义了时、分、秒的标准格式，多次使用 String 的 replace()方法替换与正则表达式匹配的子串。

（2）15 行调用方法 Format()返回具有标准格式的日期。

自主训练

任务 2-9　验证日期的有效性

【任务描述】

在网页中显示如图 2-4 所示的输入"城市"名称和"日期"的文本框，日期文本框中初始状态显示当日的日期，当用户在日期文本框输入日期，且单击【提交】按钮时，验证日期数据的有效性，主要包括以下 3 个方面的验证。

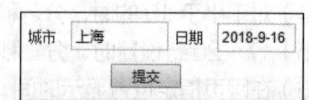

图 2-4　输入"城市"名称和"日期"的文本框

（1）日期文本框不能为空，否则会出现提示信息对话框。

（2）日期文本框中输入的日期必须符合指定的日期格式，否则会出现提示信息对话框。

（3）由于每年的 1、3、5、7、8、10、12 月有 31 天，4、6、9、11 月只有 30 天，闰年的 2 月有 29 天，平年的 2 有只有 28 天，日期文本框中输入的日期中天不能违背以上规则，否则会出现提示信息对话框。

【操作提示】

实现验证日期的 JavaScript 代码如表 2-24 所示，正则表达式"/(^\s*)|(\s*$)/g"表示全局查找非空白字符和空白字符，正则表达式"/^(\d{4})\-(\d{1,2})\-(\d{1,2})$/"表示年份为 4 位数字，月份为 1 至 2 位数字，日为 1 至 2 位数字。"str.split("-")"表示使用"-"从日期数据中分割出年、月、日。

表 2-24 实现验证日期的 JavaScript 代码

序号	程序代码
01	`<script language="javascript" type="text/javascript">`
02	`var date=new Date()`
03	`document.getElementById('txt_Date').value=date.getFullYear()+"-"`
04	`                    +Math.abs(date.getMonth()+1)+"-"+date.getDate();`
05	`function checkSubmit()`
06	`{`
07	`    if(document.getElementById('txt_Date').value.replace(/(^\s*)|(\s*$)/g,"")=="")`
08	`    {`
09	`        alert('请输入入住日期！');`
10	`        document.getElementById('txt_Date').focus();`
11	`        return false;`
12	`    }`
13	
14	
15	`    if(document.getElementById('txt_Date').value.match(/^(\d{4})\-(\d{1,2})\-(\d{1,2})$/)==null)`
16	`    {`
17	`        alert('请输入正确的入住日期！（yyyy-mm-dd）');`
18	`        document.getElementById('txt_Date').focus();`
19	`        return false;`
20	`    }`
21	
22	`    if(!verifyDate(document.getElementById('txt_Date').value))`
23	`    {`
24	`        alert('请输入正确的入住日期！（yyyy-mm-dd）');`
25	`        document.getElementById('txt_Date').focus();`
26	`        return false;`
27	`    }`
28	`    document.getElementById('form1').submit();`
29	`}`
30	
31	`function verifyDate(str)`
32	`{`
33	`    var y = parseInt(str.split("-")[0]);            //获取年份`
34	`    var m = parseInt(str.split("-")[1]);            //获取月份`
35	`    var d = parseInt(str.split("-")[2]);            //获取日`
36	`    switch(m)`
37	`    {`
38	`        case 1:`
39	`        case 3:`
40	`        case 5:`
41	`        case 7:`

续表

序号	程序代码
42	case 8:
43	case 10:
44	case 12:
45	if(d>31){
46	return false;
47	}else{
48	return true;
49	}
50	break;
51	case 2:
52	if((y%4==0 && d>29) || (y%4!=0 && d>28)){
53	return false;
54	}else{
55	return true;
56	}
57	break;
58	case 4:
59	case 6:
60	case 9:
61	case 11:
62	if(d>30){
63	return false;
64	}else{
65	return true;
66	}
67	break;
68	default:
69	return false;
70	}
71	}
72	</script>

网页 0209.html 中对应的 HTML 代码如表 2-25 所示。

表 2-25 网页 0209.html 中对应的 HTML 代码

序号	程序代码
01	\<form runat="server" id="form1" method="post" target="_blank" action="" >
02	\<div style="margin:10px;">
03	城市 \<input type="text" id="txt_CityName" name="txt_CityName"
04	class="base_textbox" style="width:75px;" value="上海" />
05	日期 \<input type="text" id="txt_Date" name="txt_Date"
06	class="base_textbox" style="width:60px;" />
07	\</div>
08	\<div>
09	\<input type="button" value="提交" onclick="checkSubmit()"
10	style="margin:0px 0px 0px 80px;width:60px;" />
11	\</div>
12	\</form>

任务 2-10 实现限时抢购倒计时

【任务描述】

购物网站中经常会限时抢购商品,设计一个限时抢购倒计时牌,如图 2-5 所示。

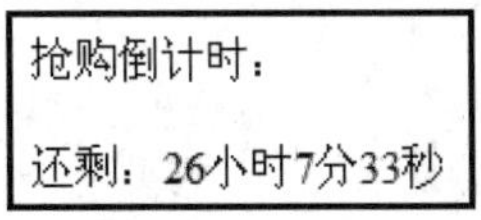

抢购倒计时:

还剩:26小时7分33秒

图 2-5 购物网站的限时抢购倒计时牌

【操作提示】

限时抢购倒计时牌的 JavaScript 代码如表 2-26 所示。

表 2-26 限时抢购倒计时牌的 JavaScript 代码

序号	程序代码
01	`<script type=text/javascript>`
02	`function $(name){return document.getElementById(name);};`
03	`the_s=26*3600+458;`
04	`function view_time(objid){`
05	`  if(the_s>=0){`
06	`    var the_D=Math.floor((the_s/3600)/24)`
07	`    var the_H=Math.floor((the_s-the_D*24*3600)/3600);`
08	`    var the_M=Math.floor((the_s-the_D*24*3600-the_H*3600)/60);`
09	`    var the_S=(the_s-the_H*3600)%60;`
10	`    html = "还剩:";`
11	`    if(the_D!=0 || the_H!=0) html += '<span class="hour">'+(the_H+(the_D*24))+"</span>小时";`
12	`    if(the_D!=0 || the_H!=0 || the_M!=0) html += '<span class="minute">'+the_M+"</span>分";`
13	`    html += '<span class="second">'+the_S+"</span>秒";`
14	`    $(objid).innerHTML = html;`
15	`    the_s--;`
16	`  }else{`
17	`    $(objid).innerHTML = "抢购已结束";`
18	`  }`
19	`}`
20	`</script>`

网页 0210.html 中对应的代码如表 2-27 所示。

表 2-27 网页 0210.html 中的代码

序号	程序代码
01	`<p>抢购倒计时:</p>`
02	`<p class="time" id="time">`
03	`<script type="text/javascript">`
04	`    setInterval('view_time("time")',1000);`
05	`</script>`
06	`</p>`

单元 3
设计文字类网页特效

本单元我们主要探讨实用的文字类网页特效的设计方法。

教学导航

▶ **教学目标**

① 学会设计文字类网页特效
② 熟悉 HTML DOM（文档对象模型）
③ 熟悉 JavaScript 的位置与尺寸方法
④ 熟练使用 JavaScript 的循环语句
⑤ 熟练使用 jQuery 的选择器
⑥ 熟练使用 jQuery 的链式操作
⑦ 熟练使用 jQuery 的效果方法

▶ **教学方法**　　任务驱动法、分组讨论法、探究学习法

▶ **建议课时**　　8 课时

特效赏析

任务 3-1　JavaScript 实现滚动网页标题栏中的文字

为了吸引浏览者的注意力，网页的标题栏中经常会出现提示文字滚动的效果，以突出网站的主题。实现滚动网页标题栏中文字的 JavaScript 代码如表 3-1 所示。

表 3-1　实现滚动网页标题栏中文字的 JavaScript 代码

序号	程序代码
01	`<script language="javasript" type="text/javascript">`
02	`<!--`
03	`var titleWord="品天下美景-饱您的眼福";`
04	`var speed=300`
05	`var titleChange=" "+titleWord;`
06	`function titleScroll()`
07	`{`
08	`if(titleChange.length<titleWord.length) titleChange+="-"+titleWord;`
09	`titleChange=titleChange.substring(1,titleChange.length);`

续表

序号	程序代码
10	document.title=titleChange.substring(0,titleWord.length);
11	window.setTimeout("titleScroll()",speed);
12	}
13	//-->
14	</script>

在<body>标签中添加代码"onLoad="titleScroll()"",当页面加载完成时调用函数 titleScroll()实现滚动网页标题栏中的文字。

表 3-1 中的代码解释如下。

（1）03 行声明变量 titleWord 的同时进行赋值，该变量中存储了标题栏中滚动的文字内容"品天下美景-饱您的眼福"。

（2）04 行声明变量 speed 的同时进行赋值，该变量中存储了时间间隔 300 毫秒。

（3）05 行声明了一个变量 titleChange，同时将连接表达式的值赋给该变量，即在字符串"品天下美景-饱您的眼福"的第 1 个字符前添加一个空格。

（4）06~12 行定义了一个函数 titleScroll( )。

（5）由于在标签"<body>"中包含了代码"onLoad="titleScroll()""，即当网页文档载入完成时触发 onLoad 事件，第一次调用函数 titleScroll()。此时变量 titleWord 的初始值为"品天下美景-饱您的眼福"，titleWord.length 的初始值为 11，变量 titleChange 的初始值为"品天下美景-饱您的眼福"，titleChange.length 的初始值为 12，第 1 个为空格字符。

注意 所检测的长度是以 Unicode 字符计算的长度，一个英文字母是一个 Unicode 字符，一个汉字也是一个 Unicode 字符，也就是说，全角字符与半角字符的长度都为 1。

此时由于 titleChange.length>titleWord.length，也就是 08 行 if 语句的条件表达式的值为 false，对应的语句没有被执行。

按顺序执行 09 行的语句，此时 titleChange.length 的值为 12，截取的子串是第 1 个字符至第 11 个字符，即截取的子串为"品天下美景-饱您的眼福"，首字符空格被截除了。

按顺序执行 10 行的语句后截取的子串为"品天下美景-饱您的眼福"，截取的子串与变量 titleWord 的初始值相同。此刻网页标题中显示的文字为"品天下美景-饱您的眼福"。

（6）按顺序执行 11 行的语句，每隔指定毫秒时间（此程序为 300 毫秒）调用一次函数 titleScroll。

经过 300 毫秒后，第 2 次调用函数 titleScroll，此时 titleChange.length 和 titleWord.length 的值都为 11，08 行的 if 语句的条件表达式的值为 true，对应的语句被执行。

任务 3-2　jQuery 实现向上滚动网站促销公告

购物网站的网页中经常会出现图 3-1 所示的向上滚动的促销公告信息。

网页 0302.html 中实现向上滚动的促销公告信息的 HTML 代码如表 3-2 所示。

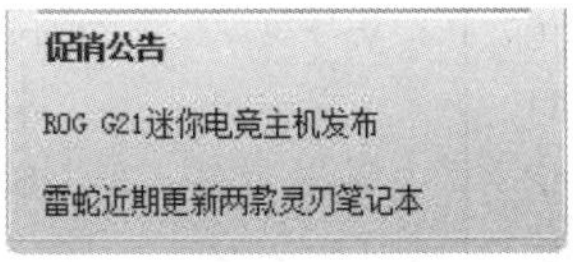

图 3-1　网页向上滚动的促销公告信息

表 3-2 实现向上滚动的促销公告信息的 HTML 代码

序号	程序代码
01	`<div class="note">`
02	`<h3>促销公告</h3>`
03	`<div class="notelist">`
04	`<ul>`
05	`<li><a href="#" target="_blank">新 iPad Pro 支持 4K 视频输出</a></li>`
06	`<li><a href="#" target="_blank" class="red">谷歌推出万元 x86 平板 </a></li>`
07	`<li><a href="#" target="_blank"> ROG G21 迷你电竞主机发布</a></li>`
08	`<li><a href="#" target="_blank" class="red">雷蛇近期更新两款灵刃笔记本</a></li>`
09	`</ul>`
10	`</div>`
11	`</div>`

网页 0302.html 中 ul 和 li 的 CSS 代码如表 3-3 所示。

表 3-3 网页 0302.html 中 ul 和 li 的 CSS 代码

序号	程序代码	序号	程序代码
01	`.note ul {`	07	`.note ul li {`
02	`width:200px;`	08	`height:30px;`
03	`padding:0 15px;`	09	`white-space:nowrap;`
04	`font-size:12px;`	10	`width:200px;`
05	`line-height:30px;`	11	`overflow:hidden;`
06	`}`	12	`}`

引用外部 JS 文件 jquery.js 的代码如下所示。
`<script type="text/javascript" language="javascript" src="js/jquery.js"></script>`
实现向上滚动网站促销公告的 JavaScript 代码如表 3-4 所示。

表 3-4 实现向上滚动网站促销公告的 JavaScript 代码

序号	程序代码
01	`<script type="text/javascript">`
02	`$(document).ready(function(){`
03	`    note();`
04	`});`
05	
06	`function note(){`
07	`  var fns={`
08	`    _up : function(){`
09	`        $(".note>div>ul").stop().animate({marginTop:"-30px"},500,`
10	`          function(){`
11	`            $(".note>div>ul>li:lt(1)").appendTo($(".note>div>ul"));`
12	`            $(".note>div>ul").css("marginTop",0);`
13	`        });`
14	`    }`

续表

序号	程序代码
15	};
16	
17	var _autoUp = null;
18	$(".note").mouseover(function(){
19	autoStop2();
20	});
21	//鼠标指针离开后再重新恢复自动播放
22	$(".note").mouseout(function(){
23	_autoUp = setInterval(function(){fns._up() ; },1500);
24	});
25	
26	var autoPlay2 = function(){
27	_autoUp = setInterval(function(){fns._up() ; },1500); //自动播放
28	};
29	
30	var autoStop2 = function(){
31	clearInterval(_autoUp);
32	_autoUp = null;
33	};
34	autoPlay2();
35	}
36	</script>

表 3-4 中的代码解释如下。

（1）页面加载完成时调用函数 note()，执行第 34 行代码，创建并播放自定义动画，项目列表每隔 1500 毫秒向上滚动 1 次，即促销公告信息自动向上滚动。该动画执行完成后，调用回调函数，将已滚过的列表项添加到项目列表，且将 marginTop 属性值设置为 0。

（2）鼠标指针移向促销公告信息区域时，执行第 19 行代码，停止滚动公告信息。

（3）鼠标指针离开促销公告信息区域时，重新恢复自动播放。

知识必备

3.1 JavaScript 的循环语句

如果希望一遍又一遍地运行相同的代码，并且每次的值都不同，那么使用循环是很方便的，循环可以将代码块执行指定的次数。

对于数组 num 定义：
var num=[0 , 1 , 2 , 3 , 4 , 5];
可以输出数组的值如下。
document.write(num[0] + "<br />");
document.write(num[1] + "<br />");
document.write(num[2] + "<br />");

```
document.write(num[3] + "<br />");
document.write(num[4] + "<br />");
document.write(num[5] + "<br />");
```
不过通常写成如下形式。
```
for ( var i=0 ; i<num.length ; i++ )
{
    document.write(num[i] + "<br />");
}
```
JavaScript 支持不同类型的循环，如下所列。

（1）while 循环：当指定的条件为 true 时循环指定的代码块。

（2）do/while 循环：当指定的条件为 true 时循环指定的代码块。

（3）for 循环：循环的次数固定。

（4）for/in 循环：循环遍历对象的属性。

1. while 循环

While 循环会在指定条件为真时循环执行代码块，只要指定条件为 true，循环就可以一直执行代码。语法格式如下。
```
while (条件)
  {
    // 需要执行的代码
  }
```
例如：

只要变量 i 小于 5，本例中的循环就继续运行。
```
var x="" , i=0;
while (i<5)
  {
    x=x + "The number is " + i + "<br />";
    i++;
  }
```

> **提示** 如果忘记增加条件中所用变量的值，即没有 i++ 语句，该循环永远不会结束。这可能会导致浏览器崩溃。

2. do…while 循环

do…while 循环是 while 循环的变体，该循环在检查条件是否为真之前会执行一次代码块，然后如果条件为真的话，就重复这个循环。

语法格式如下。
```
do
  {
    // 需要执行的代码
  }
while (条件);
```
例如：
```
var x="" , i=0 ;
```

```
do
  {
    x=x + "The number is " + i + "<br />";
    i++;
  }
while (i<5);
```
以上示例代码使用 do...while 循环，该循环至少会执行一次，即使条件是 false，隐藏代码块会在条件被测试前执行。

注意　别忘记增加条件中所用变量的值，否则循环永远不会结束！

3. for 循环

for 循环的语法格式如下。
```
for (表达式 1; 表达式 2; 表达式 3)
  {
    // 被执行的代码块
  }
```
表达式 1：在循环（代码块）开始前执行。
表达式 2：定义运行循环（代码块）的条件。
表达式 3：在循环（代码块）被执行之后执行。

先执行"表达式 1"，完成初始化；然后判断"表达式 2"的值是否为 true，如果为 true，则执行"循环语句块"，否则退出循环；执行循环语句块之后，执行"表达式 3"；然后重新判断"表达式 2"的值，若其值为 true，再次重复执行"循环语句块"，如此循环执行。

例如：
```
var x="";
for (var i=0 ; i<5 ; i++)
  {
    x=x + "The number is " + i + "<br />";
  }
```
从上述示例中，可以看到：
表达式 1 在循环开始之前设置变量（var i=0）；
表达式 2 定义循环运行的条件（i 必须小于 5）；
表达式 3 在每次代码块已被执行后增加一个值（i++）。

（1）表达式 1。

通常使用表达式 1 来初始化循环中所用的变量（var i=0）。表达式 1 是可选的，也就是说，不使用表达式 1 也可以。可以在表达式 1 中初始化任意（或者多个）值。

例如：
```
for (var i=0 , len=num.length ; i<len ; i++)
{
  document.write(num[i] + "<br />");
}
```
同时还可以省略表达式 1，如在循环开始前已经设置了值时即可省略。

例如：
var i=2 , len=num.length ;
for (; i<len ; i++)
{
　　document.write(num[i] + "<br />");
}
（2）表达式2。
通常表达式2用于判断条件是否成立，表达式2同样是可选的。如果表达式2返回true，则循环再次开始，如果返回false，则循环将结束。

> **提示**　　如果省略了表达式2，那么必须在循环内提供break，否则循环就无法停下来，成为死循环，这样有可能令浏览器崩溃。

（3）表达式3。
通常表达式3会增加初始变量的值。表达式3也是可选的，其有多种用法。增量可以是负数（i--），或者更大（i= i +15）。
表达式3也可以省略，如当循环内部有相应的代码时即可省略。
例如：
var i=0 , len=num.length ;
for (; i<len ;)
{
　　document.write(num[i] + "<br />");
　　i++;
}

4. for…in 循环

JavaScript 的 for…in 语句用于循环遍历对象的属性，for…in 循环中的代码块将针对每个属性执行一次。
语法格式：
for(对象中的变量)
　　{
　　　　// 要执行的代码
　　}
例如：循环遍历对象的属性。
var txt="";
var book={ name: "网页特效设计", price:38.8, edition:2};
for (x in book)
{
　　txt=txt + book[x]+"　";
}
使用 for…in 声明来循环输出数组中的元素。
例如：
var x
var nums = new Array()

```
nums[0] = "1"
nums[1] = "2"
nums[2] = "3"
for (x in nums)
{
document.write(nums[x] + "<br />")
}
```

5. 比较 while 循环和 for 循环

使用 while 循环来显示 num 数组中的所有值。

例如：

```
var num=[ 1 , 2 , 3 , 4 ];
var i=0;
while (num[i])
{
   document.write(num[i] + "<br />");
   i++;
}
```

使用 for 循环来显示 num 数组中的所有值。

例如：

```
var num=[ 1 , 2 , 3 , 4 ];
var i=0;
for ( ; num[i] ; )
{
   document.write(num[i] + "<br />");
   i++;
}
```

6. break 语句

在单元 2 学习 switch() 语句时我们已经见到过 break 语句，它用于跳出 switch() 语句。

break 语句也可用于跳出循环，break 语句跳出循环后，会继续执行该循环之后的代码（如果有的话）。

例如：

```
var x="" ;
for (i=0 ; i<10 ; i++)
  {
     if (i==3)
       {
          break;
       }
  }
```

由于这个 if 语句只有一行代码，所以可以省略花括号。

例如：

```
var x="" ;
for (i=0 ; i<10 ; i++)
```

```
    {
        if (i==3)break
    }
```

7. continue 语句

continue 语句用于跳过循环中的一个迭代。如果出现了指定的条件，就继续执行循环中的下一个迭代。

例如：
```
var x="" ;
for (i=0 ; i<=10 ; i++)
    {
        if (i==3) continue;
    }
```
以上示例代码跳过了值 3。

8. JavaScript 标签

可以对 JavaScript 语句进行标记，如需标记 JavaScript 语句，则在标签名称后加上冒号。
语法格式如下。
label:
break 和 continue 语句仅仅能够跳出代码块的语句。
语法格式如下。
break labelname ;
continue labelname ;
continue 语句（带有或不带标签引用）只能用在循环中。
break 语句（不带标签引用）只能用在循环或 switch 中。通过标签引用，break 语句可用于跳出任何 JavaScript 代码块。

例如：
```
var num=[ 1 , 2 , 3 , 4 ];
    {
        document.write(num[0] + "<br />") ;
        document.write(num[1] + "<br />") ;
        break list ;
        document.write(num[2] + "<br />") ;
        document.write(num[3] + "<br />") ;
    }
list:
```

3.2 HTML DOM（文档对象模型）

文档对象模型（Document Object Model，DOM）是用以访问 HTML 元素的正式 W3C 标准，HTML DOM 定义了访问和操作 HTML 文档的标准方法，通过 HTML DOM，可以访问 HTML 文档的所有元素。HTML DOM 独立于平台和语言，可被任何编程语言使用，如 Java、JavaScript 和 VBscript。

当网页被加载时，浏览器会创建页面的文档对象模型。文档对象中每个元素都是一个节点，如下所列。

（1）整个文档是一个文档节点。
（2）每一个 HTML 标签是一个元素节点。
（3）包含在 HTML 元素中的文本是文本节点。
（4）每一个 HTML 属性是一个属性节点。
（5）注释属于注释节点。

HTML 文档中的所有节点构成了一棵节点树，HTML 文档中的每个元素、属性和文本都代表树中的一个节点。该树起始于文档节点，并由此伸出多个分支，直到文本节点为止。

对于以下典型的 HTML 文档：

```
<html>
  <head>
    <title>文档标题</title>
  </head>
  <body>
    <h1>我的标题</h1>
    <a href="#">我的链接</a>
  </body>
</html>
```

可以表示成一个倒立的节点树，如图 3-2 所示。

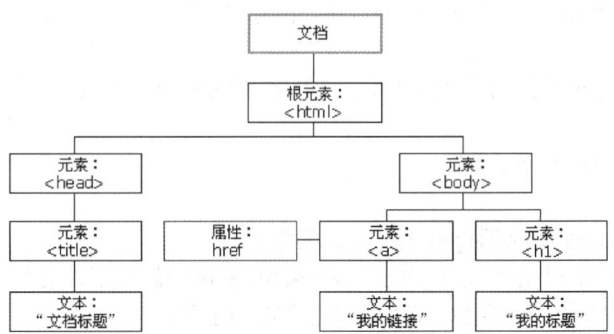

图 3-2　HTML 文档的节点树

HTML 文档的节点树中各个节点彼此之间存在等级关系，即节点之间具有父子关系。<head>和<body>的父节点是<html>，文本节点"我的标题"的父节点是<h1>。<head>节点的子节点为<title>，<title>节点的子节点为文本节点"文档标题"。当节点的父节点为同一个节点时，它们就是同级节点。例如，<a>和<h1>为同级节点，其父节点是<body>。

节点可以拥有后代，后代是指某个节点的所有子节点，或者这些子节点的子节点，以此类推。节点也可以拥有先辈，先辈是某个节点的父节点，或者父节点的父节点，以此类推。

访问父节点使用 parentNode()方法或者 parentElement()方法，访问第一个子节点使用 firstChild 属性或者 childNodes[0]，访问最后一个子节点使用 lastChild 属性或者 childNodes[childNodes.length-1]，访问同级的下一个节点使用 nextSibling 属性，访问同级的上一个节点使用 previousSibling 属性。

　注意　　DOM 顶层节点是 document 内置对象，document.parentNode()返回 null，最后一个节点的 nextSibling 属性返回 null，第一个节点的 previousSibling 属性返回 null。

有两种特殊的文档属性可用于访问根节点：document.documentElement 和 document.body。

例如，document.documentElement.firstChild.nodeName 返回"HEAD"，document.body.parentNode.nodeName 返回"HTML"，document.body.parentNode.lastChild.nodeName 返回"BODY"。

通过可编程的对象模型，JavaScript 能够创建动态的 HTML。

（1）JavaScript 能够改变页面中的所有 HTML 元素。
（2）JavaScript 能够改变页面中的所有 HTML 属性。
（3）JavaScript 能够改变页面中的所有 CSS 样式。
（4）JavaScript 能够对页面中的所有事件做出反应。

1. 查找 HTML 元素

通常，JavaScript 需要操作 HTML 元素。为此，必须首先找到该元素。

（1）通过 id 查找 HTML 元素。

在 DOM 中查找 HTML 元素最简单的方法是使用 getElementById()方法，通过使用元素的 id 来返回元素。

语法格式如下。

document.getElementById("id 标记名称")

根据 HTML 元素指定的 ID，获取唯一的 HTML 元素。如果页面中包含多个相同 ID 的节点，那么只返回第一个元素。

例如，查找 id="demo"元素：

var x=document.getElementById("demo");

如果找到该元素，则该方法将以对象（在 x 中）的形式返回该元素。如果没有找到该元素，则 x 将包含 null。

getElementById()方法可以查找整个 HTML 文档中的任何 HTML 元素，该方法会忽略文档的结构而返回正确的元素。

（2）通过标签名查找 HTML 元素。

语法格式如下。

document.getElementsByTagName("标记名称")

document.getElementById("id").getElementsByTagName("标记名称")

根据 HTML 元素指定的标签名称，获取相同名称的一组元素。

例如，查找 id="main"的元素，然后查找"main"中的所有<p>元素。

var x=document.getElementById("main").getElementsByTagName("p")；

由于该方法返回带有指定标签名的对象的集合，即标签对象数组，要对列表中的具体对象访问时还需使用循环来逐个访问。访问其中某个标签对象要根据标签对象在 HTML 文档中的相对次序决定其下标，第 1 个标签对象的下标为 0。

表达式 x.length 的值为集合中对象的数量，表达式 x[0].innerHTML 的值为对象的文本内容。

（3）通过类名找到 HTML 元素。

语法格式如下。

document.getElementsByName("控件名称")

该方法通过 name 属性名称获取控件列表。

例如，查找名称为 check 的复选框：

var x=document.getElementsByName("check")；

表达式 x.length 的值为名称为 check 的复选框数量，表达式 x[0].value 的值为第 1 个复选框的文本内容。

2. 改变 HTML 元素的内容

HTML DOM 允许 JavaScript 改变 HTML 元素的内容，修改 HTML 内容最简单的方法是使用

innerHTML 属性。

语法格式如下。

document.getElementById(id).innerHTML=new HTML

例如：

document.getElementById("demo").innerHTML="New text";

也可以写成以下形式。

var element=document.getElementById("demo") ;

element.innerHTML="New text" ;

上面的代码使用 DOM 来获得 id="demo"的元素，然后更改此元素的内容（innerHTML）。

使用 document.getElementById(id).innerHTML 还可以获取 HTML 元素的内容，使用以下形式也能获取 HTML 元素的内容。

document.getElementById(id).getAttribute("innerHTML")

3. 改变 HTML 元素的属性

语法格式如下。

（1）document.getElementById(id).属性名称="属性值"

（2）document.getElementById(id).setAttribute(属性名称，"属性值")

例如，更改<img>元素的 src 属性：

<img id="image" src="title01.gif">

document.getElementById("image").src="title02.gif";

上面的代码使用 DOM 来获得 id="image"的元素，然后更改此元素 src 属性的值，即把"title01.gif"改为"title02.gif"。

4. 改变 HTML 元素的样式

语法格式如下。

document.getElementById(id).style.property=new style

例如：

document.getElementById("demo").style.color="blue" ;

document.getElementById('demo').style.visibility="hidden" ;

5. 创建新的 HTML 元素

如果需要向 HTML DOM 添加新元素，则必须首先创建该元素（元素节点），然后向一个已存在的元素追加该元素。

创建 HTML 标记对象的语法格式：

document.createElement("标记名称") ;

创建文本节点的语法格式：

document.createTextNode("文本内容");

创建新属性节点的语法格式：

document.createAttribute("属性名称");

在已有 HTML 元素中添加新元素的语法格式：

element.appendChild(元素名称) ;

例如：

<div id="div1">

<p id="p1">这是一个段落</p>

<p id="p2">这是另一个段落</p>

</div>

```
<script>
var para=document.createElement("p");                    //创建新的<p>元素
var node=document.createTextNode("这是新段落。");         //创建了一个文本节点
para.appendChild(node);                                   //向<p>元素追加这个文本节点
var element=document.getElementById("div1");             //找到一个已有的元素
element.appendChild(para);                                //向这个已有的元素追加新元素
</script>
```

添加新属性节点到节点的属性集合中的方法为 setAttributeNode()，将新节点插入兄弟节点前面的方法为 insertBefore()。

6. 删除已有的 HTML 元素

如需删除 HTML 元素，则必须首先获得该元素的父元素，例如：

```
<div id="div1">
<p id="p1">这是一个段落。</p>
<p id="p2">这是另一个段落。</p>
</div>
<script>
var parent=document.getElementById("div1");              //找到 id="div1"的元素
var child=document.getElementById("p1");                 //找到 id="p1"的<p>元素
parent.removeChild(child);                                //从父元素中删除子元素
</script>
```

也可以使用其 parentNode 属性来找到父元素，例如：

```
var child=document.getElementById("p1");
child.parentNode.removeChild(child);
```

3.3 JavaScript 的位置与尺寸方法

3.3.1 网页元素的宽度和高度尺寸

1. 浏览器窗口的尺寸大小和网页的尺寸大小

通常情况下，网页的尺寸大小由网页内容和 CSS 样式表决定。浏览器窗口的大小是指在浏览器窗口中看到的那部分网页区域，又叫作 viewport（视口），浏览器的视口不包括工具栏和滚动条。

很显然，如果网页的内容能够在浏览器窗口中全部显示（也就是不出现滚动条），那么网页的大小和浏览器窗口的大小是相等的。如果不能全部显示，则滚动浏览器窗口可以显示出网页的各个部分。

（1）innerWidth 和 innerHeight 属性。

对于 Internet Explorer、Chrome、Firefox、Opera 以及 Safar，window.innerHeight 表示浏览器窗口的内部高度，window.innerWidth 表示浏览器窗口的内部宽度。

（2）clientWidth 和 clientHeight 属性。

对于 Internet Explorer 6、7、8，document.documentElement.clientHeight 或者 document.body.clientHeight 表示浏览器窗口的高度，document.documentElement.clientWidth 或者 document.body.clientWidth 表示浏览器窗口的宽度。

例如：

```
<script>
var w=window.innerWidth || document.documentElement.clientWidth
```

```
                || document.body.clientWidth ;
    var h=window.innerHeight || document.documentElement.clientHeight
                || document.body.clientHeight ;
    document.write("浏览器的内部窗口宽度为: " + w + ", 高度为: " + h + "。<br />") ;
</script>
```

网页中的每个元素都有 clientHeight 和 clientWidth 属性。这两个属性指元素的内容部分再加上 padding 所占据的视觉面积,不包括 border 和滚动条占用的空间,如图 3-3 所示。

因此,document 元素的 clientHeight 和 clientWidth 属性就代表了网页的大小。

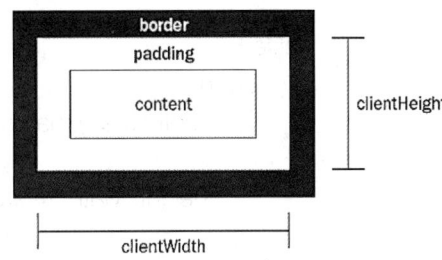

图 3-3 clientHeight 和 clientWidth 属性示意图

例如:
```
<script type="text/javascript">
function getViewport(){
    if (document.compatMode == "BackCompat"){
        return {
            width: document.body.clientWidth,
            height: document.body.clientHeight
        }
    } else {
        return {
            width: document.documentElement.clientWidth,
            height: document.documentElement.clientHeight
        }
    }
}
document.write("浏览器窗口的宽度: "+getViewport().width
            +", 浏览器窗口的高度: "+getViewport().height+ "。<br />");
</script>
```

上面的 getViewport 函数就可以返回浏览器窗口的高和宽。使用该函数时,需要注意以下 3 点。

(1)这个函数必须在页面加载完成后才能运行,否则 document 对象还没生成,浏览器会报错。

(2)大多数情况下,都是 document.documentElement.clientWidth 返回正确值。但是,在 IE 6 的 quirks 模式中,是 document.body.clientWidth 返回正确的值,因此函数中加入了对文档模式的判断。

(3) clientWidth 和 clientHeight 都是只读属性,不能对它们赋值。

网页上的每个元素还有 scrollHeight 和 scrollWidth 属性,是指包含滚动条在内的该元素的高度和宽度。那么,document 对象的 scrollHeight 和 scrollWidth 属性就是网页的大小,意思就是滚动条滚过的所有长度和宽度。

如果网页内容能够在浏览器窗口中全部显示,不出现滚动条,那么网页的 clientWidth 和 scrollWidth 应该相等。但是实际上,不同浏览器有不同的处理方式,这两个值未必相等。因此,需要取它们之中较大的那个值,这就要对 getPagearea()函数进行改写。

例如:
```
function getPagearea(){
    if (document.compatMode == "BackCompat"){
```

```
            return {
                width: Math.max(document.body.scrollWidth,
                                document.body.clientWidth),
                height: Math.max(document.body.scrollHeight,
                                document.body.clientHeight)
            }
        } else {
            return {
                width: Math.max(document.documentElement.scrollWidth,
                                document.documentElement.clientWidth),
                height: Math.max(document.documentElement.scrollHeight,
                                document.documentElement.clientHeight)
            }
        }
    }
```

网页元素 demo 的示例代码如下。

```
<script>
var w=document.getElementById("demo").clientWidth ;
var h=document.getElementById("demo").clientHeight ;
document.write("网页区域 demo 的宽(不包含滚动条在内)度为"
              + w + ", 高度为: "+ h + "。<br />") ;
</script>
```

（4）offsetWidth 和 offsetHeight 属性。

document.body.offsetWidth 表示网页可见区域的宽度，包括边线的宽度；document.body.offsetHeight 表示网页可见区域的高度，包括边线的宽度。

例如：

```
<script>
var w=document.body.offsetWidth;
var h=document.body.offsetHeight;
document.write("网页的宽度（包括边线的宽）为: " + w + ", 高度为" + h + "。<br />") ;
</script>
```

页面元素的 offsetWidth 属性是指页面元素自身的宽度，单位为像素。
页面元素 offsetHeight 属性是指页面元素自身的高度，单位为像素。

例如：

```
<script>
var w=document.getElementById("demo").offsetWidth;
var h=document.getElementById("demo").offsetHeight;
document.write("网页区域 demo 的宽度为: " + w + ", 高度为: " + h + "。<br />") ;
</script>
```

（5）scrollWidth 和 scrollHeight 属性。

scrollWidth 用于获取网页元素的滚动宽度，scrollHeight 用于获取网页元素的滚动高度。

例如：

```
<script>
```

```
var w=document.getElementById("demo").scrollWidth;
var h=document.getElementById("demo").scrollHeight;
document.write("网页区域 demo 的宽度（包含滚动条在内）为： "
                + w + "，高度为： " + h + "。<br />");
```
</script>

2. 屏幕分辨率的高和宽

window.screen.height 用于获取屏幕分辨率的高度，window.screen.width 用于获取屏幕分辨率的宽度。

例如：

```
<script>
var w=window.screen.width;
var h=window.screen.height;
document.write("屏幕分辨率宽度为： " + w + "，高度为： " + h + "。<br />");
</script>
```

3. 屏幕可用工作区的高度和宽度

window.screen.availHeight 用于获取屏幕可用工作区的高度，window.screen.availWidth 用于获取屏幕可用工作区的宽度。

例如：

```
<script>
var w=window.screen.availWidth;
var h=window.screen.availHeight;
document.write("屏幕可用工作区宽度为： " + w + "，高度为： " + h + "。<br />");
</script>
```

3.3.2 网页元素的位置

1. offsetLeft 和 offsetTop 属性

网页元素的绝对位置是指该元素的左上角相对于整个网页左上角的坐标。这个绝对位置要通过计算才能得到。首先，每个元素都有 offsetTop 和 offsetLeft 属性，表示该元素的左上角与父容器（offsetParent 对象）左上角的距离。其中 offsetTop 属性可以获取页面元素距离页面上方或父容器上方的距离，offsetLeft 属性可以获取页面元素距离页面左方或父容器左方的距离，单位都为像素。因此，只需要将这两个值进行累加，就可以得到该元素的绝对坐标，如图 3-4 所示。

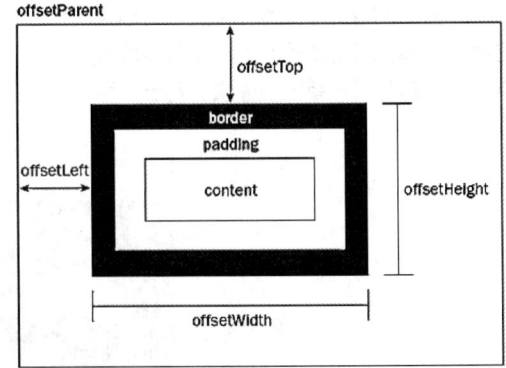

图 3-4　offsetTop 和 offsetLeft 属性示意图

offsetParent 是指元素最近的定位（relative、absolute）父元素，如果没有父容器是定位的话，会指向 body 元素。网页元素的偏移量（offsetLeft、offsetTop）就是以这个父容器为参考点的。

例如：

```
<script>
function getElementLeft(element){
    var actualLeft = element.offsetLeft;
```

```
        var current = element.offsetParent;
        while (current !== null){
            actualLeft += current.offsetLeft;
            current = current.offsetParent;
        }
        return actualLeft;
    }
    function getElementTop(element){
        var actualTop = element.offsetTop;
        var current = element.offsetParent;
        while (current !== null){
            actualTop += current.offsetTop;
            current = current.offsetParent;
        }
        return actualTop;
    }
    document.write("网页区域 demo 的绝对坐标为："
              + getElementLeft(document.getElementById("demo")) + ", "
              + getElementTop(document.getElementById("demo")) + "。<br />") ;
</script>
```

由于在表格和 iframe 中，offsetParent 对象未必等于父容器，所以上面的函数对表格和 iframe 中的元素不适用。

2. scrollLeft 和 scrollTop 属性

网页元素的相对位置是指该元素左上角相对于浏览器窗口左上角的坐标。有了绝对位置以后，获得相对位置就很容易了，只要将绝对坐标减去页面的滚动条滚动的距离就可以了。通过 document 对象的 scrollTop 属性可以设置或获取位于页面元素最顶端和窗口中可见内容最顶端之间的距离。通过 document 对象的 scrollLeft 属性可以设置或获取位于页面元素左边界和窗口中目前可见内容的最左端之间的距离，如图 3-5 所示。如果元素是可以滚动的，就可以通过这两个属性得到元素在水平和垂直方向上滚动的距离，单位是像素。对于不可以滚动的元素，其值总是 0。

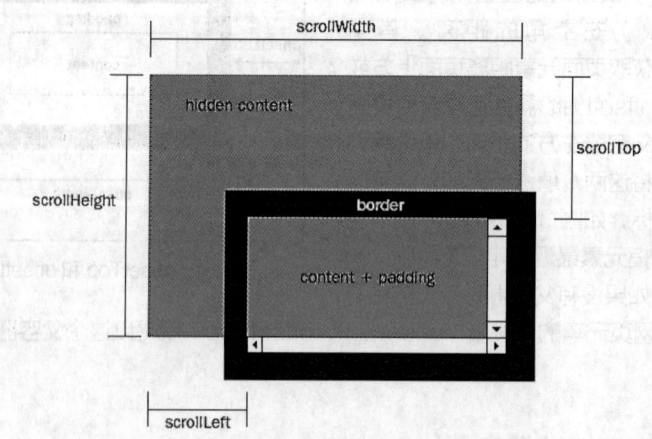

图 3-5　scrollTop 和 scrollLeft 属性的示意图

例如：

```
<script>
function getElementViewLeft(element){
    var actualLeft = element.offsetLeft;
    var current = element.offsetParent;
    while (current !== null){
        actualLeft += current.offsetLeft;
        current = current.offsetParent;
    }
    if (document.compatMode == "BackCompat"){
        var elementScrollLeft=document.body.scrollLeft;
    } else {
        var elementScrollLeft=document.documentElement.scrollLeft;
    }
    return actualLeft-elementScrollLeft;
}
function getElementViewTop(element){
    var actualTop = element.offsetTop;
    var current = element.offsetParent;
    while (current !== null){
        actualTop += current. offsetTop;
        current = current.offsetParent;
    }
     if (document.compatMode == "BackCompat"){
        var elementScrollTop=document.body.scrollTop;
    } else {
        var elementScrollTop=document.documentElement.scrollTop;
    }
    return actualTop-elementScrollTop;
}
document.write("网页区域 demo 的相对坐标为："
        + getElementLeft(document.getElementById("demo")) + "，"
        + getElementTop(document.getElementById("demo")) + "。<br />") ;
</script>
```

document.body.scrollTop 用于获取页面滚动的高度。document.documentElement.scrollTop 用于获取页面垂直方向滚动的值。

要获取当前页面滚动条纵坐标的位置，应使用 document.documentElement.scrollTop 属性，而不是使用 document.body.scrollTop 属性，因为 documentElement 对应的是 html 标签，而 body 对应的是 body 标签。

scrollTop 和 scrollLeft 属性是可以赋值的，并且会立即自动滚动网页到相应位置，因此可以利用它们改变网页元素的相对位置。另外，element.scrollIntoView()方法也有类似作用，可以使网页元素出现在浏览器窗口的左上角。

3. screenTop 和 screenLeft 属性

window 对象的 screenTop 属性可以获取网页内容的左边距，window 对象的 screenLeft 属性可以获取网页内容的上边距。

例如：

```
<script>
    var left=window.screenTop;
    var top=window.screenLeft;
    document.write("网页内容的左边距为： " + left + "，上边距为： " + top + "。<br />") ;
</script>
```

4. getBoundingClientRect()方法

使用 getBoundingClientRect()方法可以立刻获得网页元素的位置，该方法返回一个对象，其中包含 left、right、top 和 bottom 4 个属性，分别对应该元素的左上角和右下角相对于浏览器窗口（viewport）左上角的距离。

网页元素的相对位置就是：

var X= document.getElementById("demo").getBoundingClientRect().left;
var Y =document.getElementById("demo").getBoundingClientRect().top;

再加上滚动距离，就可以得到绝对位置：

var X= document.getElementById("demo").getBoundingClientRect().left
    +document.documentElement.scrollLeft;
var Y =document.getElementById("demo").getBoundingClientRect().top
    +document.documentElement.scrollTop;

目前，IE、Firefox 3.0+、Opera 9.5+都支持该方法，但 Firefox 2.x、Safari、Chrome、Konqueror 不支持。

3.3.3 通过网页元素的样式属性 style 获取或设置元素的尺寸和位置

通过网页元素的样式属性 style 可以获取或设置元素的长度、宽度、上边界（元素与页面顶边界的距离）、左边界（元素与页面左边界的距离）和颜色等属性。

1. style.left

该属性定位页面元素与包含它的容器左边界的偏移量。left 属性的返回值是字符串，是获取 html 中 left 的值，如果没有就是空串。

2. style.pixelLeft

该属性返回定位页面元素左边界偏移量的整数像素值，因为属性的非像素值返回的是包含单位的字符串，如 30px，利用这个属性可以单独处理以像素为单位的数值。pixelLeft 属性返回的是数值，是将 left 的值（如果是空串则赋值为 0）转化为像素值。

3. style.posLeft

该属性返回定位页面元素左边界偏移量的数量值，不管相应的样式表元素指定什么单位，因为属性的非位置值返回的是包含单位的字符串，如 1.2em。posLeft 属性就是将 left 的值转化为数值类型，而且是浮点型。

top、pixelTop、posTop 这几个属性类似。

例如，对于以下 div 元素：

```
<div id="demo" style="height:100px ; width:300px; padding:10px ; margin:5px ;
    border:2px solid blue ; background-color:lightblue ;position:absolute;"></div>
```

设置该元素的上边界和左边界位置的代码如下。

```
var divX=document.getElementById("demo");
divX.style.top=50;
divX.style.left=100;
```
获取该元素的上边界和左边界的像素值的代码如下。
```
pixelTopX=divX.style.pixelTop;
pixelLeftX=divX.style.pixelLeft;
```
有关页面元素位置的其他属性如下。

event.clientX 可以获取相对文档的水平坐标，event.clientY 可以获取相对文档的垂直坐标。event.offsetX 用于获取相对容器的水平坐标，event.offsetY 用于获取相对容器的垂直坐标。

3.4 jQuery 的选择器

jQuery 的选择器就是"选择某个网页元素，然后对其进行某种操作"，使用 jQuery 的第一步，往往就是将一个选择表达式放进构造函数 jQuery()（简写为$），然后得到被选中的元素。

jQuery 的选择器允许对元素组或单个元素进行操作。jQuery 元素选择器和属性选择器通过标签名、属性名或内容对 HTML 元素进行选择。jQuery 使用 CSS 选择器来选取 HTML 元素，使用路径表达式来选择带有给定属性的元素。

常用的 jQuery 的选择器如表 A-2 所示。

选择表达式可以是 CSS 选择器，示例代码如下所示。
```
$(document)              //选择整个文档对象
$('#myId')               //选择 ID 为 myId 的网页元素
$('div.myClass')         //选择 class 为 myClass 的 div 元素
$('input[name=first]')   //选择 name 属性等于 first 的 input 元素
```
也可以是 jQuery 特有的表达式，示例代码如下所示。
```
$('a:first')             //选择网页中第 1 个 a 元素
$('tr:odd')              //选择表格的奇数行
$('#myForm:input')       //选择表单中的 input 元素
$('div:visible')         //选择可见的 div 元素
$('div:gt(2)')           //选择所有的 div 元素，除了前 3 个
$('div:animated')        //选择当前处于动画状态的 div 元素
```
如果选中多个元素，jQuery 提供过滤器，可以缩小结果集，示例代码如下所示。
```
$('div').has('p')            //选择包含 p 元素的 div 元素
$('div').not('.myClass')     //选择 class 不等于 myClass 的 div 元素
$('div').filter('.myClass')  //选择 class 等于 myClass 的 div 元素
$('div').first()             //选择第 1 个 div 元素
$('div').eq(5)               //选择第 6 个 div 元素
```
有时候，用户需要从结果集出发，移动到附近的相关元素，jQuery 也提供了在 DOM 树上移动的方法，示例代码如下所示。
```
$('div').next('p')         //选择 div 元素后面的第 1 个 p 元素
$('div').parent()          //选择 div 元素的父元素
$('div').closest('form')   //选择离 div 最近的 form 父元素
$('div').children()        //选择 div 的所有子元素
$('div').siblings()        //选择 div 的同级元素
```

3.5 jQuery 的链式操作

jQuery 有一种名为链接（chaining）的技术，允许用户在相同的元素上运行多条 jQuery 命令，允许将所有操作连接在一起，以链条的形式写出来。

链接是一种在同一对象上执行多个任务的便捷方法。jQuery 会抛掉多余的空格，并按照一行长代码来执行上面的代码行。这样的话，浏览器就不必多次查找相同的元素。如需链接一个动作，只需简单地把该动作追加到之前的动作上即可。

下面的示例把 css()、slideUp()、slideDown()链接在一起。"demo"元素首先会变为红色，然后向上滑动，然后再向下滑动。

$("#demo").css("color","red").slideUp(2000).slideDown(2000);

如果需要，也可以添加多个方法调用。

提示　　当进行链接时，代码行的可行性会变得很差。不过，jQuery 在语法上不是很严格，可以使用折行和缩进增强代码的可读性，这样写并不会影响代码的运行结果。

例如：
$("#demo").css("color","red")   //设置颜色
          .slideUp(2000)   //向上滑动
          .slideDown(2000) ;   //向下滑动

链式操作是 jQuery 最令人称道、最方便的地方。它的原理在于每一步的 jQuery 操作，返回的都是一个 jQuery 对象，所以不同操作可以连在一起。

3.6 jQuery 的效果方法

jQuery 的效果主要包括隐藏、显示、切换、淡入淡出、滑动和动画效果等。许多 jQuery 函数涉及动画，这些函数也许会将 speed 或 duration 作为可选参数。

speed 或 duration 参数可以设置许多不同的值，如"slow""fast""normal"或毫秒。

例如：
$("p").hide("slow") ;
$("p").show(1000) ;

jQuery 常用的效果方法如表 A-5 所示，这些效果方法的比较说明如表 3-5 所示。

表 3-5　常用的效果方法的比较说明

效果方法名称	功能说明
hide()和 show()	同时改变多个样式属性，包括高度、宽度和不透明度
fadeIn()和 fadeOut()	只改变不透明度
slideUp()和 slideDown()	只改变高度
fadeTo()	只改变不透明度
toggle()	用来代替 hide()方法和 show()方法，所以会同时修改多个样式属性，包括高度、宽度和不透明度
slideToggle()	用来代替 slideUp()方法和 slideDown()方法，只能改变高度
animate()	animate()属于自定义动画的方法，以上各种动画方法实质内部都调用了 animate()方法。此外，直接使用 animate()方法还能自定义其他的样式属性，如"left""marginLeft""scrollTop"等

1. 实现页面元素的隐藏和显示效果

通过 jQuery 可以实现页面元素的隐藏和显示效果。

（1）jQuery 的 hide() 方法和 show() 方法。

通过 jQuery，可以使用 hide() 和 show() 方法来隐藏和显示 HTML 元素。

例如：

```
$("button").click(function(){
    $("#demo").hide();
});

$("button ").click(function(){
    $("#demo").show();
});
```

语法格式如下。

$(selector).hide(speed , callback) ;
$(selector).show(speed , callback) ;

其中 speed 为可选的参数，指定隐藏或显示的速度，可以取以下值："slow""fast"或毫秒。callback 为可选的参数，为隐藏或显示完成后所执行的函数名称。

例如：

```
$("button").click(function(){
    $("#demo").hide(1000);
});
```

（2）jQuery 的 toggle() 方法。

通过 jQuery，可以使用 toggle() 方法来切换 hide() 和 show() 方法，显示被隐藏的元素，或者隐藏已显示的元素。

例如：

```
$("button").click(function(){
    $("#demo").toggle();
});
```

语法格式如下。

$(selector).toggle(speed , callback);

其中 speed 为可选的参数，指定隐藏或者显示的速度，可以取以下值："slow""fast"或毫秒。callback 为可选的参数，为 toggle() 方法完成后所执行的函数名称。

2. 实现页面元素的淡入淡出效果

通过 jQuery 可以实现页面元素的淡入淡出效果。jQuery 拥有 4 种 fade 方法：fadeIn()、fadeOut()、fadeToggle() 和 fadeTo()。

（1）jQuery 的 fadeIn() 方法。

jQuery 的 fadeIn() 方法用于淡入已隐藏的元素，在指定的一段时间内增加元素的不透明度，直到元素完全可见。

语法格式如下。

$(selector).fadeIn(speed,callback);

其中 speed 为可选参数，指定效果的时长，它可以取以下值："slow""fast"或毫秒。callback 为可选参数，为 fading 完成后所执行的函数名称。

例如：
```
$("button").click(function(){
    $("#div1").fadeIn();
    $("#div2").fadeIn("slow");
    $("#div3").fadeIn(3000);
});
```
以上示例代码演示了带有不同参数的 fadeIn()方法。

（2）jQuery 的 fadeOut()方法。

jQuery 的 fadeOut()方法用于淡出可见元素，在指定的一段时间内降低元素的不透明度，直到元素完全消失。

语法格式如下。

$(selector).fadeOut(speed,callback);

其中 speed 为可选参数，指定效果的时长，它可以取以下值："slow" "fast" 或毫秒。callback 为可选参数，为 fading 完成后所执行的函数名称。

例如：
```
$("button").click(function(){
    $("#div1").fadeOut();
    $("#div2").fadeOut("slow");
    $("#div3").fadeOut(3000);
});
```
以上示例代码演示了带有不同参数的 fadeOut()方法。

（3）jQuery 的 fadeToggle()方法。

jQuery 的 fadeToggle()方法可以在 fadeIn()与 fadeOut()方法之间切换。

如果元素已淡出，则 fadeToggle()会向元素添加淡入效果；如果元素已淡入，则 fadeToggle()会向元素添加淡出效果。

语法格式如下。

$(selector).fadeToggle(speed,callback);

其中 speed 为可选参数，指定效果的时长，它可以取以下值："slow" "fast" 或毫秒。callback 为可选参数，为 fading 完成后所执行的函数名称。

例如：
```
$("button").click(function(){
    $("#div1").fadeToggle();
    $("#div2").fadeToggle("slow");
    $("#div3").fadeToggle(3000);
});
```
以上示例代码演示了带有不同参数的 fadeToggle()方法。

（4）jQuery 的 fadeTo()方法。

jQuery 的 fadeTo()方法允许渐变为给定的不透明度（值为 0~1）。

语法格式如下。

$(selector).fadeTo(speed,opacity,callback);

其中 speed 为可选参数，指定效果的时长，它可以取以下值："slow" "fast" 或毫秒。opacity 为必需参数，将淡入淡出效果设置为给定的不透明度（值为 0~1）。callback 为可选参数，为该函数完成后所执行的函数名称。

例如：
```
$("button").click(function(){
    $("#div1").fadeTo("slow",0.15);
    $("#div2").fadeTo("slow",0.4);
    $("#div3").fadeTo("slow",0.7);
});
```
以上示例代码演示了带有不同参数的 fadeTo() 方法。

3. 实现页面元素的滑动效果

通过 jQuery 可以在元素上创建滑动效果，jQuery 拥有以下滑动方法：slideDown()、slideUp()、slideToggle()。

（1）jQuery 的 slideDown() 方法。

jQuery 的 slideDown() 方法用于向下滑动元素。

语法格式如下。

$(selector).slideDown(speed,callback);

其中 speed 为可选参数，指定效果的时长，它可以取以下值："slow""fast"或毫秒。callback 为可选参数，为滑动完成后所执行的函数名称。

例如：
```
$("button").click(function(){
    $("#demo").slideDown();
});
```

（2）jQuery 的 slideUp() 方法。

jQuery 的 slideUp() 方法用于向上滑动元素。

语法格式如下。

$(selector).slideUp(speed,callback);

其中 speed 为可选参数，指定效果的时长，它可以取以下值："slow""fast"或毫秒。callback 为可选参数，为滑动完成后所执行的函数名称。

例如：
```
$("button").click(function(){
    $("#demo").slideUp();
});
```

（3）jQuery 的 slideToggle() 方法。

jQuery 的 slideToggle() 方法可以在 slideDown() 与 slideUp() 方法之间切换。

如果元素向下滑动，则 slideToggle() 可向上滑动它们；如果元素向上滑动，则 slideToggle() 可向下滑动它们。

语法格式如下。

$(selector).slideToggle(speed,callback);

其中 speed 为可选参数，指定效果的时长，它可以取以下值："slow""fast"或毫秒。callback 为可选参数，为滑动完成后所执行的函数名称。

例如：
```
$("#button").click(function(){
    $("#demo").slideToggle();
});
```

4. 实现页面元素的动画效果

（1）jQuery 的 animate() 方法。

jQuery 的 animate() 方法用于创建自定义动画。

语法格式如下。

$(selector).animate({ params } , speed , callback) ;

其中 params 为必需参数，用于定义形成动画的 CSS 属性。speed 为可选参数，指定效果的时长，它可以取以下值："slow""fast"或毫秒。callback 为可选参数，为动画完成后所执行的函数的名称。

 说明 本节的动画效果实例都是基于以下按钮和 div 标签而设置的。

例如：

```
<button>开始动画</button>
<div id="demo"
    style="background:#98bf21;height:100px;width:100px;position:absolute;">
</div>
```

下面的代码演示了 animate() 方法的简单应用，它把<div>元素移动到左边，直到 left 属性等于 250 像素为止。

```
$("button").click(function(){
    $("#demo").animate({ left:'250px' } );
});
```

 提示 默认情况下，所有 HTML 元素都有一个静态位置，且无法移动。如需对位置进行操作，首先要把元素 CSS 的 position 属性设置为 relative、fixed 或 absolute。

（2）使用 animate() 方法操作多个属性。

在使用 animate() 方法生成动画的过程中可同时使用多个属性。

例如：

```
$("button").click(function(){
  $("#demo").animate({
    left:'250px',
    opacity:'0.5',
    height:'150px',
    width:'150px'
  });
});
```

 提示 几乎可以使用 animate() 方法来操作所有的 CSS 属性。当使用 animate() 时，必须使用"驼峰"（Camel）标记法书写所有的属性名，例如，必须使用 paddingLeft 而不是 padding-left，使用 marginRight 而不是 margin-right 等。

（3）使用相对值实现动画效果。

在使用 animate()方法生成动画的过程中可以定义相对值（该值相对于元素的当前值），此时需要在值的前面加上+=或-=，表示相对于当前设置值的累加或者累减。

例如：
```
$("button").click(function(){
    $("#demo").animate({
        left:'250px',
        height:'+=150px',
        width:'+=150px'
    });
});
```

（4）使用预定义的值实现动画效果。

可以把属性的动画值设置为"show""hide"或"toggle"。

例如：
```
$("button").click(function(){
    $("#demo").animate({
        height:'toggle'           //在显示与隐藏之间切换
    });
});
```

（5）使用队列功能实现动画效果。

jQuery 提供针对动画的队列功能，这意味着如果在彼此之后编写多个 animate()调用，jQuery 会创建包含这些方法调用的"内部"队列，然后逐一运行这些 animate 调用。由于 animate()方法都是对同一个 jQuery 对象进行操作，所以多个 animate()调用也可以改为链式的写法。

例如：
```
$("button").click(function(){
    var div=$("#demo") ;
    div.animate({height:'300px',opacity:'0.4'},"slow") ;
    div.animate({width:'300px',opacity:'0.8'},"slow") ;
    div.animate({height:'100px',opacity:'0.4'},"slow") ;
    div.animate({width:'100px',opacity:'0.8'},"slow") ;
});
```

当在一个 animate()方法中应用多个属性时，动画是同时发生的。当以链式的写法应用动画方法时，动画是按照顺序发生的。当以回调的形式应用动画方式时，动画是按照回调顺序发生的。

提 示　　在使用 animate()方法时，要避免动画积累而导致动画与用户行为不一致的问题。当用户快速在某个元素上执行 animate()动画时，就会出现动画积累。解决方法是判断元素是否正处于动画状态，如果元素不处于动画状态，就为元素添加新的动画，否则不添加。实现代码如下所示。
　　　　if(! $(element).is(":animated")) { … }

5. 停止动画

jQuery 的 stop()方法用于在动画或效果完成前对它们进行停止。stop()方法适用于所有 jQuery 效果函数，包括滑动、淡入淡出和自定义动画。

语法格式如下。
$(selector).stop(stopAll , goToEnd) ;
其中 stopAll 为可选参数，指定是否应该清除动画队列，其默认值是 false，即仅停止活动的动画，允许任何排入队列的动画向后执行。如果设置为 true，则会清空动画队列，尚未执行完的动画也会停止。

goToEnd 为可选参数，指定是否立即终止当前动画直接到达末状态，其默认值是 false。如果设置为 true，则立即终止当前动画，让当前动画直接到达末状态。

在默认情况下，stop()会立即停止在被选元素上指定的当前正在进行的动画，如果接下来还有动画等待继续进行，则以当前状态开始接下来的动画。

例如:
```
$("btn").click(function(){
    $("#demo").slideDown(5000);
});
$("#stop").click(function(){
    $("#demo").stop();
});
```

如果遇到以下情况，在为一个元素绑定 hover 事件之后，用户把鼠标指针移入元素时会触发动画效果，如果这个动画还没结束，用户就将鼠标指针移出这个元素了，那么鼠标指针移出的动画效果将被放进队列之中，等待鼠标指针移入的动画结束后再执行。因此如果鼠标指针移入、移出得过快会导致动画效果与鼠标指针的动作不一致。

代码如下。
```
$("#demo").hover(function() {
    $(this).animate({height : "150",width : "300"} , 200 );
},function() {
    $(this).animate({height : "22",width : "60" } , 300 );
});
```

此时只要在鼠标指针的移入、移出动画之前加入 stop()方法，就能解决这个问题，stop()方法会结束当前正在进行的动画，并立即执行队列中的下一个动画。以下代码就可解决刚才的问题。
```
$("#demo").hover(function() {
    $(this).stop().animate({height : "150",width : "300"} , 200 );
},function() {
    $(this).stop().animate({height : "22",width : "60" } , 300 );
});
```

如果遇到组合动画，代码如下。
```
$("#demo").hover(function() {
        $(this).stop()
            .animate({height : "150" } , 200 )
            .animate({width : "300" } , 300 )
},function() {
      $(this).stop()
            .animate({height : "22" } , 200 )
            .animate({width : "60" } , 300 )
});
```

以上情况如果只使用一个不带参数的 stop() 方法就显得力不从心了，因为 stop() 方法只会停止正在进行的动画，如果动画正执行改变 height 的阶段，就触发鼠标指针移出事件，停止当前的动画，并继续进行下面的 animate({width : "300" } , 300)动画，而鼠标指针移出事件中的动画要等这个动画结束后才会继续执行，这显然不是预期的结果。在这种情况下，stop() 方法的第 1 个参数就发挥作用了，可以把第 1 个参数（stopAll）设置为 true，此时程序会把当前元素接下来尚未执行的动画队列都清空。把上面的代码改成如下代码就能实现预期的效果。

```
$("#demo").hover(function() {
        $(this).stop(true)
                .animate({height : "150" } , 200 )
                .animate({width : "300" } , 300 )
},function() {
        $(this).stop(true)
                .animate({height : "22" } , 200 )
                .animate({width : "60" } , 300 )
});
```

stop() 方法的第 2 个参数（goToEnd）可以使正在执行的动画直接到达结束时刻的状态，通常用于后一个动画需要基于前一个动画的末状态的情况，可以通过 stop(false , true)这种方式来让当前动画直接到达末状态。

当然也可以两者结合起来使用，即 stop(true , true)，停止当前动画并直接到达当前动画的末状态，并清空动画队列。

> **注意** jQuery 只能设置正在执行的动画的最终状态，而没有提供直接到达未执行动画队列最终状态的方法。

6. jQuery 的 callback 函数

由于 JavaScript 语句（指令）是逐一执行的，按照次序，动画之后的语句可能会产生错误或页面冲突，因为动画还没有完成。为了避免这种情况，可以以参数的形式添加 callback 函数。当动画 100%完成后，即调用 callback 函数。

如果希望在一个涉及动画的函数之后来执行语句，则使用 callback 函数。

典型的语法格式：

$(selector).hide(speed , callback)

callback 参数是一个 hide 操作完成后被执行的函数。

例如，以下代码由于没有设置 callback 函数，运行时会先弹出一个对话框，然后隐藏页面元素。

```
$("button").click(function(){
  $("#demo").hide(2000) ;
  alert("页面元素被隐藏");
});
```

以下代码由于设置了 callback 函数，运行时会先隐藏页面元素，然后才弹出一个对话框。

```
$("button").click(function(){
  $("#demo").hide(1000 , function(){ alert("页面元素被隐藏");
    });
});
```

引导训练

任务 3-3　JavaScript 实现网页状态栏中的文字呈现打字效果

【任务描述】

让网页状态栏中的文字呈现打字效果，以吸引浏览者的注意力。

【思路探析】

每隔一定的时间段，从字符串截取 1 个字符，这些字符依次在网页状态栏中显示，从而呈现打字效果。如果所有的字符都显示后，重新从第 1 个字符开始。

【特效实现】

实现网页状态栏中文字呈现打字效果的 JavaScript 代码如表 3-6 所示。

表 3-6　实现网页状态栏中文字呈现打字效果的 JavaScript 代码

序号	程序代码
01	`<script language="JavaScript" type="text/javascript">`
02	`　　var msg = "欢迎光临网页特效网" ;`
03	`　　var interval = 220　　//间隔时间`
04	`　　var seq=0;`
05	`　　function statuShow() {`
06	`　　　　len = msg.length;　　//字符串长度`
07	`　　　　window.status = msg.substring(0, seq+1);`
08	`　　　　seq++;`
09	`　　　　if ( seq >= len ) {`
10	`　　　　　　seq = 0;`
11	`　　　　　　window.status = '';`
12	`　　　　}`
13	`　　　　window.setTimeout("statuShow();", interval );`
14	`　　}`
15	`　　statuShow();`
16	`</script>`

任务 3-4　JavaScript 实现网页文字滚动与等待的交替效果

【任务描述】

在网页中实现向上滚动网页文字，并且呈现滚动与等待的交替效果，其外观效果如图 3-6 所示。

● 关于做好我省普通高等学校招生工作的通知

图 3-6　网页文字滚动与等待的交替效果

【思路探析】

（1）通过页面元素的 scrollTop 属性可以设置或获取页面元素最顶端与窗口中可见内容的最顶端之间的距离，不断改变页面元素的 scrollTop 属性值就可以形成滚动效果。

（2）通过设置 setTimeout() 方法的时间间隔参数，可以形成网页文字滚动和等待的交替效果。

【特效实现】

实现网页文字滚动与停止的交替效果的 HTML 代码如表 3-7 所示。

表 3-7 实现网页文字滚动与停止的交替效果的 HTML 代码

序号	程序代码
01	`<table height="24" cellSpacing="0" cellPadding="0" border="0">`
02	`<tbody>`
03	`<tr>`
04	`<td width="275" background="images/01.gif">`
05	`<div id="mq" style="overflow: hidden; height: 24px"`
06	`onmouseover=iScrollAmount=0 onmouseout=iScrollAmount=1>`
07	`<table class="ctl" cellSpacing="0" cellPadding="0" width="275" border="0">`
08	`<tbody>`
09	`<tr><td><li>关于做好我省普通高等学校招生工作的通知</li></td></tr>`
10	`<tr><td><li>关于做好我省普通高等学校对口招生工作的通知</li></td></tr>`
11	`<tr><td><li>关于做好我省技能竞赛工作的通知</li></td></tr>`
12	`<tr><td><li>关于做好我省职称评定工作的通知</li></td></tr>`
13	`</tbody>`
14	`</table>`
15	`</div>`
16	`</td>`
17	`</tr>`
18	`</tbody>`
19	`</table>`

表 3-7 中的 06 行通过设置变量 iScrollAmount 的值为 1 或 0，控制当鼠标指针离开网页文字时开始滚动，当鼠标指针移至网页文字区域时，则停止滚动。

实现网页文字滚动与等待的交替效果的 JavaScript 代码如表 3-8 所示。

表 3-8 实现网页文字滚动与等待的交替效果的 JavaScript 代码

序号	程序代码
01	`<script>`
02	`var oMarquee = document.getElementById("mq");           //滚动对象`
03	`var iLineHeight = 24;                                   //单行高度，像素`
04	`var iLineCount = 4;                                     //实际行数`
05	`var iScrollAmount = 1;                                  //每次滚动高度，像素`
06	`function run() {`
07	`  oMarquee.scrollTop += iScrollAmount;`
08	`  if ( oMarquee.scrollTop == iLineCount * iLineHeight )`
09	`      oMarquee.scrollTop = 0;`
10	`  if ( oMarquee.scrollTop % iLineHeight == 0 ) {`
11	`      window.setTimeout( "run()", 2000 );`
12	`  } else {`
13	`      window.setTimeout( "run()", 50 );`
14	`  }`
15	`}`
16	`oMarquee.innerHTML += oMarquee.innerHTML;`
17	`window.setTimeout( "run()", 2000 );`
18	`</script>`

任务 3-5　JavaScript 实现鼠标指针滑过动态改变显示内容及外观效果

【任务描述】

当鼠标指针指向网页中的公告信息时，动态改变显示内容及外观效果，其外观效果如图 3-7 所示。

【思路探析】

通过设置页面元素 style.display 的值为 block 或者 none，控制其显示或隐藏，从而实现动态改变显示内容及外观效果。

【特效实现】

实现鼠标指针滑过动态改变显示内容及外观效果的 HTML 代码如表 3-9 所示。

图 3-7　鼠标指针滑过动态改变显示内容及外观效果

表 3-9　实现鼠标指针滑过动态改变显示内容及外观效果的 HTML 代码

序号	程序代码
01	`<div style="background:#FFF; padding:10px;">`
02	`<div class="changeList">`
03	`<div class="changeList-top"></div>`
04	`<dl>`
05	`<dt id="b1" style="display:none" onmouseover="changebox(1);">`
06	`<p>网站公告...</p>`
07	`<em><img src="images/shu1.gif"　width="29" height="37"/></em></dt>`
08	`<dd id="a1">`
09	`<h1><img src="images/shu1_1.gif" width="29" height="49" /></h1>`
10	`<div class="changeListText"><a href="" target="_blank">……</a></div>`
11	`</dd>`
12	`</dl>`
13	`<dl>`
14	`<dt id="b2" onmouseover="changebox(2);">`
15	`<p>网页特效集锦...</p>`
16	`<em><img src="images/shu2.gif" width="29" height="37"/></em></dt>`
17	`<dd id="a2" style="display:none;">`
18	`<h1><img src="images/shu1_2.gif" width="29" height="49" /></h1>`
19	`<div class="changeListText"><a href="" target="_blank">……</a></div>`
20	`</dd>`
21	`</dl>`
22	`<dl>`
23	`<dt id="b3" onmouseover="changebox(3);">`
24	`<p>新闻列表滑过网页特效...</p>`
25	`<em><img src="images/shu3.gif"　width="29" height="37"/></em></dt>`
26	`<dd id="a3" style="display:none;">`
27	`<h1><img src="images/shu1_3.gif" width="29" height="49" /></h1>`

续表

序号	程序代码
28	`<div class="changeListText"><a href="" target="_blank">……</a></div>`
29	`</dd>`
30	`</dl>`
31	`<dl>`
32	`<dt id="b4" onmouseover="changebox(4);">`
33	`<p>鼠标滑过改变标签内容…</p>`
34	`<em><img src="images/shu4.gif"   width="29" height="37"/></em></dt>`
35	`<dd id="a4" style="display:none;">`
36	`<h1><img src="images/shu1_4.gif" width="29" height="49" /></h1>`
37	`<div class="changeListText"><a href="" target="_blank">……</a></div>`
38	`</dd>`
39	`</dl>`
40	`<dl>`
41	`<dt id="b5" onmouseover="changebox(5);">`
42	`<p>仿腾讯新浪图片展示网页特效</p>`
43	`<em><img src="images/shu5.gif"   width="29" height="37"/></em></dt>`
44	`<dd id="a5" style="display:none;">`
45	`<h1><img src="images/shu1_5.gif" width="29" height="49" /></h1>`
46	`<div class="changeListText"><a href="" target="_blank">……</a></div>`
47	`</dd>`
48	`</dl>`
49	`</div>`
50	`</div>`

实现鼠标指针滑过动态改变显示内容及外观效果的 JavaScript 代码如表 3-10 所示。

表 3-10 实现鼠标指针滑过动态改变显示内容及外观效果的 JavaScript 代码

序号	程序代码
01	`<script type="text/javascript">`
02	`function changebox(n) {`
03	`var i = 1;`
04	`while(true){`
05	`try{`
06	`document.getElementById("a"+i).style.display = 'none';`
07	`document.getElementById("b"+i).style.display = 'block';`
08	`}`
09	`catch(e){`
10	`break;`
11	`}`
12	`i++;`
13	`}`
14	`document.getElementById("a"+n).style.display = 'block';`
15	`document.getElementById("b"+n).style.display = 'none';`
16	`}`
17	`</script>`

表 3-10 中的 04~13 行巧妙地使用永真循环和异常处理实现页面元素的隐藏和显示交替效果,当 document.getElementById("a"+i)对应的网页元素不存在时,出现错误,此时执行第 10 行代码,成功结束循环,这样做的好处是事先无须知道网页中元素的数量。

任务 3-6　JavaScript 实现文本围绕鼠标指针旋转

【任务描述】

在网页中实现文本围绕鼠标指针旋转的效果,如图 3-8 所示。

图 3-8　在网页中实现文本围绕鼠标指针旋转的效果

【思路探析】

(1)在页面输入指定数量的文字,且设置其样式属性。

(2)当触发 document.onmousemove 事件时,调用函数 mouseMove()。

(3)函数 mouseMove()首先清除前一次的计时效果,获取鼠标指针的当前位置,然后调用函数 round()。

(4)函数 round()通过调用 setTimeout()函数,实现每隔一定的时间改变文本位置,从而产生文本围绕鼠标指针旋转的效果。

【特效实现】

spanstyle 类的属性定义如下所示。

```
.spanstyle
{
    position:absolute;visibility:visible;
    top:50px;
    font-size:10pt;
    font-family:Verdana;
    color:#ff0000;
}
```

实现文本围绕鼠标指针旋转效果的 JavaScript 代码如表 3-11 所示。

表 3-11　实现文本围绕鼠标指针旋转效果的 JavaScript 代码

序号	程序代码
01	`<script language="JavaScript">`
02	`<!--`
03	`var number=6;`
04	`var step=5;`
05	`var radius=50;`
06	`var x,y;`
07	`var timer;`
08	`var pi=Math.PI;`

续表

序号	程序代码
09	function round()
10	{
11	hudusu=step;
12	for (i=1 ; i<=number ; i++)
13	{
14	var thisspan;
15	thisspan=eval("document.all.span"+(i)+".style;");
16	thisspan.posLeft=radius*Math.cos(hudusu*pi/180)+x;
17	thisspan.posTop=radius*Math.sin(hudusu*pi/180)+y;
18	hudusu=hudusu+360/number;
19	}
20	step=step+5;
21	timer=setTimeout("round()",50);
22	}
23	
24	function mouseMove()
25	{
26	clearTimeout(timer);
27	x=event.clientX;
28	y=event.clientY;
29	round();
30	}
31	document.onmousemove=mouseMove;
32	
33	for (i=1;i<=number;i++)
34	{
35	document.write("<span id='span"+(i)+"' class='spanstyle'>");
36	document.write("☆");
37	document.write("</span>");
38	}
39	-->
40	</script>

任务 3-7　jQuery 实现网站动态信息滚动与等待的交替效果

【任务描述】

在网页中实现向上滚动网站动态信息,并且呈现滚动与等待的交替效果。其外观效果如图 3-9 所示。

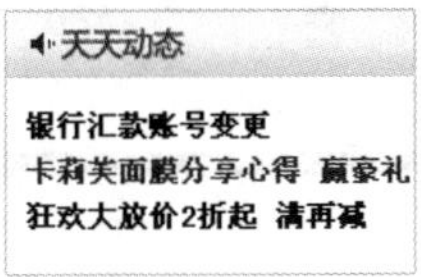

图 3-9　网站动态信息滚动与等待的交替效果

【思路探析】

（1）创建一个自定义函数,每隔 5000 ms 调用一次函数。

（2）利用 jQuery 的 animate() 方法创建自定义动画,动画效果的时长设置为 1000 ms。

（3）每一次动态信息滚动完成时，将第 3 个及以后各个列表项添加到第 1 个列表项之前，这样已滚过的列表项即被移到最后。同时重新设置滚动内容的 top 属性为 0。

【特效实现】

实现网站动态信息滚动与等待的交替效果的 HTML 代码如表 3-12 所示。

表 3-12 实现网站动态信息滚动与等待的交替效果的 HTML 代码

序号	程序代码
01	\<div class="banner01_r" style="float: left; width: 195px;"\>
02	\<div class="l_news"\>
03	\<div class="new_padding"\>
04	\<div class="area_padding" id="areaTrends"\>
05	\<ul class="list" id="trends" name="trends"\>
06	\<li style="font-weight: bold; color: #000000"\>银行汇款账号变更\</li\>
07	\<li style="font-weight: bold; color: #ff0000"\>卡莉芙面膜分享心得 赢豪礼\</li\>
08	\<li style="font-weight: bold; color: #000000"\>狂欢大放价 2 折起 满再减\</li\>
09	\<li style="font-weight: bold; color: #ff0000"\>天天网荣膺消费者喜爱网站\</li\>
10	\<li style="font-weight: bold; color: #000000"\>天天网防诈骗公告\</li\>
11	\<li style="font-weight: bold; color: #ff0000"\>韩妆集结号 全网五折封顶抢\</li\>\</ul\>
12	\</div\>
13	\</div\>
14	\</div\>
15	\</div\>

引用外部 JS 文件 jquery-1.4.1.min.js 的代码如下所示。

`<script src="js/jquery-1.4.1.min.js" type="text/javascript"></script>`

实现网站动态信息滚动与等待的交替效果的 JavaScript 代码如表 3-13 所示。

表 3-13 实现网站动态信息滚动与等待的交替效果的 JavaScript 代码

序号	程序代码
01	\<script type="text/javascript"\>
02	var trendsroll = function() {
03	var _w = $("#areaTrends").height() , _showbox_week = $("#trends") ;
04	_showbox_week.animate({ top: "-=" + _w }, 1000, function() {
05	_showbox_week.find("li:first").before(_showbox_week.find("li:gt(2)")) ;
06	_showbox_week.css("top", "0") ;
07	})
08	};
09	setInterval(trendsroll, 5000);
10	\</script\>

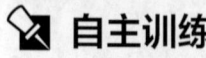

任务 3-8　JavaScript 实现网站公告信息连续向上滚动

【任务描述】

在网页中实现网站公告信息连续向上滚动的效果，如图 3-10 所示。

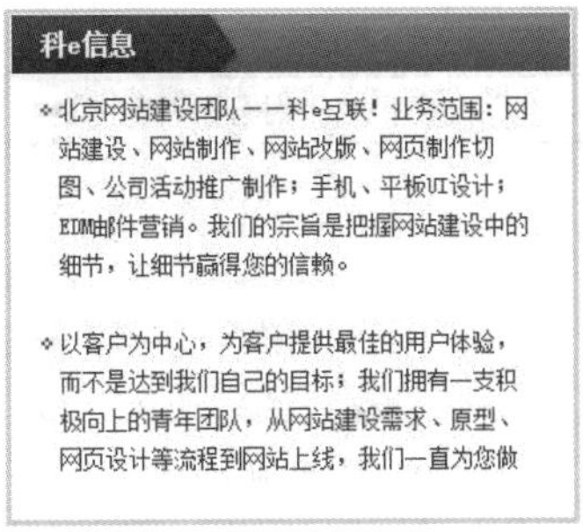

图 3-10 实现网站公告信息连续向上滚动

【操作提示】

网页 0308.html 对应的部分 HTML 代码如表 3-14 所示。

表 3-14 网页 0308.html 对应的部分 HTML 代码

序号	程序代码
01	`<div id="ke_scllo">`
02	`  <div id="ke_scllo1">`
03	`    <ul>`
04	`      <li>……</li>`
05	`      <li>……</li>`
06	`      <li>……</li>`
07	`      <li>……</li>`
08	`      <li>……</li>`
09	`      <li>……</li>`
10	`      <li>……</li>`
11	`    </ul>`
12	`  </div>`
13	`  <div id="ke_scllo2" class="tagsContent"></div>`
14	`</div>`

实现网站公告信息连续向上滚动的 JavaScript 代码如表 3-15 所示。其思路是在区域 ke_scllo 中包含两个内部区域 ke_scllo1 和 ke_scllo2，这两个区域设置为相同的页面内容。每隔一定的时间改变页面元素 ke_scllo 的 scrollTop 属性值，当其值超过页面元素 ke_scllo2 的高度时，重新设置页面元素 ke_scllo 的 scrollTop 属性值，即将其值减去页面元素 ke_scllo1 的高度。

表 3-15 实现网站公告信息连续向上滚动的 JavaScript 代码

序号	程序代码
01	`<script language="javascript" type="text/javascript">`
02	`var speed=120;`
03	`var fgDemo=document.getElementById('ke_scllo');`
04	`var fgDemo1=document.getElementById('ke_scllo1');`
05	`var fgDemo2=document.getElementById('ke_scllo2');`
06	`fgDemo2.innerHTML=fgDemo1.innerHTML;`
07	`function marquee1(){`
08	`  if(fgDemo.scrollTop>=fgDemo2.offsetHeight){`
09	`    fgDemo.scrollTop-=fgDemo1.offsetHeight;`
10	`  }`

续表

序号	程序代码
11	else{
12	fgDemo.scrollTop++;
13	}
14	}
15	var myMar1=setInterval(marquee1,speed);
16	fgDemo.onmouseover=function() {clearInterval(myMar1);}
17	fgDemo.onmouseout=function() {myMar1=setInterval(marquee1,speed);}
18	</script>

任务 3-9　jQuery 实现循环滚动网页中的文字

【任务描述】

在网页 0308.html 中实现循环滚动文字内容的效果，其外观如图 3-11 所示。

人民邮电出版社
高等教育出版社
清华大学出版社
电子工业出版社
机械工业出版社

图 3-11　实现循环滚动网页中的文字

【操作提示】

实现循环滚动网页中文字对应的 HTML 代码如表 3-16 所示。

表 3-16　实现循环滚动网页中文字对应的 HTML 代码

序号	程序代码
01	<div id="areatrends" class="style1">
02	<ul class="r_buysay_main" id="items">
03	<li id="recent4">人民邮电出版社</li>
04	<li id="recent3">高等教育出版社</li>
05	<li id="recent2">清华大学出版社</li>
06	<li id="recent1">电子工业出版社</li>
07	<li id="recent0">机械工业出版社</li>
08	<li id="recent8">水利水电出版社</li>
09	<li id="recent7">中国铁道出版社</li>
10	<li id="recent6">化学工业出版社</li>
11	<li id="recent5">科学出版社</li>
12	</ul>
13	</div>

实现循环滚动网页中文字对应的 JavaScript 代码如表 3-17 所示。其设计思路是首先将前 4 项列表项隐藏，然后依次将可见列表项中最下面一项从可见变为隐藏，同时将隐藏的列表项最下面一项从隐藏变为可见，从而形成循环滚动效果。

表 3-17　实现循环滚动网页中文字对应的 JavaScript 代码

序号	程序代码
01	`<script  type="text/javascript">`
02	`//循环下拉`
03	`  var delay = 2000;`
04	`  var count = 9;`
05	`  var showing = 5;`
06	`  var i = 5;`
07	`  function move(i)`
08	`  {`
09	`    $("#recent" + i).remove().hide().prependTo("#items");`
10	`  }`
11	
12	`  function slide()`
13	`  {`
14	`    var toShow = (i + showing) % count;`
15	`    $("#recent" + toShow).fadeIn(1000, move(i));`
16	`    $("#recent" + i).fadeOut(1000, move(i));`
17	`    i = (i + 1) % count;`
18	`    setTimeout("slide()", delay);`
19	`  }`
20	
21	`  function setDisplay()`
22	`  {`
23	`    $("#items>li").each(function (index)`
24	`    {`
25	`      var obj = $(this);`
26	`      if (index < 4)`
27	`      {`
28	`        obj.css({.display: "none" });`
29	`      }`
30	`    });`
31	`  }`
32	
33	`  $(function ()`
34	`  {`
35	`    setDisplay();`
36	`    slide();`
37	`  });`
38	`</script>`

单元 4
设计图片类网页特效

04

本单元我们主要探讨实用的图片类网页特效的设计方法。

教学导航

> **教学目标**

① 学会设计图片类网页特效
② 学会正确创建和访问 JavaScript 对象
③ 熟悉 JavaScript 对象的属性和方法
④ 熟练使用 jQuery 文档的操作方法,包括获得与设置页面元素的内容、获取与设置页面元素的属性值、添加页面元素和删除元素等
⑤ 了解 JavaScript 的原型对象

> **教学方法** 　任务驱动法、分组讨论法、探究学习法
> **建议课时** 　10 课时

特效赏析

任务 4-1　JavaScript 实现纵向焦点图片轮换

在网页 0401.html 中,JavaScript 实现的纵向焦点图片轮换效果如图 4-1 所示,该焦点图片每隔一段时间自动进行切换,鼠标指针指向导航区域也能实现切换,焦点图显示时具有滤镜效果。

图 4-1　JavaScript 实现的纵向焦点图片轮换效果

在网页 0401.html 中,JavaScript 实现的纵向焦点图片轮换效果对应的 HTML 代码如表 4-1 所示。

表 4-1　JavaScript 实现纵向焦点图片轮换效果对应的 HTML 代码

序号	程序代码
01	`<div id="nab">`
02	`<table id="pictable" style="display: none">`
03	`<tbody>`
04	`<tr>`
05	`<td><img src="images/亚丁.jpg" border="0" /></td>`
06	`<td>极致美景 中国七大秋色斑斓地 </td>`
07	`<td>#</td>`
08	`</tr>`
09	`<tr>`
10	`<td><img src="images/云南大理.jpg" border="0" /></td>`
11	`<td>畅游大理　体味民族风情</td>`
12	`<td>#</td>`
13	`</tr>`
14	`<tr>`
15	`<td><img src="images/桂林初冬.jpg" border="0" /></td>`
16	`<td>桂林初冬 浓妆淡抹最佳处</td>`
17	`<td>http://www.lanrentuku.com/</td>`
18	`</tr>`
19	`<tr>`
20	`<td><img src="images/新疆.jpg" border="0" /></td>`
21	`<td>新疆库尔勒：铁关西天涯极目少行客</td>`
22	`<td>#</td></tr>`
23	`<tr>`
24	`<td><img src="images/兴安灵渠.jpg" border="0" /></td>`
25	`<td>历史遗产：兴安灵渠</td>`
26	`<td>#</td>`
27	`</tr>`
28	`<tr>`
29	`<td><img src="images/内蒙古.jpg" border="0" /></td>`
30	`<td>神秘美丽的内蒙古草原</td>`
31	`<td>#</td>`
32	`</tr>`
33	`<tr>`
34	`<td><img src="images/陕西.jpg" width="404" height="327" border="0" /></td>`
35	`<td>回归自然 感受另类风情</td>`
36	`<td>#</td></tr>`
37	`</tbody>`
38	`</table>`
39	`<div class="div_xixi">……</div>`
40	`</div>`

在网页 0401.html 中实现纵向焦点图片轮换效果的主要对应的 CSS 代码如表 4-2 所示。

表 4-2　在网页 0401.html 中实现纵向焦点图片轮换效果的主要对应的 CSS 代码

序号	程序代码
01	.div_jimg #a_jimg {display: block; width: 405px; height: 267px}
02	
03	.div_jimg #bigimg {
04	margin: 0px;
05	width: 403px;
06	height: 265px;
07	border: 1px solid #fd8383;
08	padding: 0px;
09	}
10	
11	.div_jimg .ul_jimg {
12	display: block;
13	right: 0px;
14	margin: 1px;
15	width: 225px;
16	list-style-type: none;
17	position: absolute;
18	top: 0px;
19	height: 267px;
20	padding: 0px;
21	background: url(images/bg_j04.jpg) repeat-y right top;
22	}
23	.div_jimg .ul_jimg a {position: relative}
24	
25	.div_jimg .ul_jimg .on {
26	filter: progid:DXImageTransform.Microsoft.AlphaImageLoader(src='images/bg_j05.png',
27	sizingMethod='scale');
28	width: 225px;
29	color: #fff;
30	text-indent: 43px;
31	position: static;
32	}
33	
34	.div_jimg .ul_jimg .on a {font-weight: bold; color: #fff}

在网页 0401.html 中实现纵向焦点图片轮换效果对应的 JavaScript 代码如表 4-3 所示。
其设计思路如下。
（1）网页内容由 document 对象的 write()方法输出。
（2）网页加载完成时触发 onload 事件，执行 playit()函数，每隔 2500 ms 调用一次 playnext()函数。
（3）playnext()函数分别设置当前显示图片的序号值、调用函数 setfoc()以及 playnext()函数自身。
（4）函数 setfoc()主要实现图片切换和图片滤镜效果。

表 4-3　在网页 0401.html 中实现纵向焦点图片轮换效果对应的 JavaScript 代码

序号	程序代码
01	`<script language="javascript" type="text/javascript">`
02	`<!--`
03	`window.onload = function(){`
04	`    playit();`
05	`}`
06	
07	`var currslid = 0;`
08	`var slidint;`
09	`var picarry = {};`
10	`var lnkarry = {};`
11	`var ttlarry = {};`
12	`var t=document.getElementById("pictable");`
13	`var num=t.rows.length;`
14	`for(var i=0;i<num;i++){`
15	`  try{`
16	`      picarry[i]=t.rows[i].cells[0].childNodes[0].src;`
17	`      ttlarry[i]=t.rows[i].cells[1].innerHTML;`
18	`      lnkarry[i]=t.rows[i].cells[2].innerHTML;`
19	`  }`
20	`    catch(e){`
21	`  }`
22	`}`
23	
24	`function playit(){`
25	`    slidint = setTimeout(playnext,2500);`
26	`}`
27	
28	`function playnext(){`
29	`    if(currslid==6){`
30	`        currslid = 0;`
31	`    }`
32	`    else{`
33	`        currslid++;`
34	`    };`
35	`    setfoc(currslid);`
36	`    playit();`
37	`}`
38	
39	`function setfoc(id){`
40	`  document.getElementById("bigimg").src = picarry[id];`
41	`  document.getElementById("a_jimg").href = lnkarry[id];`
42	`  if (id==4) {`
43	`      document.getElementById("a_jimg").style.background = 'url('+picarry[0]+')'`
44	`  }`
45	`  else {`
46	`      document.getElementById("a_jimg").style.background = 'url('+picarry[id+1]+')'`

续表

序号	程序代码
47	`    }`
48	`    currslid = id;`
49	`    for(i=0;i<7;i++){`
50	`        document.getElementById("li_jimg"+i).className = "li_jimg";`
51	`    };`
52	`    document.getElementById("li_jimg"+id).className ="li_jimg on";`
53	
54	`    var borserInfo=navigator.userAgent.toLowerCase();   //判断当前用户所使用的浏览器的类型`
55	`    if(/msie/.test(borserInfo))`
56	`    {`
57	`      document.getElementById("bigimg").style.visibility = "hidden";`
58	`      document.getElementById("bigimg").filters[0].Apply();`
59	`      document.getElementById("bigimg").filters[0].transition=23;`
60	`      if (document.getElementById("bigimg").style.visibility == "visible") {`
61	`        document.getElementById("bigimg").style.visibility = "hidden";`
62	`      }`
63	`      else {`
64	`        document.getElementById("bigimg").style.visibility = "visible";`
65	`      }`
66	`      document.getElementById("bigimg").filters[0].Play();`
67	`    }`
68	`    stopit();`
69	`}`
70	
71	`function stopit(){`
72	`    clearTimeout(slidint);`
73	`}`
74	
75	`document.write(`
76	`"<div class='div_jimg'>"`
77	`+"<a class='a_jimg' id='a_jimg' href='"+lnkarry[0]`
78	`+"' title=" style='background:url("+picarry[1]+")' target='_blank'>"`
79	`+"<img id='bigimg' style='filter:RevealTrans (duration='1',transition='23');`
80	`                    visibility:visible;' alt=" src='"+picarry[0]`
81	`+"' \/><\/a>"`
82	`+"<ul class='ul_jimg'>"`
83	`+"<li class='li_jimg on' id='li_jimg0' onmouseover='setfoc(0)' onmouseout='playit()'>"`
84	`+"<a href='"+lnkarry[0]+"' target='_blank' class='img'>"+ttlarry[0]+"<\/a><\/li>"`
85	`+"<li class='li_jimg' id='li_jimg1' onmouseover='setfoc(1)' onmouseout='playit()'>"`
86	`+"<a href='"+lnkarry[1]+"' target='_blank' class='img'>"+ttlarry[1]+"<\/a><\/li>"`
87	`+"<li class='li_jimg' id='li_jimg2' onmouseover='setfoc(2)' onmouseout='playit()'>"`
88	`+"<a href='"+lnkarry[2]+"' target='_blank' class='img'>"+ttlarry[2]+"<\/a><\/li>"`
89	`+"<li class='li_jimg' id='li_jimg3' onmouseover='setfoc(3)' onmouseout='playit()'>"`
90	`+"<a href='"+lnkarry[3]+"' target='_blank' class='img'>"+ttlarry[3]+"<\/a><\/li>"`
91	`+"<li class='li_jimg' id='li_jimg4' onmouseover='setfoc(4)' onmouseout='playit()'>"`
92	`+"<a href='"+lnkarry[4]+"' target='_blank' class='img'>"+ttlarry[4]+"<\/a><\/li>"`
93	`+"<li class='li_jimg' id='li_jimg5' onmouseover='setfoc(5)' onmouseout='playit()'>"`

续表

序号	程序代码
94	+"<a href='"+lnkarry[5]+"' target='_blank' class='img'>"+ttlarry[5]+"<Va><Vli>"
95	+"<li class='li_jimg' id='li_jimg6' onmouseover='setfoc(6)' onmouseout='playit()'>"
96	+"<a href='"+lnkarry[6]+"' target='_blank' class='img'>"+ttlarry[6]+"<Va><Vli>"
97	+"<Vul>"
98	+"<Vdiv>");
99	-->
100	</script>

任务 4-2 jQuery 实现带左右按钮控制焦点图片切换

网页 0402.html 中带左右按钮控制焦点图片切换的外观效果如图 4-2 所示。

网页 0402.html 中带左右按钮控制焦点图片切换对应的 HTML 代码如表 4-4 所示。

图 4-2 带左右按钮控制焦点图片切换的外观效果

表 4-4 网页 0402.html 中带左右按钮控制焦点图片切换对应的 HTML 代码

序号	程序代码
01	<div class="wrapper">
02	<div id="focus">
03	<ul>
04	<li><a href="" target="_blank"><img src="images/01.jpg" alt=" " /></a></li>
05	<li><a href="" target="_blank"><img src="images/02.jpg" alt=" " /></a></li>
06	<li><a href="" target="_blank"><img src="images/03.jpg" alt=" " /></a></li>
07	<li><a href="" target="_blank"><img src="images/04.jpg" alt=" " /></a></li>
08	<li><a href="" target="_blank"><img src="images/05.jpg" alt=" " /></a></li>
09	</ul>
10	</div>
11	</div>

网页 0402.html 中主要应用的 CSS 代码如表 4-5 所示。

表 4-5 网页 0402.html 中主要应用的 CSS 代码

序号	程序代码	序号	程序代码
01	#focus ul li div{	12	}
02	position: absolute;	13	#focus .btn{
03	overflow: hidden;	14	position: absolute;
04	}	15	width: 780px;
05	#focus .btnBg{	16	height: 10px;
06	position: absolute;	17	padding: 5px 10px;
07	width: 800px;	18	right: 0;
08	height: 20px;	19	bottom: 0;
09	left: 0;	20	text-align: right;
10	bottom: 0;	21	}
11	background: #000;	22	#focus .pre{

续表

序号	程序代码	序号	程序代码
23	left: 0;	36	#focus .preNext{
24	}	37	width: 45px;
25	#focus .btn span{	38	height: 100px;
26	display: inline-block;	39	position: absolute;
27	_display: inline;	40	top: 90px;
28	_zoom: 1;	41	background: url(images/sprite.bmp)
29	width: 25px;	42	no-repeat 0 0;
30	height: 10px;	43	cursor: pointer;
31	_font-size: 0;	44	}
32	margin-left: 5px;	45	#focus .next{
33	cursor: pointer;	46	right: 0;
34	background: #fff;	47	background-position: right top;
35	}	48	}

jQuery 实现的带左右按钮控制焦点图片切换对应的 JavaScript 代码如表 4-6 所示，其设计思路见表 4-6 的注释。

表 4-6　jQuery 实现的带左右按钮控制焦点图片切换对应的 JavaScript 代码

序号	程序代码
01	`<script type="text/javascript">`
02	`$(function() {`
03	`    var sWidth = $("#focus").width();` //获取焦点图的宽度（显示面积）
04	`    var len = $("#focus ul li").length;` //获取焦点图个数
05	`    var index = 0;`
06	`    var picTimer;`
07	
08	`    //以下代码添加数字按钮和按钮后的半透明条，还有上一页、下一页两个按钮`
09	`    var btn = "<div class='btnBg'></div><div class='btn'>";`
10	`    for(var i=0; i < len; i++) {`
11	`        btn += "<span></span>";`
12	`    }`
13	`    btn += "</div><div class='preNext pre'></div><div class='preNext next'></div>";`
14	`    $("#focus").append(btn);`
15	`    $("#focus .btnBg").css("opacity",0.5);`
16	
17	`    //为小按钮添加鼠标指针滑入事件，以显示相应的内容`
18	`    $("#focus .btn span").css("opacity",0.4).mouseover(function() {`
19	`        index = $("#focus .btn span").index(this);`
20	`        showPics(index);`
21	`    }).eq(0).trigger("mouseover");`
22	
23	`    //上一页、下一页按钮的透明度处理`
24	`    $("#focus .preNext").css("opacity",0.2).hover(function() {`
25	`        $(this).stop(true,false).animate({"opacity":"0.5"},300);`
26	`    },function() {`
27	`        $(this).stop(true,false).animate({"opacity":"0.2"},300);`
28	`    });`

续表

序号	程序代码
29	
30	//上一页按钮
31	$("#focus .pre").click(function() {
32	index -= 1;
33	if(index == -1) {index = len - 1;}
34	showPics(index);
35	});
36	
37	//下一页按钮
38	$("#focus .next").click(function() {
39	index += 1;
40	if(index == len) {index = 0;}
41	showPics(index);
42	});
43	
44	//图片为左右滚动，即所有 li 元素都是在同一排向左浮动，所以这里需要计算出外围 ul 元素的宽度
45	
46	$("#focus ul").css("width",sWidth * (len));
47	
48	//鼠标指针滑上焦点图时停止自动播放，滑出时开始自动播放
49	$("#focus").hover(function() {
50	clearInterval(picTimer);
51	},function() {
52	picTimer = setInterval(function() {
53	showPics(index);
54	index++;
55	if(index == len) {index = 0;}
56	},4000); //此 4000 代表自动播放的间隔，单位为毫秒
57	}).trigger("mouseleave");
58	
59	//显示图片函数，根据接收的 index 值显示相应的内容
60	function showPics(index) { //普通切换
61	var nowLeft = -index*sWidth; //根据 index 值计算 ul 元素的 left 值
62	//使用 animate()方法调整 ul 元素滚动到计算出的 position
63	$("#focus ul").stop(true,false).animate({"left":nowLeft},300);
64	//为当前的按钮切换到选中的效果
65	$("#focus .btn span").stop(true,false).animate({"opacity":"0.4"},300)
66	.eq(index).stop(true,false).animate({"opacity":"1"},300);
67	}
68	});
69	</script>

知识必备

4.1 JavaScript 的对象

JavaScript 是一种基于对象的脚本语言，但并不完全支持面向对象的程序设计方法，JavaScript

不具有继承性、封装性等面向对象的基本特性。JavaScript 支持对象类型以及根据这些对象产生的实例，还支持开发对象的可重用性。

JavaScript 中的字符串、数值、数组、日期、函数都是对象，对象是拥有属性和方法的特殊数据类型。JavaScript 提供多个内建对象，如 String、Date、Array 等。JavaScript 也允许自定义对象。

JavaScript 是面向对象的语言，但 JavaScript 不使用类。在 JavaScript 中，不会创建类，也不会通过类来创建对象。借助 JavaScript 的动态性，可以创建一个空的对象（而不是类），通过动态添加属性来完善对象的功能。JavaScript 基于 prototype，而不是基于类。

JavaScript 对象其实就是属性的集合，给定一个 JavaScript 对象，用户可以明确地知道一个属性是不是这个对象的属性，对象中的属性是无序的，并且其名称各不相同（如果有同名的，则后声明的覆盖先声明的）。

1. JavaScript 对象的属性和方法

在 JavaScript 中，对象拥有属性和方法。当声明一个 JavaScript 变量时，例如：
var str = "Hello";
实际上已经创建了一个 JavaScript 字符串对象，字符串对象拥有内建的属性 length。对于上面的字符串来说，length 的值是 5。字符串对象同时拥有若干内建的方法，例如：
str.indexOf()
str.replace()
str.search()
在面向对象的语言中，属性和方法常被称为对象的成员。

属性是与对象相关的值，方法是能够在对象上执行的动作。

举例：汽车是现实生活中的对象，汽车的属性包括品牌名称、生产厂家、排量、重量、颜色等，所有汽车都具有这些属性，但是每款车的属性都不尽相同。汽车的方法可以是启动、驾驶、刹车等，所有汽车都拥有这些方法，但是它们被执行的时间都不尽相同。

JavaScript 的属性是由键值对组成的，即属性的名称和属性的值。属性的名称是一个字符串，而值可以为任意的 JavaScript 对象（JavaScript 中的一切皆为对象，包括函数）。

JavaScript 的对象可以由花括号{}包裹，在括号内部，对象的属性以名称和值对的形式（name：value）来定义，多个属性用逗号分隔。

例如：
var book={ name: "网页特效设计", price:38.8, edition:2};
上面示例中的对象"book"有 3 个属性：name、price 和 edition。

空格和折行无关紧要，声明可横跨多行。

例如：
var book={
        name: "网页特效设计",
        price:38.8,
        edition:2
    };

2. 创建 JavaScript 对象

通过 JavaScript，用户能够定义并创建自己的对象。创建新 JavaScript 对象有很多不同的方法，并且可以向已存在的对象添加属性和方法。

（1）直接使用键值对的形式创建对象。

例如：
var book={ name:"网页特效设计", author:"丁一", publishing:"人民邮电出版社",

price:38.8 , edition:2 }

（2）通过赋值方式定义并创建对象的实例。

通过 new 操作符构造一个新的对象，然后动态添加属性，从无到有地构筑一个对象。

例如，创建名为"book"的对象，并为其添加 5 个属性。

```
var book=new Object() ;
book.name="网页特效设计"
book.author="丁一"
book.publishing="人民邮电出版社"
book.price=38.8
book.edition=2
document.write("书　名：" + book.name+" <br/> ");
document.write("作　者：" + book.author +" <br/> ");
document.write("出版社：" + book.publishing +" <br/> ");
document.write("价　格：" + book.price );
```

在 JavaScript 中，属性不需要单独声明，在赋值时即自动创建。

将自定义对象的属性值赋给变量：

x=book.name ;

在以上代码执行后，x 的值将是：

网页特效设计

（3）定义对象的原型，然后使用 new 操作符来构筑新的对象。

首先创建对象构造器。

例如：

```
function book(name , author , publishing , price , edition )
   {
      this.name = name ;
      this.author = author ;
      this.publishing = publishing ;
      this.price = price ;
      this.edition = edition
   }
```

一旦创建了对象构造器，就可以创建新的对象实例。

例如：

var myBook=new book("网页特效设计","丁一","人民邮电出版社", 38.8 , 2);

3. 访问 JavaScript 的对象

在 JavaScript 中引用对象时，根据对象的包含关系，使用成员引用操作符"."一层一层地引用对象。例如，要引用 document 对象，应使用 window.document，由于 window 对象是默认的最上层对象，因此引用其子对象时，可以不使用 window，而直接使用 document 引用 document 对象。

当引用较低层次的对象时，一般有两种方式：使用对象索引或使用对象名称（或 ID）。例如，要引用网页文档中的第一个表单对象，可以通过使用"document.forms[0]"的形式来进行；如果该表单的 name 属性为 form1（或者 ID 属性为 form1），则也可以用"document.forms["form1"]"的形式或直接使用"document1.form1"的形式来引用该表单。如果在名为"form1"的表单中包括一个名为"text1"的文本框，则可以使用"document.form1.text1"的形式来引用该文本框对象。如果要获取该文本框中的内容，则可以使用"document.form1.text1.value"的形式。

对于不同的对象，通常还有一些特殊的引用方法，例如，要引用表单对象中包含的对象，可以使用elements数组；引用当前对象可以使用this。

要获取网页文档中图片的数量，可以使用"document.images.length"的形式。要设置图片的alt属性，可以使用"document.images[0].alt="图片 1";"的形式。要设置图片的src属性，可以使用"document.images[0].src= document.images[1].src;"的形式。

（1）访问对象的属性。

属性是与对象相关的值。访问对象属性的语法格式如下。

① 对象名.属性名称

② 对象名["属性名称"]

例如：

bookName=book.name;

bookName=book["name"];

例如，使用String对象的length属性来获取字符串的长度：

var message="Hello World!";

var x=message.length;

在以上代码执行后，x的值为

12

（2）访问对象的方法。

方法是能够在对象上执行的动作。可以通过下面的语法调用方法：对象名.方法名称(参数表)。

例如，使用String对象的toUpperCase()方法来把文本转换为大写：

var message="Hello world!";

var x=message.toUpperCase();

在以上代码执行后，x的值是：

HELLO WORLD!

4. JavaScript 的原型对象

原型（prototype）是JavaScript特有的一个概念，通过使用原型，JavaScript可以建立其传统OO语言中的继承，从而体现对象的层次关系。JavaScript本身是基于原型的，每个对象都有一个prototype的属性，这个prototype本身也是一个对象，因此它本身也可以有自己的原型，这样就构成了一个链结构。

访问一个属性时，解析器需要从下向上遍历这个链结构，直到遇到该属性，并返回属性对应的值，或者遇到原型为null的对象[JavaScript的对象（Object）的prototype属性即为null]，如果此对象仍没有该属性，则返回undefined。

4.2 jQuery 文档的操作方法

jQuery提供一系列与文档对象模型（Document Object Model，DOM）相关的方法，这使访问和操作元素和属性变得很容易。

jQuery常用的文档操作方法如表A-6所示，这些方法对于HTML文档和XML文档均适用，但html()方法只适用于HTML文档。

1. 获得与设置页面元素的内容

以下3个jQuery方法用于DOM操作。

（1）text()用于设置或获取所选元素的文本内容。

（2）html()用于设置或获取所选元素的内容（包括 HTML 标记）。
（3）val()用于设置或返回表单字段的值。
以下代码用于设置页面元素的内容。
```
$("#btn1").click(function(){
    $("#test1").text("jQuery");
});
$("#btn2").click(function(){
    $("#test2").html("<b>jQuery</b>");
});
$("#btn3").click(function(){
    $("#test3").val("jQuery");
});
```
以下代码用于获得页面元素的内容。
```
$("#btn1").click(function(){
    alert("Text: " + $("#test1").text());
});
$("#btn2").click(function(){
    alert("HTML: " + $("# test2").html());
});
$("#btn3").click(function(){
    alert("Value: " + $("#test3").val());
});
```

2. 获取与设置页面元素的属性值

jQuery 的 attr() 方法可以用于获取页面元素的属性值，也可以设置或改变页面元素的属性值。
以下代码用于设置页面元素的属性值。
```
$("btn").click(function(){
    $("#demo").attr("href","http://hao.rising.cn/");
});
```
以下代码用于获取页面元素的属性值。
```
$("button").click(function(){
    alert($("#demo").attr("href"));
});
```
attr() 方法也允许用户同时设置多个属性。
以下代码同时设置页面元素的 href 和 title 属性。
```
$("button").click(function(){
    $("#demo").attr({
        "href" : "http://hao.rising.cn/",
        "title" : "瑞星安全网址导航"
    });
});
```

3. 添加页面元素

（1）jQuery 的 append() 方法。
jQuery 的 append() 方法用于在被选元素的结尾插入内容。

例如：
$("#demo").append("A");
（2）jQuery 的 prepend()方法。
jQuery 的 prepend()方法用于在被选元素的开头插入内容。
例如：
$("#demo").prepend("B");
通过 append()和 prepend()方法可以添加多个新元素，能够通过参数接收无限数量的新元素，这些新元素可以通过 text/HTML、jQuery 或者 JavaScript/DOM 来创建，然后通过 append()方法或 prepend()方法把这些新元素追加到文本中。
例如：
var txt1="<span>A</span>";   // 以 HTML 创建新元素
var txt2=$("<span></span>").text("B");   // 以 jQuery 创建新元素
var txt3=document.createElement("span"); // 以 DOM 创建新元素
txt3.innerHTML="C";
$("#demo").append(txt1,txt2,txt3);
同样，使用 prepend()也可以添加多个新元素：
$("#demo").prepend(txt1,txt2,txt3);
（3）jQuery 的 after()方法。
jQuery 的 after()方法用于在被选元素之后插入内容。
例如：
$("#demo").after("A");
（4）jQuery 的 before ()方法。
jQuery 的 before()方法用于在被选元素之前插入内容。
例如：
$("demo").before("B");
通过 after()和 before()方法可以添加多个新元素，并能够通过参数接收无限数量的新元素，这些新元素可以通过 text/HTML、jQuery 或者 JavaScript/DOM 来创建，然后我们可通过 after() 方法或者 before ()方法把这些新元素插到文本中。
例如：
$("#demo").after(txt1,txt2,txt3);

4. 删除元素

通过 jQuery，可以很容易地删除页面已有的 HTML 元素。
（1）jQuery 的 remove()方法。
jQuery 的 remove()方法用于删除被选元素及其子元素。
例如：
$("#demo").remove();
remove()方法也可接受一个参数，允许对被删元素进行过滤。该参数可以是任何 jQuery 选择器的语法。
下面的代码删除 id="demo"的所有<p>元素。
$("p").remove("#demo");
（2）jQuery 的 empty()方法。
jQuery 的 empty()方法用于删除被选元素的子元素。
例如：
$("#demo").empty();

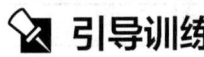

任务 4-3　JavaScript 实现控制网页中的图片尺寸

【任务描述】

网页中图片的初始尺寸可能偏大或者偏小，不符合网页中图片的要求，这就需要对网页中的图片尺寸进行有效控制，使图片尺寸符合网页设计的要求。

【思路探析】

将图片的宽度和高度乘以一个小于 1 的系数，达到控制图片尺寸的目的，该系数取 maxWidth / image.width 和 maxHeight / image.height 两个比值中的较小值。

【特效实现】

控制网页中图片尺寸的自定义函数 downImage()的代码如表 4-7 所示。

表 4-7　自定义函数 downImage()的代码

序号	程序代码
01	\<script>
02	function downImage(imgD, maxWidth, maxHeight) {
03	var image = new Image();
04	image.src = imgD.src;
05	if (image.width > 0 && image.height > 0) {
06	var rate = (maxWidth / image.width < maxHeight / image.height)
07	? maxWidth / image.width : maxHeight / image.height;
08	if (rate <= 1) {
09	imgD.width = image.width * rate;
10	imgD.height = image.height * rate;
11	}
12	}
13	}
14	\</script>

当图片加载完成时，触发 onload 事件，调用函数 downImage()自动控制图片尺寸。
\<img alt="" src="01.jpg" onload=downImage(this,400,267); />

任务 4-4　JavaScript 实现限制图片尺寸与滑动鼠标滚轮调整图片尺寸

【任务描述】

限制网页中图片的尺寸，将鼠标指针置于网页中的图片上，转动鼠标滚轮时缩放图片。

【思路探析】

根据鼠标滚轮滚动的程度计算图片缩放比例，通过设置图片的样式属性 zoom 的值改变图片大小。

【特效实现】

实现滑动鼠标滚轮调整图片尺寸的函数 bbimg()的代码如表 4-8 所示。

表 4-8 函数 bbimg()的代码

序号	程序代码
01	<script language="JavaScript" type="text/javascript">
02	<!--
03	function bbimg(obj){
04	var zoom=parseInt(obj.style.zoom, 10)||100;
05	zoom+=event.wheelDelta/12;
06	if (zoom>0) obj.style.zoom=zoom+'%';
07	return false;
08	}
09	//-->
10	</script>

表 4-8 中的代码解释如下。

（1）04 行声明了一个变量 zoom，并将逻辑表达式的值赋给该变量，变量 zoom 表示缩放比例。如果函数的 parseInt(string , radix)的返回值是以 10 为基数的整数，则将该整数值赋给变量 zoom；如果指定的字符串中不存在数字，函数 parseInt(string , radix)的返回值为"NaN"，则将逻辑或运算符\|\|的第 2 个运算量"100"赋给变量 zoom。

（2）05 行根据鼠标滚轮滚动值的大小改变变量 zoom 的值，传递给参数 e 的值为对象 event，其属性 wheelDelta 的值以 120 为基数，一般为 120、240、360…也可能为负数，即可以为-120、-240 等。算术表达式"e.wheelDelta / 12"的值可以为 10、20、30…也可以为负数，即-10、-20、-30…

（3）06 行为一个 if 语句，如果缩放比例大于 0，则给缩放比例加上符号"%"，然后赋给图像的 zoom 属性，改变该图片的大小。

控制网页中图片的尺寸以及滑动鼠标滚轮时调用函数 bbimg()的代码如表 4-9 所示。

表 4-9 控制网页中图片的尺寸以及滑动鼠标滚轮时调用函数 bbimg()的代码

序号	程序代码
01	<p style="line-height: 2" align="center">
02	<img onload="javascript:if(this.width>500)this.style.width=420;"
03	onmousewheel="return bbimg(this)" src="images/01.jpg" border="0" />
04	</p>

表 4-9 中的代码解释如下。

（1）代码"onload="javascript:if(this.width>500) this.style.width=420""表示加载网页文档时触发事件 onload，执行 JavaScript 代码：if(this.width>500) this.width=420，即执行 if 语句，当图片的宽度大于 500 时，设置该图片的宽度为 420。

（2）代码"onmousewheel="return bbimg(event,this)""表示在图片位置滚动滚轮时触发事件 onmousewheel，执行 JavaScript 代码：return bbimg(this)，即调用自定义函数 bbimg，缩放图片大小。

任务 4-5 JavaScript 实现网页中图片连续向上滚动

【任务描述】

实现网页 0405.html 中图片连续向上滚动的效果，其外观效果如图 4-3 所示。

图 4-3 网页 0405.html 中图片连续向上滚动的外观效果

【思路探析】

（1）按一定的时间间隔调用函数 marquee()。

（2）函数 marquee()不断改变页面元素 scroll_logo2 的 scrollTop 属性值，从而实现图片连续向上滚动的效果。

【特效实现】

在网页 0405.html 中图片连续向上滚动效果对应的 HTML 代码如表 4-10 所示。

表 4-10　网页 0405.html 中图片连续向上滚动效果对应的 HTML 代码

序号	程序代码
01	\<div class="links"\>
02	\<div style="float:left;"\>\<h3\>合作媒体\</h3\>\</div\>
03	\<div id="scroll_logo2"\>
04	\<div id="pic_box"\>
05	\<a href="#"\>\<img src="images/sina.jpg" /\>\</a\>\<br /\>
06	\<a href="#"\>\<img src="images/taobao.gif" /\>\</a\>\<br /\>
07	\<a href="#"\>\<img src="images/pchome.gif" /\>\</a\>\<br /\>
08	\<a href="#"\>\<img src="images/it168.gif" /\>\</a\>\<br /\>
09	\<a href="#"\>\<img src="images/itcom.gif" /\>\</a\>\<br /\>
10	\<a href="#"\>\<img src="images/163.jpg" /\>\</a\>\<br /\>
11	\</div\>
12	\<div id="pic_box_b"\>\</div\>
13	\</div\>
14	\</div\>

实现图片连续向上滚动效果的 JavaScript 代码如表 4-11 所示。

表 4-11　实现图片连续向上滚动效果的 JavaScript 代码

序号	程序代码
01	\<script language="javascript" type="text/javascript"\>
02	var speed=30;
03	pic_box_b.innerHTML = pic_box.innerHTML;
04	function marquee(){
05	if(pic_box_b.offsetTop - scroll_logo2.scrollTop <= 0) {
06	scroll_logo2.scrollTop -= pic_box.offsetHeight;

续表

序号	程序代码
07	} else {
08	scroll_logo2.scrollTop++;
09	}
10	}
11	var myMar = setInterval(marquee,speed);
12	scroll_logo2.onmouseover = function() {
13	clearInterval(myMar);
14	}
15	scroll_logo2.onmouseout = function(){
16	myMar = setInterval(marquee,speed)
17	}
18	</script>

任务4-6　JavaScript实现具有滤镜效果的横向焦点图片轮换

【任务描述】

在网页中像切换幻灯片一样自动切换图片，可以有效地利用网页空间，吸引浏览者的眼球。在网页0406.html中实现具有滤镜效果的横向焦点图片轮换效果，其外观效果如图4-4所示。

图4-4　JavaScript实现的具有滤镜效果的横向焦点图片轮换效果

【思路探析】

（1）调用函数 setAuto()，实现每隔一定时间段调用函数 auto()。

（2）函数 auto()改变当前显示的图片序号，并调用函数 mea()。

（3）函数 mea()依次调用函数 setBg()、plays()、conaus()。

（4）函数 setBg()控制数字按钮的外观，函数 plays()控制图片的显示或隐藏，函数 conaus()控制文字信息的显示或隐藏。

（5）当鼠标指针指向数字按钮时，调用函数 mea()和 clearAuto()。鼠标指针离开数字按钮时，调用函数 setAuto()。

【特效实现】

网页0406.html中实现具有滤镜效果的横向焦点图片轮换效果的HTML代码如表4-12所示。

表 4-12　网页 0406.html 中实现具有滤镜效果的横向焦点图片轮换效果的 HTML 代码

序号	程序代码
01	`<div id="focus">`
02	`  <div id="au">`
03	`    <div style="display: block; "><a href="" target="_blank">`
04	`      <img height="340" src="images/黄龙.gif" width="325" /></a>`
05	`    </div>`
06	`    <div style="display: none; "><a href="" target="_blank">`
07	`      <img height="340" src="images/然乌湖.gif" width="325" /></a>`
08	`    </div>`
09	`    <div style="display: none; "><a href="" target="_blank">`
10	`      <img height="340" src="images/新路海.gif" width="325" /></a>`
11	`    </div>`
12	`    <div style="display: none; "><a href="" target="_blank">`
13	`      <img height="340" src="images/紫薇山.gif" width="325" /></a>`
14	`    </div>`
15	`  </div>`
16	`  <div id="no"></div>`
17	`  <div class="lunbo">`
18	`    <table cellspacing="0" cellpadding="0" align="right" border="0">`
19	`      <tbody>`
20	`      <tr>`
21	`        <td class="active" id="t0" onmouseover="mea(0);clearAuto();"`
22	`          onmouseout="setAuto();">1</td>`
23	`        <td width="6"></td>`
24	`        <td class="bg" id="t1" onmouseover="mea(1);clearAuto();"`
25	`          onmouseout="setAuto();">2</td>`
26	`        <td width="6"></td>`
27	`        <td class="bg" id="t2" onmouseover="mea(2);clearAuto();"`
28	`          onmouseout="setAuto();">3</td>`
29	`        <td width="6"></td>`
30	`        <td class="bg" id="t3" onmouseover="mea(3);clearAuto(); "`
31	`          onmouseout="setAuto();">4</td>`
32	`      </tr>`
33	`      </tbody>`
34	`    </table>`
35	`  </div>`
36	`  <div id="conau">`
37	`    <div style="display: block; "><a href="" target="_blank">黄龙</a></div>`
38	`    <div style="display: none; "><a href="" target="_blank">然乌湖</a></div>`
39	`    <div style="display: none; "><a href="" target="_blank">新路海</a></div>`
40	`    <div style="display: none; "><a href="" target="_blank">紫薇山</a></div>`
41	`  </div>`
42	`</div>`

网页 0406.html 中主要应用的 CSS 代码如表 4-13 所示。

表 4-13　网页 0406.html 中主要的 CSS 代码

序号	程序代码	序号	程序代码
01	#au {	34	.lunbo {
02	filter: progid:DXImagetransform.Microsoft	35	right: 8px; position: absolute;
03	.Fade (duration=0.5,overlap=1.0);	36	top: 307px; height: 21px
04	width: 325px;	37	}
05	height: 340px;	38	.lunbo .bg {
06	}	39	padding-right: 0px;
07		40	padding-left: 0px;
08	#no {	41	padding-bottom: 0px;
09	border-top: #725f4a 1px solid;	42	width: 18px;
10	margin-top: 0px;	43	line-height: 17px;
11	background: #000;	44	padding-top: 4px;
12	line-height: 24px;	45	height: 17px;
13	text-align: center;	46	text-align: center;
14	left: 0px;	47	background: url(images/tu1.gif);
15	top: 273px;	48	}
16	width: 325px;	49	
17	height: 66px;	50	.lunbo .active {
18	position: absolute;	51	background-image: url(images/tu1.gif);
19	filter: alpha(opacity=70);	52	width: 18px;
20	moz-opacity: 0.7;	53	line-height: 17px;
21	}	54	height: 17px;
22		55	text-align: center;
23	#conau {	56	padding: 4px 0px 0px;
24	margin-top: 0px;	57	}
25	font-weight: bold;	58	
26	font-size: 14px;	59	.lunbo .bg {
27	text-align: left;	60	background-position: -639px -74px;
28	color: #fff;	61	color: #030100
29	left: 14px;	62	}
30	top: 283px;	63	.lunbo .active {
31	width: 298px;	64	background-position: -616px -74px;
32	position: absolute;	65	color: #a8471c
33	}	66	}

实现具有滤镜效果的横向焦点图片轮换效果的 JavaScript 代码如表 4-14 所示。

表 4-14　实现具有滤镜效果的横向焦点图片轮换效果的 JavaScript 代码

序号	程序代码
01	var n=0;
02	setAuto();
03	function setAuto(){ autoStart=setInterval("auto(n)" , 4000) }
04	function clearAuto(){clearInterval(autoStart)}
05	//--
06	unction auto(){
07	n++;
08	if(n>3) n=0;
09	mea(n);

续表

序号	程序代码
10	`    }`
11	`//---------------------------------------------------------------------`
12	`function mea(value){`
13	`    n=value;`
14	`    setBg(value);`
15	`    plays(value);`
16	`    conaus(n);`
17	`}`
18	`//---------------------------------------------------------------------`
19	`function setBg(value){`
20	`  for(var i=0;i<4;i++)`
21	`    document.getElementById("t"+i+"").className="bg";`
22	`    document.getElementById("t"+value+"").className="active";`
23	`}`
24	`function plays(value){`
25	`  try`
26	`  {`
27	`    with (au){`
28	`      filters[0].apply();`
29	`      for(i=0;i<4;i++)i==value?children[i].style.display="block":children[i].style.display="none";`
30	`      filters[0].play();`
31	`    }`
32	`  }`
33	`  catch(e)`
34	`  {`
35	`    var d = document.getElementById("au").getElementsByTagName("div");`
36	`    for(i=0;i<4;i++)i==value?d[i].style.display="block":d[i].style.display="none";`
37	`  }`
38	`}`
39	`function conaus(value){`
40	`  try`
41	`  {`
42	`    with (conau){`
43	`      for(i=0;i<4;i++)i==value?children[i].style.display="block":children[i].style.display="none";`
44	`    }`
45	`  }`
46	`  catch(e)`
47	`  {`
48	`    var d = document.getElementById("conau").getElementsByTagName("div");`
49	`    for(i=0;i<4;i++)i==value?d[i].style.display="block":d[i].style.display="none";`
50	`  }`
51	`}`

任务 4-7 JavaScript 实现具有手风琴效果的横向焦点图片轮换

【任务描述】

在网页 0407.html 中实现具有手风琴效果的横向焦点图片轮换效果，其外观效果如图 4-5 所示。

图 4-5 具有手风琴效果的横向焦点图片轮换效果

【思路探析】

单击图片切换长条按钮时，调用函数 gotoImg( )，该函数每隔一定的时间段调用函数 changeWidthInner( )，changeWidthInner( )函数用于改变各个图片宽度，这样便形成了焦点图片轮换效果。

【特效实现】

在网页 0407.html 中实现具有手风琴效果的横向焦点图片轮换的 HTML 代码如表 4-15 所示。

表 4-15 实现具有手风琴效果的横向焦点图片轮换的 HTML 代码

序号	程序代码
01	`<div id="demo">`
02	`<ul class="indemo">`
03	`<li class="active">`
04	`<span class="bg0">第一幅图片展示</span><img src="images/img01.jpg" />`
05	`</li>`
06	`<li><span class="bg1">第二幅图片展示</span><img src="images/img02.jpg" /></li>`
07	`<li><span class="bg2">第三幅图片展示</span><img src="images/img03.jpg" /></li>`
08	`<li><span class="bg3">第四幅图片展示</span><img src="images/img04.jpg" /></li>`
09	`</ul>`
10	`</div>`

网页 0407.html 中主要的 CSS 代码如表 4-16 所示。

表 4-16 网页 0407.html 中主要的 CSS 代码

序号	程序代码	序号	程序代码
01	.indemo li{	12	.indemo span {
02	width: 22px;	13	width: 21px;
03	height: 254px;	14	height: 244px;
04	float: left;	15	padding-top: 10px;
05	position: relative;	16	border-right: 1px solid #fff;
06	overflow: hidden;	17	position: absolute;
07	}	18	top: 0;
08		19	right: 0;
09	.indemo li.active {	20	text-align: center;
10	width: 550px;	21	cursor: pointer;
11	}	22	}

在网页 0407.html 中实现具有手风琴效果的横向焦点图片轮换的 JavaScript 代码如表 4-17 所示。

表 4-17 实现具有手风琴效果的横向焦点图片轮换的 JavaScript 代码

序号	程序代码
01	`<script type="text/javascript">`
02	`window.onload=function ()`
03	`{`
04	`  createAccordion('demo');`
05	`};`
06	
07	`function createAccordion(id)`
08	`{`
09	`  var oDiv=document.getElementById(id);`
10	`  var iMinWidth=999;`
11	`  var aLi=oDiv.getElementsByTagName('li');`
12	`  var aSpan=oDiv.getElementsByTagName('span');`
13	`  var i=0;`
14	`  oDiv.timer=null;`
15	`  for(i=0;i<aSpan.length;i++)`
16	`  {`
17	`    aSpan[i].index=i;`
18	`    iMinWidth=Math.min(iMinWidth, aLi[i].offsetWidth);`
19	`    aSpan[i].onclick=function()`
20	`    {`
21	`      gotoImg(oDiv, this.index, iMinWidth);`
22	`    };`
23	`  }`
24	`};`
25	
26	`function gotoImg(oDiv, iIndex, iMinWidth)`
27	`{`
28	`  if(oDiv.timer)`
29	`  {`
30	`    clearInterval(oDiv.timer);`
31	`  }`
32	`  oDiv.timer=setInterval(function (){`
33	`    changeWidthInner(oDiv, iIndex, iMinWidth);`
34	`  }, 30 );`
35	`}`
36	
37	`function changeWidthInner(oDiv, iIndex, iMinWidth)`
38	`{`
39	`  var aLi=oDiv.getElementsByTagName('li');`
40	`  var aSpan=oDiv.getElementsByTagName('span');`
41	`  var iWidth=oDiv.offsetWidth;`
42	`  var w=0;`
43	`  var bEnd=true;`
44	`  var i=0;`
45	`  for(i=0;i<aLi.length;i++)`
46	`  {`
47	`    if(i==iIndex)`
48	`    {`

续表

序号	程序代码
49	continue;
50	}
51	if(iMinWidth==aLi[i].offsetWidth)
52	{
53	iWidth-=iMinWidth;
54	continue;
55	}
56	bEnd=false;
57	speed=Math.ceil((aLi[i].offsetWidth-iMinWidth)/10);
58	w=aLi[i].offsetWidth-speed;
59	if(w<=iMinWidth)
60	{
61	w=iMinWidth;
62	}
63	aLi[i].style.width=w+'px';
64	iWidth-=w;
65	}
66	aLi[iIndex].style.width=iWidth+'px';
67	if(bEnd)
68	{
69	clearInterval(oDiv.timer);
70	oDiv.timer=null;
71	}
72	}
73	</script>

任务 4-8　JavaScript 实现带缩略图且双向移动的横向焦点图轮换

【任务描述】

网页 0408.html 中带缩略图且双向移动的横向焦点图轮换效果如图 4-6 所示。

【思路探析】

（1）当网页加载完成时调用函数 focusChange()，该函数设置鼠标指针指向各个缩略图时触发 onmouseover 事件，分别调用 moveElement() 和 classNormal() 函数，并设置该缩略图的 className 属性的值为 current。

图 4-6　带缩略图且双向移动的横向焦点图轮换效果

（2）函数 moveElement() 用于改变图片样式属性 style 的 left 和 top 的值。由于每隔一定的时间段改变一次图片样式属性 style 的 left 和 top 的值，从而产生图片移动效果。当 left 值逐步变小时，图片形成左移效果；当 left 值逐步变大时，图片形成右移效果。

【特效实现】

网页 0408.html 中带缩略图且双向移动的横向焦点图轮换效果对应的 HTML 代码如表 4-18 所示。

表 4-18　带缩略图且双向移动的横向焦点图轮换效果对应的 HTML 代码

序号	程序代码
01	<div id="focus_change">
02	<div id="focus_change_list" style="top:0; left:0;">
03	<ul>
04	<li><a href=""><img src="images/001.jpg" alt="" /></a></li>
05	<li><a href=""><img src="images/002.jpg" alt="" /></a></li>
06	<li><a href=""><img src="images/003.jpg" alt="" /></a></li>
07	<li><a href=""><img src="images/004.jpg" alt="" /></a></li>
08	</ul>
09	</div>
10	<div id="focus_change_btn">
11	<ul>
12	<li class="current">
13	<a href="#"><img src="images/001.jpg" alt="" /></a>
14	</li>
15	<li><a href=""><img src="images/002.jpg" alt="" /></a></li>
16	<li><a href=""><img src="images/003.jpg" alt="" /></a></li>
17	<li><a href=""><img src="images/004.jpg" alt="" /></a></li>
18	</ul>
19	</div>
20	</div>

网页 0408.html 中带缩略图且双向移动的横向焦点图轮换效果对应的 JavaScript 代码如表 4-19 所示。

表 4-19　带缩略图且双向移动的横向焦点图轮换效果对应的 JavaScript 代码

序号	程序代码
01	<script type="text/javascript">
02	function $(id) { return document.getElementById(id); }
03	function moveElement(elementID,final_x,final_y,interval) {
04	if (!document.getElementById) return false;
05	if (!document.getElementById(elementID)) return false;
06	var elem = document.getElementById(elementID);
07	if (elem.movement) {
08	clearTimeout(elem.movement);
09	}
10	if (!elem.style.left) {
11	elem.style.left = "0px";
12	}
13	if (!elem.style.top) {
14	elem.style.top = "0px";
15	}
16	var xpos = parseInt(elem.style.left);
17	var ypos = parseInt(elem.style.top);
18	if (xpos == final_x && ypos == final_y) {
19	return true;
20	}

续表

序号	程序代码
21	if (xpos < final_x) {
22	var dist = Math.ceil((final_x − xpos)/10);
23	xpos = xpos + dist;
24	}
25	if (xpos > final_x) {
26	var dist = Math.ceil((xpos − final_x)/10);
27	xpos = xpos − dist;
28	}
29	if (ypos < final_y) {
30	var dist = Math.ceil((final_y − ypos)/10);
31	ypos = ypos + dist;
32	}
33	if (ypos > final_y) {
34	var dist = Math.ceil((ypos − final_y)/10);
35	ypos = ypos − dist;
36	}
37	elem.style.left = xpos + "px";
38	elem.style.top = ypos + "px";
39	var repeat = "moveElement('"+elementID+"','"+final_x+"','"+final_y+"','"+interval+"')";
40	elem.movement = setTimeout(repeat,interval);
41	}
42	
43	function classNormal(){
44	var focusBtnList = $('focus_change_btn').getElementsByTagName('li');
45	for(var i=0; i<focusBtnList.length; i++) {
46	focusBtnList[i].className='';
47	}
48	}
49	
50	function focusChange() {
51	var focusBtnList = $('focus_change_btn').getElementsByTagName('li');
52	focusBtnList[0].onmouseover = function() {
53	moveElement('focus_change_list',0,0,5);
54	classNormal()
55	focusBtnList[0].className='current'
56	}
57	focusBtnList[1].onmouseover = function() {
58	moveElement('focus_change_list',−570,0,5);
59	classNormal()
60	focusBtnList[1].className='current'
61	}
62	focusBtnList[2].onmouseover = function() {
63	moveElement('focus_change_list',−1140,0,5);
64	classNormal()
65	focusBtnList[2].className='current'
66	}
67	focusBtnList[3].onmouseover = function() {

序号	程序代码
68	moveElement('focus_change_list',-1710,0,5);
69	classNormal()
70	focusBtnList[3].className='current'
71	}
72	}
73	
74	window.onload=function(){
75	focusChange();
76	}
77	</script>

任务4-9　JavaScript实现随滚动条滑块的移动上下滑动图片

【任务描述】

在网页 0409.html 中，随滚动条滑块的移动，上下滑动图片的外观效果如图 4-7 所示，单击【关闭】按钮可以隐藏该图片。

【思路探析】

（1）首先创建对象 floaters 的实例 theFloaters，调用函数 addItem() 添加网页元素，然后调用函数 playItem()。

（2）函数 playItem() 首先将添加的网页元素赋值给全局变量 collection，然后每隔一定时间段调用函数 play()。

（3）函数 play() 用于实时改变网页元素样式属性 style 的 left 和 top 的值，从而产生随滚动条滑块的移动上下滑动图片的效果。

图 4-7　随滚动条滑块的移动上下滑动图片

【特效实现】

随滚动条滑块的移动上下滑动图片的 JavaScript 代码如表 4-20 所示。

表 4-20　随滚动条滑块的移动上下滑动图片的 JavaScript 代码

序号	程序代码
01	var delta=0.15
02	var collection;
03	function floaters() {
04	this.items = [];
05	this.addItem= function(id , x , y , content)
06	{
07	document.write('<div id='+id
08	+' style="z-index:10; position:absolute; width:80px; height:60px;left:'
09	+(typeof(x)=='string'?eval(x):x)
10	+';top:'+(typeof(y)=='string'?eval(y):y)+'">'
11	+content+' <div style="text-align:center;margin-top:5px;"> '
12	+ '<a href="javascript:void(0);" onclick='
13	+id+'.style.visibility="hidden"'
14	+' style="font-size:12px;text-decoration: none">关闭</a></div></div>');
15	var newItem = {};

续表

序号	程序代码
16	newItem.object= document.getElementById(id);
17	newItem.x= x;
18	newItem.y= y;
19	this.items[this.items.length]= newItem;
20	}
21	this.playItem = function()
22	{
23	collection= this.items
24	setInterval('play()',10);
25	}
26	}
27	
28	function play()
29	{
30	for(var i=0;i<collection.length;i++)
31	{
32	var followObj = collection[i].object;
33	var followObj_x = (typeof(collection[i].x)=='string'?eval(collection[i].x):collection[i].x);
34	var followObj_y = (typeof(collection[i].y)=='string'?eval(collection[i].y):collection[i].y);
35	
36	if(followObj.offsetLeft!=(document.documentElement.scrollLeft+followObj_x)) {
37	var dx=(document.documentElement.scrollLeft+followObj_x-followObj.offsetLeft)*delta;
38	dx=(dx>0?1:-1)*Math.ceil(Math.abs(dx));
39	followObj.style.left=followObj.offsetLeft+dx;
40	}
41	
42	if(followObj.offsetTop!=(document.documentElement.scrollTop+followObj_y)) {
43	var dy=(document.documentElement.scrollTop+followObj_y-followObj.offsetTop)*delta;
44	dy=(dy>0?1:-1)*Math.ceil(Math.abs(dy));
45	followObj.style.top=followObj.offsetTop+dy;
46	}
47	followObj.style.display = '';
48	}
49	}
50	
51	var theFloaters = new floaters();
52	theFloaters.addItem('followDiv1','document.body.clientWidth-82',0,' '
53	+'<img src="images/m01.jpg" border="0" width="100" height="200">');
54	theFloaters.addItem('followDiv2',2,0,' <img src="images/m02.jpg" border="0"'
55	+' width="100" height="200">');
56	theFloaters.playItem();

任务 4-10　jQuery 实现图片纵向移动的焦点图片轮换

【任务描述】

在网页 0410.html 中实现图片纵向移动的焦点图片轮换效果,其外观效果如图 4-8 所示。

图 4-8　图片纵向移动的焦点图片轮换的外观效果

【思路探析】

（1）使用网页元素的方法 animate( ) 创建动画，控制网页元素的 top 属性值，同时给鼠标指针指向的数字按钮添加类 on，改变其外观效果。

（2）鼠标指针指向数字按钮时，调用函数 showImg( ) 实现图片切换效果。当鼠标指针离开数字按钮时，使用 setInterval( ) 方法实现自动切换图片的效果。

【特效实现】

在网页 0410.html 中实现图片纵向移动的焦点图片轮换效果对应的 HTML 代码如表 4-21 所示。

表 4-21　实现图片纵向移动的焦点图片轮换效果对应的 HTML 代码

序号	程序代码
01	<div id="slider">
02	<ul id="show">
03	<li><img src="images/1.jpg" alt="3" /></li>
04	<li><img src="images/2.jpg" alt="1" /></li>
05	<li><img src="images/3.jpg" alt="2" /></li>
06	<li><img src="images/4.jpg" alt="3" /></li>
07	</ul>
08	<ul id="number">
09	<li>1</li>
10	<li>2</li>
11	<li>3</li>
12	<li>4</li>
13	</ul>
14	</div>

在网页 0410.html 中实现图片纵向移动的焦点图片轮换效果对应的 CSS 代码如表 4-22 所示。

表 4-22　实现图片纵向移动的焦点图片轮换效果对应的 CSS 代码

序号	程序代码	序号	程序代码
01	#slider ul#show {	15	border:solid 1px #b50000;
02	width:463px;	16	margin-left:5px;
03	height:1201px;	17	}
04	position:absolute;	18	#number li.on {
05	top: 2px;	19	color: #fff;
06	left: 1px;	20	line-height:20px;
07	}	21	width: 20px;
08	#number li {	22	height: 20px;
09	float:left;	23	font-size: 14px;
10	width:20px;	24	border:none;
11	height:20px;	25	background:#b50000;
12	text-align:center;	26	font-weight: bold;
13	line-height:20px;	27	cursor:pointer;
14	background:#fff;	28	}

在网页 0410.html 中实现图片纵向移动的焦点图片轮换效果对应的 JavaScript 代码如表 4-23 所示。

表 4-23　实现图片纵向移动的焦点图片轮换效果对应的 JavaScript 代码

序号	程序代码
01	`<script type="text/javascript">`
02	`$(function(){`
03	`    var len = $("#number > li").length;`
04	`    var index = 0;`
05	`    var adTimer;`
06	`    $("#number li").mouseover(function(){`
07	`        index = $("#number li").index(this);`
08	`        showImg(index);`
09	`    }).eq(0).mouseover();`
10	
11	`    $('#slider').hover(function(){`
12	`        clearInterval(adTimer);`
13	`    },function(){`
14	`        adTimer = setInterval(function(){`
15	`            showImg(index);`
16	`            index++;`
17	`            if(index==len){index=0;}`
18	`        }, 3000);`
19	`    }).trigger("mouseleave");`
20	`})`
21	
22	`function showImg(index){`
23	`    var sliderHeight = $("#slider").height();`
24	`    $("#show").stop(true,false).animate({top : -sliderHeight*index},1000);`
25	`    $("#number li").removeClass("on").eq(index).addClass("on");`
26	`}`
27	`</script>`

将图片上下移动改为左右移动图片，其对应的 CSS 定义代码修改后如下。

```css
#slider ul#show {
    width:3550px;
    height:300px;
    position:absolute;
}
#slider ul#show li {
    float:left;
    cursor:pointer;
}
```

showImg( )函数对应的代码如下所示。

```javascript
function showImg(index){
    var sliderWidth = $("#slider").width();
    $("#show").stop(true,false).animate({left : -sliderWidth*index},800);
    $("#number li").removeClass("on").eq(index).addClass("on");
}
```

任务 4-11 jQuery 实现具有滤镜效果的横向焦点图片轮换

【任务描述】

在网页 0411.html 中实现具有滤镜效果的横向焦点图片轮换，其外观效果如图 4-9 所示。

【思路探析】

（1）首先设置各网页元素的初始状态，然后为每个指定的网页元素设置 mouseover 事件方法执行的代码和 mouseout 事件方法执行代码，分别调用 self_change( ) 函数和 self_interval()函数。

图 4-9 具有滤镜效果的横向焦点图片轮换的外观效果

（2）self_change( )函数用于实现网页元素的隐藏或显示，添加或删除指定的类。

（3）self_interval( )函数用于实现按指定的时间间隔调用 self_change( )函数。

【特效实现】

在网页 0411.html 中实现具有滤镜效果的横向焦点图片轮换对应的 HTML 代码如表 4-24 所示。

表 4-24 实现具有滤镜效果的横向焦点图片轮换对应的 HTML 代码

序号	程序代码
01	\<div class="index_focus_box ftl" id="index_focus_box" ads_key="index_focus" ads_name="首页焦
02	点广告位"\>
03	\<div class="img dpn" style="display: block; "\>\<a href="" target="_blank"\>
04	\<img style="width: 730px; height: 360px" alt=" " src="images/new4gift.jpg" /\>\</a\>\</div\>
05	\<div class="img dpn"\>\<a href="" target="_blank"\>
06	\<img style="width: 730px; height: 360px" alt=" " src="images/package.jpg" /\> \</a\>\</div\>
07	\<div class="img dpn"\>\<a href="" target="_blank"\>
08	\<img style="width: 730px; height: 360px" alt=" " src="images/1.jpg" /\> \</a\>\</div\>
09	\<div class="img dpn"\>\<a href="" target="_blank"\>
10	\<img style="width: 730px; height: 360px" alt=" " src="images/2.jpg" /\> \</a\>\</div\>
11	\<div class="img dpn"\>\<a href="" target="_blank"\>
12	\<img style="width: 730px; height: 360px" alt=" " src="images/4.jpg" /\> \</a\>\</div\>
13	\<ul class="panel" id="index_focus_txt_bg"\>
14	\<li class="on"\>\</li\>
15	\<li\>\</li\>
16	\<li\>\</li\>
17	\<li\>\</li\>
18	\<li class="last"\>\</li\>
19	\</ul\>
20	\<ul class="title" id="index_focus_txt"\>
21	\<li class="on"\>\<a title=" " href="" target="_blank"\>庆国庆 新品四重礼\</a\>\</li\>
22	\<li\>\<a title=" " href="" target="_blank"\>50000 红包送不停\</a\>\</li\>
23	\<li\>\<a title=" " href="" target="_blank"\>积分换购，金秋献礼！\</a\>\</li\>
24	\<li\>\<a title=" " href="" target="_blank"\>真有一套，国庆献礼！\</a\>\</li\>
25	\<li\>\<a title=" " href="" target="_blank"\>三防手机 ET10\</a\>\</li\>
26	\</ul\>
27	\<div class="loding" id="index_focus_loding" style="display: none; "\>\</div\>
28	\</div\>

在网页 0411.html 中的 CSS 代码如表 4-25 所示。

表 4-25　网页 0411.html 中的 CSS 代码

序号	程序代码	序号	程序代码
01	.index_focus_box ul.panel {	13	margin-left: 1px;
02	z-index: 20;	14	width: 145px;
03	width: 730px;	15	height: 34px;
04	position: absolute;	16	opacity: .5;
05	top: 325px;	17	}
06	height: 34px;	18	
07	}	19	.index_focus_box ul.panel li.last {
08	.index_focus_box ul.panel li {	20	width: 145px
09	display: inline;	21	}
10	background: #000;	22	.index_focus_box ul.panel li.on {
11	filter: alpha(opacity=50);	23	filter: alpha(opacity=80); opacity: .8
12	float: left;	24	}

在网页 0411.html 中实现具有滤镜效果的横向焦点图片轮换的 JavaScript 代码如表 4-26 所示。

表 4-26　实现具有滤镜效果的横向焦点图片轮换的 JavaScript 代码

序号	程序代码
01	`<script type="text/javascript">`
02	`$(function(){`
03	`  self_auto_change = null;`
04	`  var self_now = 0;`
05	`  var self_speed = 5000;`
06	`  var self_max = $('#index_focus_box div.img').size();`
07	`  $('#index_focus_loding').hide();`
08	`  $('#index_focus_box div:first').show();`
09	`  $('#index_focus_txt_bg li:first').addClass('on');`
10	`  $('#index_focus_txt li:first').addClass('on');`
11	`  $('#index_focus_txt li').each(function(i)`
12	`  {`
13	`    $(this).mouseover(function(){`
14	`      self_now = i;`
15	`      clearInterval(self_auto_change);`
16	`      self_change(i);`
17	`    }).mouseout(function(){`
18	`      self_auto_change = self_interval();`
19	`    });`
20	`  });`
21	
22	`  function self_change(i)`
23	`  {`
24	`    $('#index_focus_box div.img').hide();`
25	`    $('#index_focus_txt_bg li').removeClass('on');`
26	`    $('#index_focus_txt li').removeClass('on');`
27	`    $('#index_focus_box div.img:eq(' + i + ')').show();`
28	`    $('#index_focus_txt_bg li:eq(' + i + ')').addClass('on');`
29	`    $('#index_focus_txt li:eq(' + i + ')').addClass('on');`

续表

序号	程序代码
30	}
31	
32	function self_interval()
33	{
34	return setInterval(function(){
35	self_now++;
36	if (self_now >= self_max)
37	{
38	self_now = 0;
39	}
40	self_change(self_now);
41	}, self_speed);
42	}
43	});
44	</script>

任务 4-12　jQuery 实现鼠标指针滑过图片时预览大图

【任务描述】

在网页 0412.html 中，鼠标指针滑过图片时预览大图的外观效果如图 4-10 所示。

【思路探析】

（1）当鼠标指针滑入图片时，创建一个<div>元素，<div>元素的内容为图片，将创建的网页元素添加到文档中，并为它设置 x 坐标和 y 坐标，使它显示在鼠标指针位置的旁边。

（2）当鼠标指针滑出图片时，移除<div>元素。

（3）根据图片的 title 属性值获取图片相应的介绍文字，并将它追加到<div>元素中。

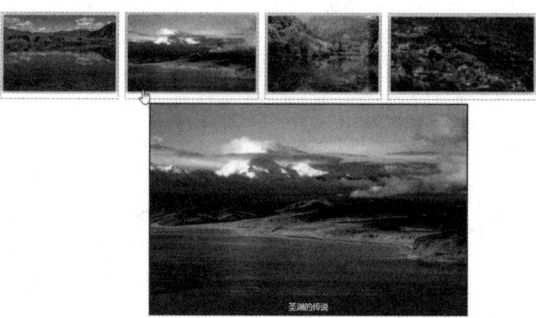

图 4-10　鼠标指针滑过图片时预览大图的外观效果

【特效实现】

在网页 0412.html 中鼠标指针滑过图片时预览大图对应的 HTML 代码如表 4-27 所示。

表 4-27　鼠标指针滑过图片时预览大图对应的 HTML 代码

序号	程序代码
01	<ul>
02	<li><a href="images/012.jpg" class="tooltip" title="拉萨郊外">
03	<img src="images/011.jpg" alt="拉萨郊外" /></a></li>
04	<li><a href="images/022.jpg" class="tooltip" title="圣湖的传说">
05	<img src="images/021.jpg" alt="圣湖的传说"/></a></li>
06	<li><a href="images/032.jpg" class="tooltip" title="童话九寨沟">
07	<img src="images/031.jpg" alt="童话九寨沟"/></a></li>
08	<li><a href="images/042.jpg" class="tooltip" title="丹巴藏寨">
09	<img src="images/041.jpg" alt="丹巴藏寨" /></a></li>
10	</ul>

网页 0412.html 中主要应用的 CSS 代码如表 4-28 所示。

表 4-28　网页 0412.html 中主要应用的 CSS 代码

序号	程序代码
01	#tooltip{
02	position: absolute;
03	border: 1px solid #ccc;
04	background: #333;
05	padding: 2px;
06	display: none;
07	color: #fff;
08	}

在网页 0412.html 中鼠标指针滑过图片时预览大图的 JavaScript 代码如表 4-29 所示。

表 4-29　鼠标指针滑过图片时预览大图的 JavaScript 代码

序号	程序代码
01	\<script type="text/javascript"\>
02	$(function(){
03	var x = 10;
04	var y = 20;
05	$("a.tooltip").mouseover(function(e){
06	this.myTitle = this.title;
07	this.title = "";
08	var imgTitle = this.myTitle? "\<div style='text-align: center;'\>" + this.myTitle+"\</div\>" : "";
09	var tooltip = "\<div id='tooltip'\>\<img src='"+ this.href
10	+"' alt='产品预览图'/\>"+imgTitle+"\</div\>";　　　　　//创建 div 元素
11	$("body").append(tooltip);　　//把它追加到文档中
12	$("#tooltip")
13	.css({
14	"top":(e.pageY+y)+"px",
15	"left":(e.pageX+x)+"px"
16	}).show("fast");　　　　　//设置 x 坐标和 y 坐标，并且显示
17	}).mouseout(function(){
18	this.title = this.myTitle;
19	$("#tooltip").remove();　　　　//移除
20	}).mousemove(function(e){
21	$("#tooltip")
22	.css({
23	"top":(e.pageY+y) + "px",
24	"left":(e.pageX+x)　+ "px"
25	});
26	});
27	})
28	\</script\>

任务 4-13　jQuery 实现单击箭头按钮切换图片

【任务描述】

在网页 0413.html 中单击箭头按钮切换图片的外观效果如图 4-11 所示。

图 4-11　单击箭头按钮切换图片的外观效果

【思路探析】

（1）单击左上角的左右箭头按钮时，控制图片展示的左右滚动。当单击向右箭头时，下面的展示图片会向左滚动隐藏，同时新的图片展示会以滚动方式显示出来。当图片展示处于最后一个版面时，如果再向后，则应该跳转到第 1 个版面。当图片展示处于第 1 个版面时，如果再向前，就应该跳转到最后一个版面。

（2）左上角的箭头按钮旁边的蓝色圆点与动画一起切换，它表示当前所处的版面。

（3）通过 jQuery 选择器获取向右箭头的元素，然后为它绑定 click 事件。使用 animate()方法控制图片展示区域的 left 样式属性的值来达到动画效果。

（4）每个版面展示 4 张图片，用图片的总数除以 4 得到总的版面数。当到达最后一个版面时，把当前的版面数设置为 1，使之重新开始动画效果。

（5）向左按钮的交互代码与向右按钮类似，区别是在当前的版面为第 1 个版面时，如果再往前，则需要将版面跳转到最后一个版面。

【特效实现】

在网页 0413.html 中单击箭头按钮切换图片对应的 HTML 代码如表 4-30 所示。

表 4-30　单击箭头按钮切换图片对应的 HTML 代码

序号	程序代码
01	`<div class="img_show">`
02	`  <div class="img_caption">`
03	`    <div class="highlight_tip">`
04	`      <span class="current">1</span><span>2</span><span>3</span><span>4</span>`
05	`    </div>`
06	`    <div class="change_btn">`
07	`      <span class="prev" >上一页</span>`
08	`      <span class="next">下一页</span>`
09	`    </div>`
10	`    <em><a href="#">更多>></a></em>`
11	`  </div>`
12	`  <div class="img_content">`
13	`    <div   class="img_content_list">`
14	`      <ul>`
15	`        <li><a href="#"><img src="images/011.jpg" alt="" /></a></li>`
16	`        <li><a href="#"><img src="images/012.jpg" alt="" /></a></li>`
17	`        <li><a href="#"><img src="images/013.jpg" alt="" /></a></li>`
18	`        <li><a href="#"><img src="images/014.jpg" alt="" /></a></li>`
19	`        <li><a href="#"><img src="images/021.jpg" alt="" /></a></li>`
20	`        <li><a href="#"><img src="images/022.jpg" alt="" /></a></li>`
21	`        <li><a href="#"><img src="images/023.jpg" alt="" /></a></li>`
22	`        <li><a href="#"><img src="images/024.jpg" alt="" /></a></li>`
23	`        <li><a href="#"><img src="images/031.jpg" alt="" /></a></li>`
24	`        <li><a href="#"><img src="images/032.jpg" alt="" /></a></li>`

续表

序号	程序代码
25	`<li><a href="#"><img src="images/033.jpg" alt="" /></a></li>`
26	`<li><a href="#"><img src="images/034.jpg" alt="" /></a></li>`
27	`<li><a href="#"><img src="images/041.jpg" alt="" /></a></li>`
28	`<li><a href="#"><img src="images/042.jpg" alt="" /></a></li>`
29	`<li><a href="#"><img src="images/043.jpg" alt="" /></a></li>`
30	`<li><a href="#"><img src="images/044.jpg" alt="" /></a></li>`
31	`</ul>`
32	`</div>`
33	`</div>`
34	`</div>`

在网页 0413.html 中实现单击箭头按钮切换图片的 JavaScript 代码如表 4-31 所示。

表 4-31 实现单击箭头按钮切换图片的 JavaScript 代码

序号	程序代码
01	`<script type="text/javascript">`
02	`$(function(){`
03	`  var page = 1;`
04	`  var i = 4;` //每版放 4 个图片
05	`  //向后按钮`
06	`  $("span.next").click(function(){` //绑定 click 事件
07	`    var $parent = $(this).parents("div.img_show");` //根据当前点击元素获取到父元素
08	`    var $img_show = $parent.find("div.img_content_list");` //寻找到"图片展示区域"
09	`    var $img_content = $parent.find("div.img_content");` //寻找到"图片展示区域"外围的 div 元素
10	`    var v_width = $img_content.width() ;`
11	`    var len = $img_show.find("li").length;`
12	`    var page_count = Math.ceil(len / i) ;` //只要不是整数,就往大的方向取最小的整数
13	`    if( !$img_show.is(":animated") ){` //判断"图片展示区域"是否正在处于动画状态中
14	`      //已经到最后一个版面了,如果再向后,必须跳转到第 1 个版面`
15	`      if( page == page_count ){`
16	`        $img_show.animate({ left : '0px'}, "slow");` //通过改变 left 值,跳转到第 1 个版面
17	`        page = 1;`
18	`      }else{`
19	`        $img_show.animate({ left : '-='+v_width }, "slow");` //改变 left 值
20	`        page++;`
21	`      }`
22	`    }`
23	`    $parent.find("span").eq((page-1)).addClass("current").siblings().removeClass("current");`
24	`  });`
25	`  //往前按钮`
26	`  $("span.prev").click(function(){`
27	`    var $parent = $(this).parents("div.img_show");` //根据当前点击元素获取到父元素
28	`    var $img_show = $parent.find("div.img_content_list");` //寻找到"图片展示区域"
29	`    var $img_content = $parent.find("div.img_content");` //寻找"图片展示区域"外围的 div 元素
30	`    var v_width = $img_content.width();`
31	`    var len = $img_show.find("li").length;`
32	`    var page_count = Math.ceil(len / i) ;` //只要不是整数,就往大的方向取最小的整数

续表

序号	程序代码
33	if(!$img_show.is(":animated")){ //判断"图片展示区域"是否正在处于动画状态中
34	if(page == 1){ //已经到第 1 个版面了，如果再向前，必须跳转到最后一个版面
35	$img_show.animate({ left : '-='+v_width*(page_count-1) }, "slow");
36	page = page_count;
37	}else{
38	$img_show.animate({ left : '+='+v_width }, "slow");
39	page--;
40	}
41	}
42	$parent.find("span").eq((page-1)).addClass("current").siblings().removeClass("current");
43	});
44	});
45	</script>

自主训练

任务 4-14 JavaScript 实现图片连续向左滚动

【任务描述】

在网页 0414.html 中实现图片连续向左滚动的外观效果如图 4-12 所示。

图 4-12 在网页 0414.html 中实现图片连续向左滚动的外观效果

【操作提示】

在网页 0414.html 中实现图片连续向左滚动对应的 HTML 代码如表 4-32 所示。

表 4-32 在网页 0414.html 中实现图片连续向左滚动对应的 HTML 代码

序号	程序代码
01	\<div id="piczhanshi"\>
02	\<h3\>"鸟巢"效果图\</h3\>
03	\<div id="tupian"\>
04	\<div id="demo"\>
05	\<div id="indemo" style="float:left;width:800%;"\>
06	\<div id="demo1" style="float:left;"\>
07	\<img src="images/niaochao1.jpg" alt="鸟巢"\>
08	\<img src="images/niaochao2.jpg" alt=""\>
09	\<img src="images/niaochao3.jpg" alt=""\>
10	\<img src="images/niaochao4.jpg" alt=""\>
11	\<img src="images/niaochao5.jpg" alt=""\>
12	\<img src="images/niaochao6.jpg" alt=""\>

续表

序号	程序代码
13	`<img src="images/niaochao7.jpg" alt="">`
14	`<img src="images/niaochao8.jpg" alt="">`
15	`<img src="images/niaochao9.jpg" alt="">`
16	`</div>`
17	`<div id="demo2" style="float:left;"></div>`
18	`</div>`
19	`</div>`
20	`</div>`
21	`</div>`

在网页 0414.html 中实现图片连续向左滚动对应的 JavaScript 代码如表 4-33 所示。

表 4-33　在网页 0414.html 中实现图片连续向左滚动对应的 JavaScript 代码

序号	程序代码
01	`<script language="javascript">`
02	`    var speed=20;           //数字越大速度越慢`
03	`    var tab=document.getElementById("demo");`
04	`    var tab1=document.getElementById("demo1");`
05	`    var tab2=document.getElementById("demo2");`
06	`    tab2.innerHTML=tab1.innerHTML;`
07	`    function marquee()`
08	`    {`
09	`      if(tab2.offsetWidth-tab.scrollLeft<=0)`
10	`        tab.scrollLeft-=tab1.offsetWidth`
11	`      else{tab.scrollLeft++;}`
12	`    }`
13	`    var myMar=setInterval(marquee,speed);`
14	`    tab.onmouseover=function() {clearInterval(myMar)};`
15	`    tab.onmouseout=function() {myMar=setInterval(marquee,speed)};`
16	`</script>`

任务 4-15　JavaScript 实现通用横向焦点图片轮换

【任务描述】

网页 0415.html 的通用横向焦点图片轮换的外观效果如图 4-13 所示。

图 4-13　通用横向焦点图片轮换的外观效果

【操作提示】

网页 0415.html 的通用横向焦点图片轮换对应的 HTML 代码如表 4-34 所示。

表 4-34　网页 0415.html 的通用横向焦点图片轮换对应的 HTML 代码

序号	程序代码
01	\<div class="indexFocus"\>
02	\<div id="movePic1" class="focusBox"\>
03	\<div class="bigPic" id="oPic"\>
04	\<ul\>
05	\<li\>\<a href="#"\>\<img src="images/01.jpg" alt="丹巴藏寨" /\>\</a\>\</li\>
06	\<li\>\<a href="#"\>\<img src="images/02.jpg" alt="拉萨郊外" /\>\</a\>\</li\>
07	\<li\>\<a href="#"\>\<img src="images/03.jpg" alt="圣湖传说" /\>\</a\>\</li\>
08	\<li\>\<a href="#"\>\<img src="images/04.jpg" alt="最美的草原-巴音布鲁克" /\>\</a\>\</li\>
09	\<li\>\<a href="#"\>\<img src="images/05.jpg" alt="最美丽的雪山" /\>\</a\>\</li\>
10	\</ul\>
11	\</div\>
12	\<div class="btn" id="oBtn"\>
13	\<ul\>
14	\<li\>1\</li\>
15	\<li\>2\</li\>
16	\<li\>3\</li\>
17	\<li\>4\</li\>
18	\<li\>5\</li\>
19	\</ul\>
20	\</div\>
21	\<div class="picText" id="oText"\>
22	\<li\>\<a href="" target="_blank"\>丹巴藏寨\</a\>\</li\>
23	\<li\>\<a href="" target="_blank"\>拉萨郊外\</a\>\</li\>
24	\<li\>\<a href="" target="_blank"\>圣湖传说\</a\>\</li\>
25	\<li\>\<a href="" target="_blank"\>最美的草原-巴音布鲁克\</a\>\</li\>
26	\<li\>\<a href="" target="_blank"\>最美丽的雪山\</a\>\</li\>
27	\</div\>
28	\<div class="picText_bg"\>\</div\>
29	\</div\>
30	\</div\>

实现网页 0415.html 中的通用横向焦点图片轮换的 JavaScript 代码如表 4-35 所示。

表 4-35　实现通用横向焦点图片轮换的 JavaScript 代码

序号	程序代码
01	\<script language="javascript"\>
02	function mainfun(mainObj,t){
03	function getID(id){return document.getElementById(id)}
04	function getTag(tag,obj){
05	return (typeof obj=='object'?obj:getID(obj)).getElementsByTagName(tag); }

续表

序号	程序代码
06	var cut = 0;
07	var timer='';
08	var num = getTag('li',getTag('div',getID(mainObj))[0]).length;
09	var getpic = getTag('li',getTag('div',getID(mainObj))[0]);
10	var getbtn = getTag('li',getTag('div',getID(mainObj))[1]);
11	var gettext = getTag('li',getTag('div',getID(mainObj))[2]);
12	for(i=0;i<num;i++){
13	getpic[i].style.display="none";
14	gettext[i].style.display="none";
15	getbtn[i].onclick=(function(i){
16	return function(){
17	getbtn[i].className="sel";
18	changePic(i);}
19	})(i);
20	}
21	getpic[cut].style.display="block";
22	getbtn[cut].className="sel";
23	gettext[cut].style.display="block";
24	getID(mainObj).onmouseover=function(){
25	clearInterval(timer);}
26	getID(mainObj).onmouseout=function(){
27	timer = setInterval(autoPlay,t);}
28	
29	function changePic(ocut){
30	for(i=0;i<num;i++){
31	cut=ocut;
32	getpic[i].style.display="none";
33	getbtn[i].className="";
34	gettext[i].style.display="none";
35	}
36	getpic[cut].style.display="block";
37	getbtn[cut].className="sel";
38	gettext[cut].style.display="block"
39	}
40	
41	function autoPlay(){
42	if(cut>=num-1){cut=0 ;}
43	else{cut++ ;}
44	changePic(cut);
45	}
46	timer = setInterval(autoPlay,t);
47	}
48	mainfun("movePic1",2000);
49	</script>

任务 4-16 JavaScript 实现网页图片拖曳

【任务描述】

在网页 0416.html 中实现网页图片拖曳操作，该网页的初始浏览效果如图 4-14 所示。

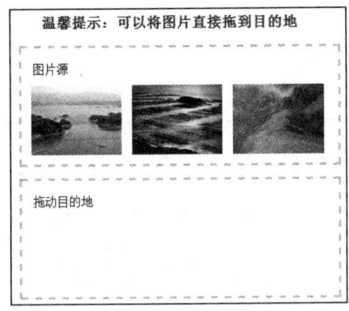

图 4-14 网页 0416.html 的初始浏览效果

【操作提示】

（1）网页 0416.html 的 CSS 代码如表 4-36 所示。

表 4-36 网页 0416.html 的 CSS 代码

序号	CSS 代码	序号	CSS 代码
01	#info{	17	#trash {
02	padding-left:40px	18	border: 3px dashed #ccc;
03	}	19	float: left;
04	#album {	20	margin: 10px;
05	border: 3px dashed #ccc;	21	padding: 10px;
06	float: left;	22	width: 400px;
07	margin: 0px 10px 5px;	23	height: 130px;
08	padding: 10px;	24	clear: left;
09	width: 400px;	25	}
10	height: 130px;	26	
11	}	27	#album p,#trash p {
12	#album img,#trash img {	28	line-height: 25px;
13	margin: 3px;	29	margin: 0px;
14	height: 90px;	30	padding: 5px;
15	width: 120px;	31	height: 25px;
16	}	32	}

（2）网页 0416.html 的 HTML 代码如表 4-37 所示。

表 4-37 网页 0416.html 的 HTML 代码

序号	HTML 代码
01	\<div id="info"\>
02	\<h3\>温馨提示：可以将图片直接拖到目的地\</h3\>
03	\</div\>
04	\<div id="album"\>
05	\<p\>图片源\</p\>

续表

序号	HTML 代码
06	`<img src="images/01.jpg" id="img1" draggable="true" />`
07	`<img src="images/02.jpg" id="img2" draggable="true" />`
08	`<img src="images/03.jpg" id="img3" draggable="true" />`
09	`</div>`
10	`<div id="trash">`
11	`<p>拖动目的地</p>`
12	`</div>`
13	`<script src="js/drag.js" type="text/javascript"></script>`

（3）网页 0416.html 中实现图片拖曳功能的 JavaScript 代码如表 4-38 所示。

表 4-38　网页 0416.html 中实现图片拖曳功能的 JavaScript 代码

序号	JavaScript 代码
1	`var info = document.getElementById("info");`
2	`//获得被拖动的元素，这里为图片所在的 div`
3	`var src = document.getElementById("album");`
4	`var dragImgId;`
5	`//开始拖动操作`
6	`src.ondragstart = function(e) {`
7	`　　//获得被拖动的图片 ID`
8	`　　dragImgId = e.target.id;`
9	`　　//获得被拖动元素`
10	`　　var dragImg = document.getElementById(dragImgId);`
11	`　　//拖动操作结束`
12	`　　dragImg.ondragend = function(e) {`
13	`　　　　//恢复提醒信息`
14	`　　　　info.innerHTML = "<h3>温馨提示：可以将图片直接拖到目的地</h3>";`
15	`　　};`
16	`　　e.dataTransfer.setData("text", dragImgId);`
17	`};`
18	`//拖动过程中`
19	`src.ondrag = function(e) {`
20	`　　info.innerHTML = "<h3>--图片正在被拖动--</h3>";`
21	`}`
22	`//获得拖动的目标元素`
23	`var target = document.getElementById("trash");`
24	`//关闭默认处理`
25	`target.ondragenter = function(e) {`
26	`　　e.preventDefault();`
27	`}`
28	`target.ondragover = function(e) {`
29	`　　e.preventDefault();`
30	`}`
31	`//有图片拖动到了目标元素`
32	`target.ondrop = function(e) {`
33	`　　var draggedID = e.dataTransfer.getData("text");`
34	`　　//获取图片中的 dom 对象`

续表

序号	HTML 代码
35	var oldElem = document.getElementById(draggedID);
36	//从图片 div 中删除该图片的节点
37	oldElem.parentNode.removeChild(oldElem);
38	//将被拖动的图片 dom 节点添加到目的地 div 中
39	target.appendChild(oldElem);
40	info.innerHTML = "<h3>温馨提示：可以将图片直接拖到目的地</h3>";
41	e.preventDefault();
42	}

（4）保存网页 0416.html，其初始浏览效果如图 4-14 所示。在网页 0416.html 中将图片源的两张图片拖曳到目的地后的效果如图 4-15 所示。

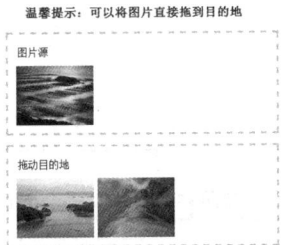

图 4-15　网页 0416.html 中将图片源的两张图片拖曳到目的地后的效果

任务 4-17　jQuery 实现图片纵向切换

【任务描述】

在网页 0417.html 中实现图片纵向切换的外观效果如图 4-16 所示。

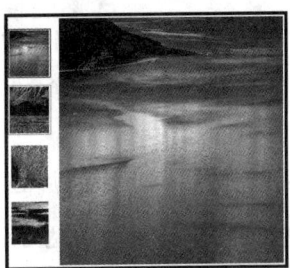

图 4-16　在网页 0417.html 中实现图片纵向切换的外观效果

【操作提示】

在网页 0417.html 中实现图片纵向切换对应的代码如表 4-39 所示。

表 4-39　在网页 0417.html 中实现图片纵向切换对应的代码

序号	程序代码
01	<div class="pageshowimg">
02	<div class="pageshowdh">
03	<ul>
04	<li><a onmouseover="$('#goods_big_img').attr('src','images/01.jpg');" title="" onclick=""
05	href="javascript:;"><img src="images/01.jpg" name="p_pic" width="78"

续表

序号	程序代码
06	height="90" id="p_pic" /></a></li>
07	<li><a onmouseover="$('#goods_big_img').attr('src','images/02.jpg');" title="" onclick=""
08	href="javascript:;"><img src="images/02.jpg" name="p_pic" width="78"
09	height="90" id="p_pic" /></a></li>
10	<li><a onmouseover="$('#goods_big_img').attr('src','images/03.jpg');" title="" onclick=""
11	href="javascript:;"><img src="images/03.jpg" name="p_pic" width="78"
12	height="90" id="p_pic" /></a></li>
13	<li><a onmouseover="$('#goods_big_img').attr('src','images/04.jpg');" title="" onclick=""
14	href="javascript:;"><img src="images/04.jpg" name="p_pic" width="78"
15	height="90" id="p_pic" /></a></li>
16	</ul>
17	</div>
18	<div class="pageshowbig"><a title="" href=""><img id="goods_big_img" alt=""
19	src="images/01.jpg" /></a>
20	</div>
21	</div>

任务 4-18　jQuery 实现自动与手动均可切换的焦点图片轮换

【任务描述】

在网页 0418.html 中，自动与手动均可切换的焦点图片轮换的外观效果如图 4-17 所示。

图 4-17　网页 0418.html 中自动与手动均可切换的焦点图片轮换的外观效果

【操作提示】

在网页 0418.html 中实现自动与手动均可切换的焦点图片轮换对应的 HTML 代码如表 4-40 所示。

表 4-40　在网页 0418.html 中实现自动与手动均可切换的焦点图片轮换对应的 HTML 代码

序号	程序代码
01	<div id="areaOneAdFocus">
02	<ul>
03	<li>
04	<div style="left:0; top:0; width:810px; height:360px;">
05	<a href="" target="_blank"><img src="images/810-360.jpg" width="810" height="360" /></a>
06	</div>
07	</li>
08	<li>
09	<div style="left: 0px; top: 0px; width: 500px; height: 360px; opacity: 1;">
10	<a href="" target="_blank">
11	<img src="images/lanzhi500x360.jpg" width="500" height="360" /></a>
12	</div>

续表

序号	程序代码
13	`<div style="right: 0px; bottom: 0px; width: 310px; height: 180px; opacity: 1;">`
14	`  <a href="" target="_blank">`
15	`    <img src="images/yulanyou_310x180_03.jpg" width="310" height="180" /></a>`
16	`</div>`
17	`<div style="right: 0px; top: 0px; width: 310px; height: 180px; opacity: 1;">`
18	`  <a href="" target="_blank">`
19	`    <img src="images/310x180.jpg" width="310" height="180" /></a>`
20	`</div>`
21	`</li>`
22	`<li>`
23	`<div style="left: 0px; top: 0px; width: 305px; height: 180px; opacity: 1;">`
24	`  <a href="" target="_blank">`
25	`    <img src="images/colif305x180.jpg" width="305" height="180" /></a>`
26	`</div>`
27	`<div style="left: 305px; top: 0px; width: 305px; height: 180px; opacity: 1;">`
28	`  <a href="" target="_blank">`
29	`    <img src="images/qban305x180.jpg" width="305" height="180" /></a>`
30	`</div>`
31	`<div style="left: 0px; top: 180px; width: 610px; height: 180px; opacity: 1;">`
32	`  <a href="" target="_blank">`
33	`    <img src="images/meifuxuetang610-180.jpg" width="610" height="180" /></a>`
34	`</div>`
35	`<div style="right: 0px; top: 0px; width: 200px; height: 360px; opacity: 1;">`
36	`  <a href="" target="_blank">`
37	`    <img src="images/caizhuang200x360.jpg" width="200" height="360" /></a>`
38	`</div>`
39	`</li>`
40	`<li>`
41	`<div style="left: 0px; top: 0px; width: 500px; height: 360px; opacity: 1;">`
42	`  <a href="" target="_blank">`
43	`    <img src="images/danzi500x360.jpg" width="500" height="360" /></a></div>`
44	`<div style="right: 0px; top: 0px; width: 310px; height: 180px; opacity: 1;">`
45	`  <a href="" target="_blank">`
46	`    <img src="images/_310x180.jpg" width="310" height="180"/></a></div>`
47	`<div style="right: 0px; bottom: 0px; width: 310px; height: 180px; opacity: 1;">`
48	`  <a href="" target="_blank">`
49	`    <img src="images/manxiuleidun_310x180.jpg" width="310" height="180" /></a>`
50	`</div>`
51	`</li>`
52	`<li>`
53	`<div style="left:0; top:0; width:810px; height:360px;">`
54	`  <a href="" target="_blank">`
55	`    <img src="images/5_810-360.jpg" width="810" height="360"/></a>`
56	`</div>`
57	`</li>`
58	`</ul>`
59	`</div>`

在网页 0418.html 中实现自动与手动均可切换的焦点图片轮换的 JavaScript 代码如表 4-41 所示。

表 4-41　在网页 0418.html 中实现自动与手动均可切换的焦点图片轮换的 JavaScript 代码

序号	程序代码
01	`<script type="text/javascript">`
02	`$(function ()`
03	`{`
04	`  var sWidth = $("#areaOneAdFocus").width();　　//获取焦点图的宽度（显示面积）`
05	`  var len = $("#areaOneAdFocus ul li").length;　　//获取焦点图个数`
06	`  var index = 0;`
07	`  var picTimer;`
08	
09	`  //以下代码添加数字按钮和按钮后的半透明长条`
10	`  var btn = "<div class='btnBg'></div><div class='btn'>";`
11	`  for (var i = 0; i < len; i++)`
12	`  {`
13	`    btn += "<span>&bull;</span>";`
14	`  }`
15	`  btn += "</div>"`
16	`  $("#areaOneAdFocus").append(btn);`
17	`  $("#areaOneAdFocus .btnBg").css("opacity", 0.5);`
18	
19	`  //为数字按钮添加鼠标指针滑入事件，以显示相应的内容`
20	`  $("#areaOneAdFocus .btn span").mouseenter(function ()`
21	`  {`
22	`    index = $("#areaOneAdFocus .btn span").index(this);`
23	`    showPics(index);`
24	`  }).eq(0).trigger("mouseenter");`
25	
26	`  //所有 li 元素都是在同一排向左浮动，所以这里需要计算出外围 ul 元素的宽度`
27	`  $("#areaOneAdFocus ul").css("width", sWidth * (len + 1));`
28	
29	`  //鼠标指针滑入某 li 中的某 div 里，调整其同辈 div 元素的透明度，有变暗的效果`
30	`  $("#areaOneAdFocus ul li div").hover(function (){`
31	`    $(this).siblings().css("opacity", 0.7);`
32	`  }, function (){`
33	`    $("#areaOneAdFocus ul li div").css("opacity", 1);`
34	`  });`
35	
36	`  //鼠标指针滑上焦点图时停止自动播放，滑出时开始自动播放`
37	`  $("#areaOneAdFocus").hover(function (){`
38	`    clearInterval(picTimer);`
39	`  }, function (){`
40	`    picTimer = setInterval(function (){`
41	`      if (index == len){`
42	`      //如果索引值等于 li 元素个数，说明最后一张图播放完毕`
43	`      //接下来要显示第 1 张图，即调用 showFirPic()，然后将索引值清零`
44	`        showFirPic();`
45	`        index = 0;`
46	`      } else {　　//如果索引值不等于 li 元素个数，按普通状态切换，调用 showPics()`
47	`        showPics(index);`
48	`      }`
49	`      index++;`
50	`    }, 3000);　　//此 3000 代表自动播放的间隔，单位为毫秒`

续表

序号	程序代码
51	}).trigger("mouseleave");
52	
53	//显示图片函数，根据接收的 index 值显示相应的内容
54	function showPics(index)
55	{ //普通切换
56	var nowLeft = -index * sWidth; //根据 index 值计算 ul 元素的 left 值
57	//通过 animate()调整 ul 元素滚动到计算出的 position
58	$("#areaOneAdFocus ul").stop(true, false).animate({ "left": nowLeft }, 500);
59	//为当前的按钮切换到选中的效果
60	$("#areaOneAdFocus .btn span").removeClass("on").eq(index).addClass("on");
61	}
62	
63	function showFirPic()
64	{ //最后一张图自动切换到第 1 张图时专用
65	$("#areaOneAdFocus ul").append($("#areaOneAdFocus ul li:first").clone());
66	//通过 li 元素个数计算 ul 元素的 left 值，也就是最后一个 li 元素的右边
67	var nowLeft = -len * sWidth;
68	$("#areaOneAdFocus ul").stop(true, false)
69	.animate({ "left": nowLeft }, 500, function () {
70	//在动画结束后把 ul 元素重新定位到起点，然后删除最后一个复制过去的元素
71	$("#areaOneAdFocus ul").css("left", "0");
72	$("#areaOneAdFocus ul li:last").remove();
73	});
74	//为第 1 个按钮添加选中的效果
75	$("#areaOneAdFocus .btn span").removeClass("on").eq(0).addClass("on");
76	}
77	});
78	</script>

任务 4-19 jQuery 实现单击左右箭头滚动图片

【任务描述】

在网页 0419.html 中，单击左右箭头实现图片滚动的外观效果如图 4-18 所示。

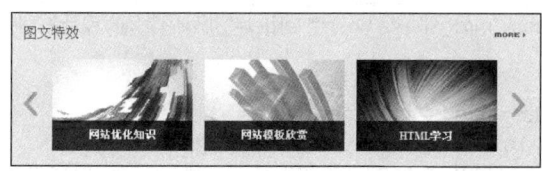

图 4-18 网页 0419.html 中单击左右箭头实现图片滚动的外观效果

【操作提示】

在网页 0419.html 中实现单击左右箭头滚动图片对应的 HTML 代码如表 4-42 所示。

表 4-42 在网页 0419.html 中实现单击左右箭头滚动图片对应的 HTML 代码

序号	程序代码
01	<div style="background:#FFF; padding:50px;">
02	<!--效果开始-->
03	<div class="mright">

续表

序号	程序代码
04	`<div class="mr_div">`
05	`<div class="mrd_h1">`
06	`<span class="fl fv">图文特效</span>`
07	`<span class="fr"><a href="#"><img src="images/more.jpg" /></a></span>`
08	`</div>`
09	`<div class="mrd_nr">`
10	`<div class="fl mrd_bl" onclick="upMove(this);return false">`
11	`<img src="images/but_l.jpg" /></div>`
12	`<div class="mrd_pic">`
13	`<ul class="mrd_ul">`
14	`<li>`
15	`<span class="mrd_si"><a href="" target="_blank">`
16	`<img src="images/120619_pic1.jpg" /></a></span>`
17	`<span class="mrd_st"><a href="" target="_blank">网站建设技巧</a></span>`
18	`</li>`
19	`<li>`
20	`<span class="mrd_si"><a href="" target="_blank">`
21	`<img src="images/120619_pic2.jpg" /></a></span>`
22	`<span class="mrd_st"><a href="" target="_blank">网站优化知识</a></span>`
23	`</li>`
24	`<li>`
25	`<span class="mrd_si"><a href="" target="_blank">`
26	`<img src="images/120619_pic3.jpg" /></a></span>`
27	`<span class="mrd_st"><a href="" target="_blank">网站模板欣赏</a></span>`
28	`</li>`
29	`<li>`
30	`<span class="mrd_si"><a href="" target="_blank">`
31	`<img src="images/120619_pic1.jpg" /></a></span>`
32	`<span class="mrd_st"><a href="" target="_blank">HTML 学习</a></span>`
33	`</li>`
34	`<li>`
35	`<span class="mrd_si"><a href="" target="_blank">`
36	`<img src="images/120619_pic2.jpg" /></a></span>`
37	`<span class="mrd_st"><a href="" target="_blank">网页设计教程</a></span>`
38	`</li>`
39	`<li>`
40	`<span class="mrd_si"><a href="" target="_blank">`
41	`<img src="images/120619_pic3.jpg" /></a></span>`
42	`<span class="mrd_st"><a href="" target="_blank">建站技巧</a></span>`
43	`</li>`
44	`<li>`
45	`<span class="mrd_si"><a href="" target="_blank">`
46	`<img src="images/120619_pic1.jpg" /></a></span>`
47	`<span class="mrd_st"><a href="" target="_blank">最新互联网信息</a></span>`
48	`</li>`
49	`<li>`
50	`<span class="mrd_si"><a href="" target="_blank">`
51	`<img src="images/120619_pic2.jpg" border="0" /></a></span>`
52	`<span class="mrd_st"><a href="" target="_blank">网站分析</a></span>`

续表

序号	程序代码
53	`</li>`
54	`</ul>`
55	`</div>`
56	`<div class="fr mrd_br" onclick="downMove(this);return false">`
57	`<img src="images/but_r.jpg" /></div>`
58	`</div>`
59	`</div>`
60	`</div>`
61	`</div>`

在网页 0419.html 中实现单击左右箭头滚动图片对应的 JavaScript 代码如表 4-43 所示。

表 4-43　在网页 0419.html 中实现单击左右箭头滚动图片对应的 JavaScript 代码

序号	程序代码
01	`<script language="javascript">`
02	`function upMove(obj){`
03	`  var dom = $(obj).next();`
04	`  dom.find("ul").width(dom.find("li").size()*176);`
05	`  dom.animate({`
06	`   scrollLeft:-176+dom.scrollLeft()`
07	`  },500)`
08	`  if(dom.scrollLeft()>0){`
09	`    dom.next().find("img").attr("src","images/but_r2.jpg");`
10	`  }`
11	`  if(dom.scrollLeft()<352){`
12	`    dom.prev().find("img").attr("src","images/but_l.jpg");`
13	`  }`
14	`}`
15	`function downMove(obj){`
16	`  var dom = $(obj).prev();`
17	`  dom.find("ul").width(dom.find("li").size()*176);`
18	`  dom.animate({`
19	`   scrollLeft:176+dom.scrollLeft()`
20	`   },500)`
21	`  if(dom.scrollLeft()>-176){`
22	`    dom.prev().find("img").attr("src","images/but_l2.jpg");`
23	`  }`
24	`  if(dom.scrollLeft()>=(dom.find("li").size()*176)-704){`
25	`    dom.next().find("img").attr("src","images/but_r.jpg");`
26	`  }`
27	`}`
28	`//判断是否需要滚动`
29	`$(function(){`
30	`  for(i=0; i<=$(".mrd_pic").size(); i++){`
31	`    if($(".mrd_pic").eq(i).find("li").size()>4){`
32	`      $(".mrd_pic").eq(i).next().find("img").attr("src","images/but_r2.jpg");`
33	`    }`
34	`  }`
35	`})`

单元 5
设计表单控件类网页特效

本单元我们主要探讨实用的表单控件类网页特效的设计方法。

教学导航

▶ **教学目标**

① 学会设计表单控件类网页特效
② 正确区分不同 DOM 事件的使用方法
③ 熟练使用 JavaScript 的鼠标事件、键盘事件、页面事件、表单及表单控件事件、编辑事件和 event 对象
④ 熟练使用 JavaScript 的事件方法
⑤ 熟练使用 jQuery 的事件方法

▶ **教学方法**　任务驱动法、分组讨论法、探究学习法

▶ **建议课时**　6 课时

特效赏析

任务 5-1　实现注册表单中的网页特效

网页 0501.html 中的注册表单如图 5-1 所示。

图 5-1　网页 0501.html 中的注册表单

该注册表单包含了以下多项网页特效。

（1）动态创建冒泡窗口，显示或隐藏提示信息。

（2）年、月、日具有级联关系，即改变月份，能实时动态获取该月的天数，且动态添加到日期列表框中。

网页 0501.html 中的注册表单对应的 HTML 代码如表 5-1 所示。

表 5-1　网页 0501.html 中的注册表单对应的 HTML 代码

序号	程序代码
01	`<div class="div_body">`
02	`  <div class="head"><strong>用户注册</strong></div>`
03	`  <div class="clearfix">`
04	`    <form id="memberform" style="padding: 0px;margin: 0px; width: 100%;" name="memberform"`
05	`      onsubmit="return fm_chk(this)" action="" method="post" target="_self">`
06	`      <ul class="zc_ul">`
07	`        <li><span class="dlm"><em>设置登录名：</em>`
08	`          <input class="text_2" id="username" tabindex="1"`
09	`            alt="登录名：4～16/怪字符/全数字/无内容/下划线/有全角/有空格/有大写/有汉字"`
10	`            maxlength="16" name="username" autocomplete="off" />`
11	`          </span>`
12	`        </li>`
13	`        <li><span class="dlm"><em>设置密码：</em>`
14	`          <input class="text_2" id="password" onkeyup="pwd_change();"`
15	`            tabindex="2" type="password"`
16	`            alt="密码：4～16/全数字/英文数字/有空格/无内容/下划线/有全角/怪字符"`
17	`            maxlength="16" name="password" autocomplete="off" />`
18	`          </span>`
19	`        </li>`
20	`        <li><span class="dlm"><em>确认密码：</em> <input class="text_2"`
21	`          id="password2" tabindex="3" type="password" alt="password:确认密码/无内容"`
22	`          maxlength="16" name="password2" autocomplete="off" />`
23	`          </span>`
24	`        </li>`
25	`        <li><span class="dlm"><em>输入 Email 地址：</em> <input class="text_2"`
26	`          id="Email" tabindex="4"  name="Email" autocomplete="off"`
27	`          alt="邮箱名：怪字符/全数字/下划线/有全角/有空格/有汉字/无内容" />`
28	`          </span>`
29	`        </li>`
30	`        <li><span class="csrq"><em>出生日期：</em>`
31	`          <select id="byear"  name="byear" onchange="changeMonth(this.value)"`
32	`              alt="年份：无内容">`
33	`            <option value="">请选择年</option> 年`
34	`          </select>`
35	`          <select id="bmonth"  name="bmonth"  onchange="changeDay(this.value)"`
36	`              alt="月份：无内容" >`
37	`            <option value="">选择月</option> 月`
38	`          </select>`
39	`          <select id="bday" name="bday" alt="日期:无内容">`

续表

序号	程序代码
40	\<option value=""\>选择日\</option\> 日
41	\</select\>
42	\</span\>
43	\</li\>
44	\<li class="xb_li"\>\<span class="dlm"\>\<em\>性别：\</em\>
45	\<input class="rad_1" id="sex" tabindex="8" type="radio" value="1" name="sex"
46	alt="性别:无内容"/\> \<label for="sex"\>男\</label\>
47	\<input class="rad_1" id="Sex2" tabindex="9" type="radio" value="2" name="sex"
48	alt="性别：无内容" /\> \<label for="Sex2"\>女\</label\>
49	\</span\>
50	\</li\>
51	\<li\>
52	\<span class="szdc"\>\<em\>所在地区：\</em\>
53	\<select id="province" tabindex="10" onchange="changeCity()" name="province"
54	alt="省份：无内容"\>
55	\<option selected\>==选择所属省份==\</option\>
56	\<option value="北京"\>北京\</option\>
57	\<option value="上海"\>上海\</option\>
58	\<option value="天津"\>天津\</option\>
59	\<option value="重庆"\>重庆\</option\>
60	\<option value="湖北"\>湖北\</option\>
61	\<option value="湖南"\>湖南\</option\>
62	……
63	\</select\>
64	\</span\>
65	\</li\>
66	\</ul\>
67	\<ul class="zc_ul2"\>
68	\<li style="margin-left:110px;"\>
69	\<input class="submit_btn" tabindex="14" type="image"
70	src="images/btn_3.jpg" name="event_submit_do_register" /\>
71	\</li\>
72	\</ul\>
73	\</form\>
74	\</div\>
75	\</div\>

网页 0501.html 中主要应用的 CSS 代码如表 5-2 所示。

表 5-2 网页 0501.html 中主要应用的 CSS 代码

序号	程序代码	序号	程序代码
01	.ts_bg {	05	font-size: 12px;
02	padding-right: 5px;	06	background: url(images/ts_bg.jpg)
03	display: inline;	07	repeat-x;
04	padding-left: 5px;	08	float: left;

续表

序号	程序代码	序号	程序代码
09	color: red;	20	.ts {
10	line-height: 44px;	21	display: inline;
11	height: 44px	22	float: left;
12	}	23	position: relative;
13	.tsbg1 {	24	top: -11px
14	display: inline; float: left	25	}
15	}	26	.szdc {
16	.tsbg2 {	27	display: inline;
17	display: inline;	28	float: left;
18	float: left	29	width: 400px
19	}	30	}

网页 0501.html 的注册表单中实现年、月、日级联关系的 JavaScript 代码如表 5-3 所示。

表 5-3 注册表单中实现年、月、日级联关系的 JavaScript 代码

序号	程序代码
01	`<script language="JavaScript">`
02	`<!--`
03	`  function startDate()`
04	`  {`
05	`    var yearValue="" , monthValue="" ,dayValue;`
06	`    monHead = [31, 28, 31, 30, 31, 30, 31, 31, 30, 31, 30, 31];`
07	`    var y = new Date().getFullYear();`
08	`    for (var i=y-100; i<=y; i++)`
09	`      document.memberform.byear.options.add(new Option(" "+ i , i));`
10	`    for (var i = 1; i < 13; i++)`
11	`      document.memberform.bmonth.options.add(new Option(" " + i , i));`
12	`    document.memberform.byear.value = y;`
13	`    document.memberform.bmonth.value = new Date().getMonth() + 1;`
14	`    var n = monHead[new Date().getMonth()];`
15	`    if (new Date().getMonth() ==1 && isPinYear(yearValue)) n++;`
16	`    writeDay(n);`
17	`    document.memberform.bday.value = new Date().getDate();`
18	`  }`
19	`  //初始化`
20	`  if(document.attachEvent)`
21	`window.attachEvent("onload", startDate);`
22	`  else`
23	`    window.addEventListener('load', startDate, false);`
24	
25	`  function changeMonth(str)      //年发生变化时日期发生变化（主要是判断闰平年）`
26	`  {`
27	`    monthValue = document.memberform.bmonth.options[`
28	`                 document.memberform.bmonth.selectedIndex].value;`
29	`    if (monthValue == ""){`

续表

序号	程序代码
30	var dayValue = document.memberform.bday;
31	optionsClear(dayValue);
32	return;
33	}
34	var n = monHead[monthValue − 1];
35	if (monthValue ==2 && isPinYear(str)) n++;
36	writeDay(n)
37	}
38	
39	function changeDay(str)　　　//月发生变化时日期联动
40	{
41	yearValue = document.memberform.byear.options[
42	document.memberform.byear.selectedIndex].value;
43	if (yearValue == ""){
44	var dayValue = document.memberform.bday;
45	optionsClear(dayValue);
46	return;
47	}
48	var n = monHead[str − 1];
49	if (str ==2 && isPinYear(yearValue)) n++;
50	writeDay(n)
51	}
52	
53	function writeDay(n)　　　//据条件写日期的下拉框
54	{
55	dayValue = document.memberform.bday;
56	optionsClear(dayValue);
57	for (var i=1; i<(n+1); i++)
58	dayValue.options.add(new Option(" "+ i , i));
59	}
60	
61	function isPinYear(year)　　　//判断是否为闰年
62	{ return(0 == year%4 && (year%100 !=0 || year%400 == 0));}
63	
64	function optionsClear(day)
65	{
66	day.options.length = 1;
67	}
68	//-->
69	</script>

动态创建冒泡窗口显示或隐藏提示信息的 JavaScript 代码如表 5-4 所示。

表 5-4　动态创建冒泡窗口显示或隐藏提示信息的 JavaScript 代码

序号	程序代码
01	//显示默认文字
02	reg_msg = new Array();
03	reg_msg['username'] = new Array();
04	reg_msg['username']['normal'] = '4～16 位字母或数字，无特殊字符';
05	reg_msg['password'] = new Array();
06	reg_msg['password']['normal'] = '4～16 位字母、数字或_，无特殊字符';
07	reg_msg['password2'] = new Array();
08	reg_msg['password2']['normal'] = '请再次输入密码';
09	reg_msg['Email'] = new Array();
10	reg_msg['Email']['normal'] = "用于确认身份及找回密码，请正确输入";
11	
12	fm_ini()
13	
14	function fm_ini(){
15	var fm,i,j
16	for(i=0;i<document.forms.length;i++){
17	fm=document.forms[i]
18	for(j=0;j<fm.length;j++){
19	if((fm[j].alt+"").indexOf(":")==-1)
20	continue
21	fm[j].onblur=function(){
22	if (typeof reg_msg[this.name] != 'undefined'
23	&& typeof reg_msg[this.name]['normal'] == 'string')
24	{
25	cancel_popup_win(this.name);
26	}
27	}
28	fm[j].onfocus=function(){
29	if (typeof reg_msg[this.name] != 'undefined'
30	&& typeof reg_msg[this.name]['normal'] == 'string') {
31	popup_win(this.name ,
32	'<font color=#666>'+reg_msg[this.name]['normal']+'</font>');
33	}
34	}
35	}
36	}
37	}
38	//为空判断
39	function fm_chk(fm){
40	for(var i=0;i<fm.length;i++){
41	if(fm[i].value==""){
42	popup_win(fm[i].name,reg_msg[fm[i].name]['normal']);
43	return false;
44	}
45	}
46	return true;

续表

序号	程序代码
47	}
48	//创建冒泡窗口
49	function popup_win(idName,msg) {
50	
51	var str = '';
52	str += '\<img src="images/tsbg1.jpg" class="tsbg1" /\> ';
53	str += '\<span class="ts_bg"\>'+msg+'\</span\>';
54	str += '\<img src="images/tsbg2.jpg" class="tsbg2"/\>';
55	//创建一个 div
56	var div_obj =document.createElement('div');
57	div_obj.className = 'ts';
58	div_obj.id = 'msg_'+idName;
59	div_obj.style.display = 'none';
60	if (!oo(div_obj.id)) {
61	oo(idName).parentNode.parentNode.appendChild(div_obj);
62	div_obj.innerHTML = str;
63	div_obj.style.display = 'block';
64	} else {
65	oo(div_obj.id).innerHTML = str;
66	}
67	}
68	
69	function cancel_popup_win(idName) {
70	if (oo('msg_'+idName)) {
71	oo('msg_'+idName).parentNode.removeChild(oo('msg_'+idName));
72	}
73	}
74	
75	function oo(obj){
76	return document.getElementById(obj)
77	}
78	
79	function pwd_change(){
80	oo('password2').value='';
81	}

任务 5-2 实现反馈意见表单中的网页特效

在网页 0502.html 中单击超链接"我要说两句",如图 5-2 所示,将显示输入反馈意见的文本框和两个按钮,如图 5-3 所示。

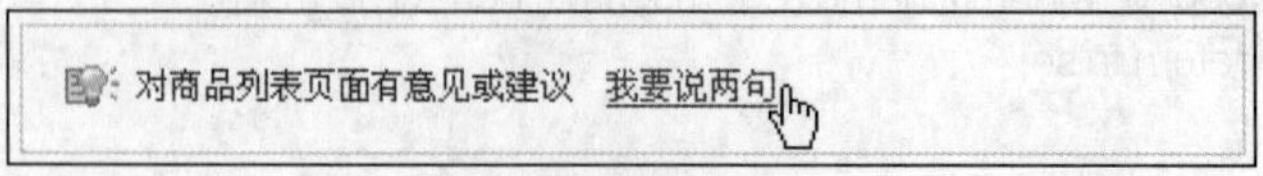

图 5-2 单击超链接"我要说两句"

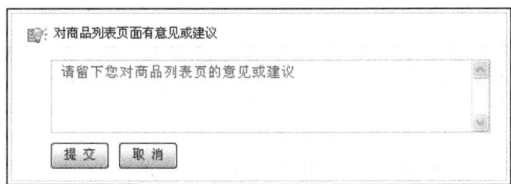

图 5-3 显示输入反馈意见的文本框和两个按钮

在文本框中输入文本内容后,单击【提交】按钮即可将相关内容发送到服务器中。

网页 0502.html 中反馈意见或建议表单对应的 HTML 代码如表 5-5 所示。

表 5-5 网页 0502.html 中反馈意见或建议表单对应的 HTML 代码

序号	程序代码
01	\<div class="list_feedback_panel">
02	\<p>
03	\<span class="icon">\</span>
04	\<span class="tip">对商品列表页面有意见或建议\</span>
05	\<a href="javascript:void(0)" id="list_feedback_show"　style="display: inline"
06	onclick="hideShow();return false;">我要说两句\</a>
07	\<span class="hidden" id="list_feedback_hit">谢谢您的反馈!\</span>
08	\</p>
09	\<div class="feedback_form hidden" id="list_feedback_content_div">
10	\<textarea class="default" id="list_feedback_content">
11	请留下您对商品列表页的意见或建议\</textarea>
12	\<div class="btn_panel">
13	\<a href="javascript:void(0)" id="list_feedback_submit" style='text-decoration:none'
14	name="cancel_S" onclick="submitSuggestion();return false;">
15	\<span>提 交\</span>
16	\</a>
17	\<a href="javascript:void(0)" id="list_feedback_cancel" name="cancel_S"
18	onclick="cancelSuggestion();return false;">
19	\<span>取 消\</span>
20	\</a>
21	\</div>
22	\</div>
23	\</div>

在表 5-5 中,第 14 行和 18 行中的语句 "return false;"的作用是让浏览器认为用户没有单击超链接,从而阻止该超链接跳转。

实现反馈意见或建议表单相关功能的 JavaScript 代码如表 5-6 所示。

表 5-6 实现反馈意见或建议表单相关功能的 JavaScript 代码

序号	程序代码
01	\<script type="text/javascript">
02	function hideShow(){
03	$("#list_feedback_show").hide();
04	$("#list_feedback_content_div").show();
05	}
06	

续表

序号	程序代码
07	`function submitSuggestion(){`
08	`  $("#list_feedback_hit").show();`
09	`  var content = $("#list_feedback_content").val();`
10	`  if($.trim(content)= ='请留下您对商品列表页的意见或建议')`
11	`      content = '';`
12	`  var send_url = document.location.toString();`
13	`  var research_type = 670;`
14	`  if(content!=''){`
15	`    $.post("../hosts/callback.php",`
16	`    {`
17	`        "type":"research",`
18	`        "send_url":send_url,`
19	`        "content":content,`
20	`        "research_type":research_type,`
21	`        "t":Math.random()`
22	`    },`
23	`    function(data){`
24	`        if(data!= ="0"){`
25	`            $("#list_feedback_content_div").hide();`
26	`            $("#list_feedback_show").hide();`
27	`            $("#list_feedback_hit").removeClass("hidden");`
28	`        }else{`
29	`            alert("网络链接有问题，请稍后提交");`
30	`        }`
31	`    });`
32	`  }`
33	`}`
34	
35	`function cancelSuggestion(){`
36	`    $("#list_feedback_content_div").hide();`
37	`    $("#list_feedback_show").show();`
38	`    $("#list_feedback_content").val('请留下您对商品列表页的意见或建议');`
39	`    $("#list_feedback_content").addClass('default');`
40	`    $("#list_feedback_hit").hide();`
41	`    $("#list_feedback_hit").addClass("hidden");`
42	`}`
43	
44	`$(function(){`
45	`  $("#list_feedback_content").focus(function(){`
46	`    var obj = $(this);`
47	`    obj.removeClass("default");`
48	`    if($.trim(obj.val())= ='请留下您对商品列表页的意见或建议')`
49	`        obj.val('');`
50	`  }).bind("blur",function(){`
51	`    var obj = $(this);`

续表

序号	程序代码
52	if($.trim(obj.val()).length= =0){
53	obj.addClass("default");
54	obj.val('请留下您对商品列表页的意见或建议');
55	}
56	});
57	});
58	</script>

知识必备

5.1 JavaScript 的事件

JavaScript 是一种基于对象的语言，基于对象语言的基本特征是采用事件驱动机制。事件驱动是指由于某种原因（单击鼠标或按键操作等）触发某项事先定义的事件，从而执行处理程序。

JavaScript 通过对事件进行响应来获得与用户的交互。例如，当用户单击一个按钮或者在某段文字上移动鼠标指针时，就触发了一个单击事件或鼠标指针移动事件，通过对这些事件的响应，可以完成特定的功能。例如，单击按钮弹出对话框，鼠标指针移动到文本上后文本改变颜色等。事件就是用户与 Web 页面交互时产生的操作，当用户进行单击按钮等操作时，即产生了一个事件，需要浏览器进行处理，浏览器响应事件并进行处理的过程称为事件处理。

Web 页面触发事件的原因主要如下。

（1）页面之间跳转。
（2）网页的下载、表单提交。
（3）网页内部对象的交互，包括界面对象的选定、离开、改变等。

1. 鼠标事件

JavaScript 脚本中常用的鼠标事件有以下几种。

（1）onClick 事件：单击鼠标按钮时触发 onClick 事件。
（2）onDblClick 事件：双击鼠标按钮时时触发 onDblClick 事件。
（3）onMouseDown 事件：按下鼠标按钮时触发 onMouseDown 事件。
（4）onMouseUp 事件：释放鼠标按钮时触发 onMouseUp 事件。
（5）onMouseOver 事件：鼠标指针移动到页面元素上方时触发 onMouseOver 事件。
（6）onMouseOut 事件：鼠标指针离开某对象范围时触发 onMouseOut 事件。
（7）onMouseMove 事件：鼠标指针在页面上移动时触发 onMouseMove 事件。

2. 键盘事件

（1）onKeyPress 事件：当键盘上的某个键被按下并且释放时触发该事件。
（2）onKeyDown 事件：当键盘上的某个按键被按下时触发该事件。
（3）onKeyUp 事件：当键盘上的某个按键被放开时触发该事件。

3. 页面事件（Window 对象的事件）

（1）onLoad 事件：当前页面或图像被加载完成时触发 onLoad 事件。
（2）onUnload 事件：当前的网页将被关闭或从当前页跳转到其他网页时触发 onUnload 事件。
（3）onMove 事件：当浏览器窗口被移动时触发 onMove 事件。

（4）onResize 事件：当浏览器的窗口大小被改变时触发 onResize 事件。
（5）onScroll 事件：当浏览器滚动条的位置发生变化时触发 onScroll 事件。

4. 表单及表单控件事件

（1）onBlur 事件：页面上当前表单控件失去焦点时触发 onBlur 事件。
（2）onChange 事件：页面上当前表单控件失去焦点并且其内容发生改变时触发 onChange 事件。
（3）onFocus 事件：当页面上表单控件获得焦点时触发 onFocus 事件。
（4）onReset 事件：页面上表单元素的值被重置清空时触发 onReset 事件。
（5）onSubmit 事件：页面上表单被提交时触发 onSubmit 事件。

5. 编辑事件

（1）onSelect 事件：当页面的文本内容被选择时触发 onSelect 事件。
（2）onBeforeCut 事件：当页面中的一部分或全部内容被剪切到浏览者的系统剪贴板时触发 onBeforeCut 事件。
（3）onBeforeCopy 事件：当页面中当前选中的内容被复制到浏览者的系统剪贴板时触发 onBeforeCopy 事件。
（4）onBeforePaste 事件：当页面内容将要从浏览者的系统剪贴板粘贴到页面上时触发 onBeforePaste 事件。
（5）onCut 事件：当页面当前选中内容被剪切时触发 onCut 事件。
（6）onCopy 事件：当页面当前选中内容被复制后触发 onCopy 事件。
（7）onPaste 事件：当页面内容被粘贴时触发 onPaste 事件。
（8）onBeforeEditFocus 事件：当前元素将要进入编辑状态时触发 onBeforeEditFocus 事件。可以利用该事件避免浏览者在填写信息时，对验证信息进行粘贴（如密码文本框中的信息）。

6. event 对象

event 对象代表事件的状态，如触发 event 对象的元素、鼠标指针的位置及状态、按下的键等。event 对象只在事件发生的过程中才有效。其主要属性如下。

（1）event.altKey：检查【Alt】键的状态。
（2）event.button：检查按下的鼠标键，0 表示没有按键，1 表示按左键，2 表示按右键，3 表示按左键和右键，4 表示按中间键，5 表示按左键和中间键，6 表示按右键和中间键，7 表示按所有的键。该属性只用于 onMouseDown、onMouseUp、onMouseMove 事件，对于其他事件，不管鼠标状态如何，都返回 0。
（3）event.keyCode：检查键盘事件相对应的内码，如键盘的"左""上""右""下"键对应的内码为 37、38、39、40。
（4）event.shiftKey：检查【Shift】键的状态。
（5）event.srcElement：返回触发事件的元素。
（6）event.type：返回事件名称。
（7）event.x, event.y：返回鼠标相对于具有 position 属性的上级元素的 x 和 y 坐标。如果没有具有 position 属性的上级元素，默认以 body 对象作为参考对象。例如，当鼠标指针在页面上移动时，鼠标指针移动事件（onMouseMove）被触发，event 对象中存储了该事件的一些属性，其中 event.x 和 event.y 存储了事件发生地点的页面坐标。

7. DOM 事件的使用比较

（1）onload 和 onunload 事件。
onload 和 onunload 事件会在用户进入或离开页面时触发。
onload 事件可用于检测访问者的浏览器类型和浏览器版本，并基于这些信息来加载网页的正确版本。onload 和 onunload 事件还可用于处理 cookie。

例如：

```
<body onload="checkCookies()"></body>
<script>
function checkCookies()
{
if (navigator.cookieEnabled==true)
    {
        alert("已启用 cookie")
    }
else
    {
        alert("未启用 cookie")
    }
}
</script>
```

（2）onchange 事件。

onchange 事件常结合对输入字段的验证来使用。

例如，当用户输入或改变输入字段的内容并失去焦点时，会将输入的文本转换为大写。

`<input type="text" id="fname1" onchange="this.value=this.value.toUpperCase();">`

（3）onmouseover 和 onmouseout 事件。

onmouseover 和 onmouseout 事件用于在鼠标指针移至 HTML 元素上方或移出元素时触发函数。

例如：

当鼠标指针移动到元素上方时，改变其颜色为 red；当指针移出文本后，会再次改变其颜色为 blue。

```
<div onmouseover="style.color='red'" onmouseout="style.color='blue'">
    请把鼠标指针移到这段文本上
</div>
```

（4）onmousedown、onmouseup 以及 onclick 事件。

onmousedown、onmouseup 以及 onclick 构成了鼠标单击事件的所有部分。首先当单击鼠标按钮时，触发 onmousedown 事件；当释放鼠标按钮时，触发 onmouseup 事件；最后，当完成鼠标单击时，触发 onclick 事件。

例如：

```
<div onmousedown="style.color='green'" onmouseup="style.color='purple'">
    单击这里
</div>
```

当在元素上单击鼠标按钮时，其颜色变为 green；当释放鼠标按钮时，其颜色变为 purple。

onclick 事件会在用户单击时触发。

例如：

`<button id="myBtn" onclick="displayDate()">单击这里</button>`

函数 displayDate 在按钮被单击时执行。

也可以写成以下形式。

`document.getElementById("myBtn").onclick=function(){displayDate()};`

当按钮被单击时,执行该函数。

(5) onfocus 事件。

当页面元素获得焦点时,触发 onfocus 事件。

例如,当输入字段获得焦点时,改变其背景色。

`<input type="text" onfocus="this.style.background='red'">`

5.2 JavaScript 的事件方法

JavaScript 的事件方法是指调用该方法触发对应的事件,即通过代码触发事件,常用的事件方法如表 5-7 所示。

表 5-7 JavaScript 常用的事件方法

事件方法名称	功能说明	对应的事件名称
click()	相当于鼠标单击	onClick
blur()	使对象失去焦点	onBlur
focus()	使对象得到焦点	onFocus
select()	选择表单控件	onSelect
reset()	重置(清空)表单数据	onReset
submit()	提交表单数据	onSubmit

5.3 jQuery 的事件方法

jQuery 事件处理方法是 jQuery 中的核心函数。事件方法会触发匹配元素的事件,或将函数绑定到所有匹配元素的某个事件。

触发示例:

$("button#demo").click()

以上示例代码将触发 id="demo"的 button 按钮的 click 事件。

绑定示例:

$("button#demo").click(function(){$("img").hide()})

以上示例代码会在单击 id="demo"的按钮时触发该按钮的单击事件,调用一个函数隐藏所有图像。

1. jQuery 常用的事件方法

事件处理程序指的是当 HTML 中发生某些事件时所调用的方法。

jQuery 常用的事件方法如表 A-4 所示。

jQuery 可以对网页元素绑定事件,根据不同的事件运行相应的函数。

例如:

$("#demo").click(function(){

    alert("Hello");

});

2. 事件绑定

使用 bind()方法对匹配元素进行特定事件的绑定,bind()方法的调用格式如下。

bind(event [, data], function) ;

bind()方法有 3 个参数,说明如下。

第 1 个参数为必需参数,指定添加到元素的一个或多个事件,包括 blur、focus、load、unload、click、dblclick、mousedown、mouseup、mousemove、mouseover、mouseout、mouseenter、 mouseleave、change、resize、scroll、select、submit、keydown、keypress、keyup 和 error 等，多个事件应由空格分隔，并且必须是有效的事件。第 2 个参数为可选参数，指定传递到函数的额外数据。第 3 个参数为必需参数，指定当事件发生时运行的函数。

例如，为多个事件绑定同一个函数。
```
$("input").bind(
            "click change",        //同时绑定 click 和 change 事件
            function(){ alert("Hello"; }
);
```
有时，只想让事件运行一次，这时可以使用 one()方法。
例如：
```
$("#demo").one("click", function(){
            alert("Hello");        //只运行一次，以后的单击不会运行
});
```
unbind()方法用来解除事件绑定。
例如：
$("#demo").unbind("click") ;

3. 事件对象属性和方法

所有的事件处理函数都可以接受一个事件对象（event object）作为参数。例如，下面例子中的 e。
```
$("#demo").click(function(e){
        alert(e.type);
});
```
这个事件对象有以下一些很有用的属性和方法。

event.pageX：事件发生时，返回鼠标指针距离网页左上角的水平距离。
event.pageY：事件发生时，返回鼠标指针距离网页左上角的垂直距离。
event.type：返回事件的类型（如 click）。
event.which：返回按下了哪一个键，包括鼠标的左、中、右键以及键盘的按键。
event.data：在事件对象上绑定数据，然后传入事件处理函数。
event.target：返回事件针对的网页元素。
event.preventDefault()：阻止事件的默认行为（如单击链接会自动打开新页面）。
event.stopPropagation()：停止事件向上层元素冒泡。

在事件处理函数中，可以用 this 关键字返回事件针对的 DOM 元素。
例如：
```
$("a").click(function(){
            if ($(this).attr("href").match("evil")){    //如果确认为有害链接
                e.preventDefault();                     //阻止打开
                $(this).addClass("evil");               //加上表示有害的 class
            }
});
```
有两种方法可以自动触发一个事件，一种是直接使用事件函数，另一种是使用 trigger()方法或 triggerHandler()方法。

例如：
$("a").click();
$("a").trigger("click");

由于 jQuery 是为处理 HTML 事件而特别设计的，所以当遵循以下原则时，代码会更恰当且更易维护。

（1）把所有 jQuery 代码置于事件处理函数中。

例如：

$("button").click(function(){
    $("#demo").hide();
  });

（2）把所有事件处理函数置于文档就绪事件处理器 ready()中。

例如：

<script type="text/javascript">
 $(document).ready(function(){
      $("button").click(function(){
        $("#demo ").hide();
      });
  });
</script>

（3）把 jQuery 代码置于单独的 JS 文件中。

如果网站包含许多页面，并且希望 jQuery 函数易于维护，那么可以把 jQuery 函数放到独立的 JS 文件中，通过 src 属性来引用该 JS 文件。

例如：

<script type="text/javascript" src="myFunctions.js"></script>

（4）如果存在名称冲突，则重命名 jQuery 库。

jQuery 使用$符号作为 jQuery 的简化方式，某些其他 JavaScript 库中的函数（如 Prototype）同样使用$符号。这样会出现名称冲突，jQuery 使用 noConflict()方法来解决该问题。

例如，var jq=jQuery.noConflict()，使用自定义的名称 jq 来代替$符号。

引导训练

任务 5-3　JavaScript 实现邮箱自动导航

【任务描述】

在如图 5-4 所示的网页列表框中选择一个邮箱地址，单击【Go】按钮打开对应的邮箱登录页面，实现邮箱自动导航功能。

图 5-4　在列表框中选择一个邮箱地址

【思路探析】

在列表框各选项的 value 属性中存储邮箱地址，当选择一个列表项时，通过 value 属性获取邮箱地址，并将该邮箱地址设置为超链接 href 属性的值。

【特效实现】

网页 0503.html 中实现邮箱自动导航对应的 HTML 代码如表 5-8 所示。

表 5-8　网页 0503.html 中实现邮箱自动导航对应的 HTML 代码

序号	程序代码
01	`<div class="login">`
02	`<form>`
03	`<table>`
04	`<tr>`
05	`<td><span>邮箱登录</span>`
06	`<select id="emailSelect" class="inp" onchange="changEmailBox();"`
07	`name="emailSelect">`
08	`<option value="inp" selected="">请选择邮箱</option>`
09	`<option value="http://mail.163.com/">@163.com 网易 </option>`
10	`<option value="http://www.126.com/">@126.com 网易 </option>`
11	`<option value="https://mail.qq.com/">@qq.com </option>`
12	`<option value="http://www.hotmail.com/">@hotmail.com </option>`
13	`<option value="http://www.yeah.net/">@yeah.net 邮箱 </option>`
14	`</select>`
15	`</td>`
16	`<td>`
17	`<div id="goEmailButton" style="float:right;">`
18	`<img src="images/botton_gif_089.gif" /></div>`
19	`</td>`
20	`</tr>`
21	`</table>`
22	`</form>`
23	`</div>`

网页 0503.html 中实现邮箱自动导航的 JavaScript 代码如表 5-9 所示。

表 5-9　网页 0503.html 中实现邮箱自动导航的 JavaScript 代码

序号	程序代码
01	`<script type="text/javascript">`
02	`function changEmailBox() {`
03	`var vx = document.getElementById("emailSelect");`
04	`if (vx.options[vx.selectedIndex].attributes['value'].value != "") {`
05	`document.getElementById("goEmailButton").innerHTML = "<a href='"`
06	`+ vx.options[vx.selectedIndex].attributes['value'].value`
07	`+ "' target='_blank'><img src='images/botton_gif_089.gif' style='border:none' /></a>";`
08	`}`
09	`else {`
10	`document.getElementById("goEmailButton").innerHTML =`
11	`"<img src='images/botton_gif_089.gif' style='border:none' />";`
12	`}`
13	`}`
14	`</script>`

任务 5-4 JavaScript 实现获取表单控件的设置值

【任务描述】

网页 0504.html 中表单及表单控件的外观效果如图 5-5 所示。在上方的"手机价格搜索"区域直接单击已有的价格区间或者在输入框中输入价格区间数据,然后单击【立即搜索】按钮即可实现价格搜索功能。在下方的"手机功能搜索"区域选择"外观"对应的单选按钮和"功能"对应的复选框,然后单击【立即搜索】按钮即可实现功能搜索功能。

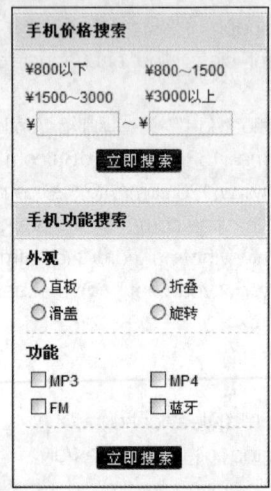

图 5-5 网页 0505.html 中表单及表单控件的外观效果

【思路探析】

(1)自定义函数 isNumeric( )用于判断数据是否为数字类型,isEmpty( )用于判断数据是否为空。

(2)自定义函数 getChkBoxValue( )用于获取复选框的值,通过复选框的 checked 属性判断该复选框是否被选中,通过复选框的 value 属性获取被选复选框的值。由于复选框可以多选,该函数的返回值为多个复选框值的连接字符串。自定义函数 getRadValue 用于获取单选按钮组的值,同样通过单选按钮的 checked 属性判断该单选按钮是否被选中,通过单选按钮的 value 属性获取被选单选按钮的值,由于单选按钮只能单选,该函数的返回值为一个单选按钮的值。

(3)自定义函数 goFSch( )用于将功能复选框的值和外观单选按钮的值分别赋给隐藏的功能输入框和外观输入框,然后提交搜索表单。

(4)自定义函数 goPSch( )和 goPSchB( )用于设置价格区间字符串,并将该字符串赋给隐藏的价格输入框,然后提交搜索表单。

【特效实现】

网页 0504.html 中表单及表单控件对应的 HTML 代码如表 5-10 所示。

表 5-10 网页 0504.html 中表单及表单控件对应的 HTML 代码

序号	程序代码
01	`<div class="fullCell">`
02	`  <div class="lft">`
03	`    <div class="pSearch mt_10px">`
04	`      <div class="tit">`

续表

序号	程序代码
05	`<h3>手机价格搜索</h3>`
06	`</div>`
07	`<div class="con">`
08	`<ul>`
09	`<li class="l"><a href="javascript:goPSch(0,800);">&yen;800 以下</a></li>`
10	`<li class="r"><a href="javascript:goPSch(800,1500);">&yen;800～1500</a></li>`
11	`</ul>`
12	`<ul>`
13	`<li class="l"><a href="javascript:goPSch(1500,3000);">&yen;1500～3000</a></li>`
14	`<li class="r"><a href="javascript:goPSch(3000,0);">&yen;3000 以上</a></li>`
15	`</ul>`
16	`<dl>`
17	`<dt>&yen;</dt>`
18	`<dd>`
19	`<input type="text" class="sInput" value="" id="beginPrice" name="beginPrice" />`
20	`</dd>`
21	`<dt>～&yen;</dt>`
22	`<dd>`
23	`<input type="text" class="sInput" value="" id="endPrice" name="endPrice" />`
24	`</dd>`
25	`</dl>`
26	`<h4>`
27	`<input type="button" value="" class="btn" id="button1" onclick="goPSchB();" />`
28	`</h4>`
29	`</div>`
30	`</div>`
31	
32	`<div class="fSearch mt_10px">`
33	`<div class="tit">`
34	`<h3>手机功能搜索</h3>`
35	`</div>`
36	`<div class="con">`
37	`<h3>外观</h3>`
38	`<ul>`
39	`<li class="l"><input type="radio" name="radPhoneFace" value="ZhiBan" />直板</li>`
40	`<li class="r"><input type="radio" name="radPhoneFace" value="ZheDie" />折叠</li>`
41	`</ul>`
42	`<ul>`
43	`<li class="l"><input type="radio" name="radPhoneFace" value="HuaGai" />滑盖</li>`
44	`<li class="r"><input type="radio" name="radPhoneFace" value="XuanZhuan" />旋转</li>`
45	`</ul>`
46	`<ol><li class="dotline"></li></ol>`
47	`<h3>功能</h3>`
48	`<ul>`

续表

序号	程序代码
49	`<li class="l"><input type="checkbox" name="chkPhoneFun" value="ifMp3"/>MP3</li>`
50	`<li class="r"><input type="checkbox" name="chkPhoneFun" value="ifMp4"/>MP4</li>`
51	`</ul>`
52	`<ul>`
53	`<li class="l"><input type="checkbox" name="chkPhoneFun" value="ifFM"/>FM</li>`
54	`<li class="r"><input type="checkbox" name="chkPhoneFun" value="Bluetooth"/>蓝牙</li>`
55	`</ul>`
56	`<ol><li class="dotline"></li></ol>`
57	`<h4><input type="button" value="" class="btn" id="btn" onclick="goFSch();" /></h4>`
58	`</div>`
59	`</div>`
60	`</div>`
61	`</div>`
62	
63	`<form id="hidForm" name="hidForm" action="" method="get">`
64	`<input id="phoneFace" name="phoneFace" type="hidden" value="" />`
65	`<input id="phoneFun" name="phoneFun" type="hidden" value="" />`
66	`<input id="priceRange" name="priceRange" type="hidden" value="" />`
67	`</form>`

验证数据以及获取单选按钮和复选框设置值的 JavaScript 代码如表 5-11 所示。

表 5-11　验证数据以及获取单选按钮和复选框设置值的 JavaScript 代码

序号	程序代码
01	`<script type="text/javascript" >`
02	`function id(name){return document.getElementById(name);};`
03	`function tag(name,elem){`
04	`    return (elem||document).getElementsByName(name);}`
05	
06	`function isNumeric(fData){`
07	`    if (isEmpty(fData))`
08	`        return true`
09	`    if (isNaN(fData))`
10	`        return false`
11	`    return true`
12	`}`
13	
14	`function isEmpty(fData){`
15	`    return ((fData==null) || (fData.length==0))`
16	`}`
17	
18	`// 获取单选按钮的值`
19	`function getRadValue(strRadName){`
20	`    var objRad = tag(strRadName);`
21	`    var strReturn = "";`
22	`    for (var i=0;i<objRad.length;i++){`

续表

序号	程序代码
23	if (objRad[i].checked==true){
24	strReturn = objRad[i].value;
25	break;
26	};
27	};
28	return strReturn;
29	};
30	//获取复选框的值
31	function getChkBoxValue(strRadName){
32	var objChkBox = tag(strRadName);
33	var strReturn = "";
34	for (var i=0;i<objChkBox.length;i++){
35	if (objChkBox[i].checked==true){
36	if (strReturn!="") strReturn += ",";
37	strReturn += objChkBox[i].value;
38	};
39	};
40	return strReturn;
41	};

获取价格区间数据并提交搜索表单的 JavaScript 代码如表 5-12 所示。

表 5-12　获取价格区间数据并提交搜索表单的 JavaScript 代码

序号	程序代码
01	//提交搜索表单
02	function goFSch(){
03	id("phoneFace").value = getRadValue("radPhoneFace");
04	id("phoneFun").value = getChkBoxValue("chkPhoneFun");
05	id("hidForm").submit();
06	};
07	
08	function goPSch(strBeginPrice,strEndPrice){
09	var strPriceRange = "";
10	if (isNumeric(strBeginPrice) && isNumeric(strEndPrice)){
11	strPriceRange = strBeginPrice + "->" + strEndPrice;
12	} else if (isNumeric(strBeginPrice)){
13	strPriceRange = strBeginPrice + "->0";
14	} else if (isNumeric(strEndPrice)){
15	strPriceRange = "0->" + strEndPrice;
16	};
17	//--
18	id("priceRange").value = strPriceRange;
19	id("hidForm").submit();
20	};
21	
22	function goPSchB(){

续表

序号	程序代码
23	//--
24	var strPriceRange = "";
25	var strBeginPrice = id("beginPrice").value;
26	var strEndPrice = id("endPrice").value;
27	//--
28	if (!isNumeric(strBeginPrice)){
29	alert("价格区间只能输入数字！");
30	id("beginPrice").focus();
31	return false;
32	};
33	if (!isNumeric(strEndPrice)){
34	alert("价格区间只能输入数字！");
35	id("endPrice").focus();
36	return false;
37	};
38	//--
39	if (strBeginPrice!="" && strEndPrice!=""){
40	strPriceRange = strBeginPrice + "->" + strEndPrice;
41	} else if (strBeginPrice!=""){
42	strPriceRange = strBeginPrice + "->0";
43	} else if (strEndPrice!=""){
44	strPriceRange = "0->" + strEndPrice;
45	} else {
46	return false;
47	}
48	//--
49	id("priceRange").value = strPriceRange;
50	id("hidForm").submit();
51	};
52	</script>

任务 5-5　jQuery 实现自定义列表框与单击清空输入框内容

【任务描述】

在网页 0505.html 中自定义一个列表框，其列表项如图 5-6 所示。当选中一个列表项时，该列表项会自动出现在上方 div 区域中，单击输入框时，会自动清空输入框原有的内容，如图 5-7 所示。

图 5-6　网页 0506.html 中的自定义列表框

图 5-7 在网页 0505.html 的自定义列表框中选择列表框与自动清空输入框中的内容

【思路探析】

（1）自定义列表框使用项目列表实现。通过 jQuery 的 css()函数设置网页元素的样式属性，通过 jQuery 的 chtml()函数返回或设置项目列表中被单击的 HTML 内容。

（2）在输入框中单击时清空其内容，失去焦点时恢复其原有内容。通过 jQuery 的 cval()函数返回或设置输入框的值。

（3）在项目列表中单击选择一个列表项时，同步设置表单元素对应的 action 属性。通过 jQuery 的 cindex()函数获取项目列表的索引值，通过 jQuery 的 cattr()设置表单元素的属性和值。

【特效实现】

网页 0505.html 中自定义列表框与单击清空输入框内容对应的 HTML 代码如表 5-13 所示。

表 5-13　网页 0505.html 中自定义列表框与单击清空输入框内容对应的 HTML 代码

序号	程序代码
01	\<div class="header">
02	\<div class="top">
03	\<div class="headerR">
04	\<div class="search">
05	\<form class="ser_form" method="post" action="php/index.php?act=search_art">
06	\<div class="serSelect">
07	\<div class="ser_sel"> ==请选择== \</div>
08	\<div class="sel_list">
09	\<ul>
10	\<li>\<a class="sel_btn" onclick="return false" href="#">网站制作文档\</a>\</li>
11	\<li>\<a class="sel_btn" onclick="return false" href="#">网页图片特效\</a>\</li>
12	\<li>\<a class="sel_btn" onclick="return false" href="#">网页文字特效\</a>\</li>
13	\</ul>
14	\</div>
15	\</div>
16	\<div class="serR">
17	\<input name="ser_key" type="text" class="ser_int" value="请输入搜索关键字" />
18	\<input class="ser_btn" name="ser_submit" type="submit" value="" />
19	\<!--\<div class="ser_btn">\</div>-->
20	\</div>
21	\</form>
22	\</div>
23	\</div>
24	\</div>
25	\</div>

实现自定义列表框与单击清空输入框内容的 JavaScript 代码如表 5-14 所示。

表 5-14　实现自定义列表框与单击清空输入框内容的 JavaScript 代码

序号	程序代码
01	\<script language="javascript" type="text/javascript" >
02	$(function(){

续表

序号	程序代码
03	//头部下拉菜单
04	$(".ser_sel").click(function(){$(".sel_list").show()});
05	$(".sel_list li").click(function(){
06	$(".ser_sel").css("color","#494949");
07	$(".ser_sel").html($(this).find("a").html());
08	$(".sel_list").hide()
09	});
10	$(".serSelect").hover(function(){ return false },
11	function(){$(".sel_list").hide()
12	});
13	//搜索框
14	$(".ser_int").click(function(){
15	if($(this).val()=="请输入搜索关键字"){
16	$(this).css("color","#494949");
17	$(this).val("")}
18	});
19	$(".ser_int").blur(function(){
20	if($(this).val()==""){
21	$(this).css("color","#ccc");
22	$(this).val("请输入搜索关键字")}
23	});
24	})
25	
26	$(function(){
27	$(".sel_list a").click(function(){
28	if($(".sel_list a").index(this)==0){
29	$(".ser_form").attr("action","php/index.php@act=search_art");
30	}
31	if($(".sel_list a").index(this)==1){
32	$(".ser_form").attr("action","php/index.php@act=search_txImg");
33	}
34	if($(".sel_list a").index(this)==2){
35	$(".ser_form").attr("action","php/index.php@act=search_txTxt");
36	}
37	});
38	});
39	</script>

自主训练

任务 5-6　JavaScript 实现输出列表框中被选项的文本内容

【任务描述】

在网页 0506.html 中输出列表框中被选项的文本内容，如图 5-8 所示。

图 5-8　输出列表框中被选项的文本内容

【操作提示】

网页 0506.html 中的表单及列表框对应的 HTML 代码如表 5-15 所示。

表 5-15　网页 0506.html 中的表单及列表框对应的 HTML 代码

序号	程序代码
01	`<form id="form1" name="form1" >`
02	`<select name="mid" id="mid" onchange="changemusic()">`
03	`<option value='ring/1.mid'>梁山伯与祝英台</option>`
04	`<option value='ring/2.mid'>风中有朵雨做的云</option>`
05	`<option value='ring/3.mid'>四季之春天</option>`
06	……
07	`</select>`
08	`</form>`
09	`<div id="ff">请选择闹钟铃声</div>`

以下 JavaScript 代码可以实现获取表单列表框中被选择项的文本内容。
document.form1.mid.options[document.form1.mid.selectedIndex].text;
以下的 JavaScript 代码都可以实现获取表单列表框中被选择项的 value 属性值。
（1）document.form1.mid.options[document.form1.mid.selectedIndex].value;
（2）document.forms[0].item(0).value;
（3）document.getElementById('mid').value;
通过网页元素的 innerHTML 属性设置其内容。

任务 5-7　JavaScript 实现利用列表框切换网页

【任务描述】

同一个文件夹中有多个网页文档，如 050701.html、050702.html 和 050703.html，在网页的列表框中选择一个列表项，即可实现切换网页的功能，如图 5-9 所示。

图 5-9　在列表框中选择列表项切换网页

【操作提示】

利用列表框切换网页对应的 HTML 代码如表 5-16 所示，从列表框中选择 1 个列表项时触发 onChange() 事件，调用自定义函数 reSelect()。

表 5-16　利用列表框切换网页对应的 HTML 代码

序号	程序代码
01	`<select name="select" onChange="javascript:reSelect(this.value);" class="cat_sel">`
02	`<option value="0">==请选择大类==</option>`
03	`<option value="1" selected>DIY 配件</option>`
04	`<option value="2" >显示设备</option>`
05	`<option value="3">消费数码</option>`
06	`</select>`

自定义函数 reSelect()对应的 JavaScript 代码如表 5-17 所示,通过 document 对象的 location 属性设置网页地址。

表 5-17　自定义函数 reSelect()对应的 JavaScript 代码

序号	程序代码
01	`function reSelect(id){`
02	`if(id!=0){`
03	`document.location = "05070" + id + ".html";`
04	`}`
05	`}`

任务 5-8　jQuery 实现动态改变购买数量

【任务描述】

我们经常需要在购物网站的购物车页面输入购买数量,如图 5-10 所示,单击 ➕ 按钮时动态增加购买数量,单击 ➖ 按钮时动态减少购买数量。

图 5-10　在购物车中动态改变购买数量

【操作提示】

（1）单击 ➕ 按钮时触发 onclick 事件,调用自定义函数 addBuynum(),单击 ➖ 按钮时触发 onclick 事件,调用自定义函数 reductBuynum()。通过 jQuery 的 val()函数返回或设置输入框的值。

（2）自定义函数 numcheck()用于测试输入的数字是否为整数,通过 JavaScript 的 indexOf()方法返回字符串中小数点"."从左至右首次出现的位置,通过 jQuery 的 test()方法检测一个字符串是否匹配某个模式,即是否为整数。

网页 0508.html 中动态改变购买数量对应的 HTML 代码如表 5-18 所示。

表 5-18　网页 0508.html 中动态改变购买数量对应的 HTML 代码

序号	程序代码
01	`<div class="prod-buychoose">`
02	`<dl class="pProps" id="choosenum">`
03	`<dt>购买数量：</dt>`
04	`<dd id="choose-num"><a class="reduce" id="jian" onclick="reductBuynum()"></a>`
05	`<input id="buycount" value="1" />`
06	`<a class="add" id="jia" onclick="addBuynum()"></a>`
07	`</dd>`
08	`</dl>`
09	`</div>`

网页 0508.html 中实现动态改变购买数量的 JavaScript 代码如表 5-19 所示。

表 5-19　网页 0508.html 中实现动态改变购买数量的 JavaScript 代码

序号	程序代码
01	`<script type="text/javascript">`
02	`function addBuynum(){`
03	`　　var s = $("#buycount").val();`
04	`　　if(!numcheck(s)){`
05	`　　　　s=1;`
06	`　　}`
07	`　　s = Number(s);`
08	`　　s = s+1;`
09	`　　$("#buycount").val(s);`
10	`　　return false;`
11	`}`
12	`function reductBuynum(){`
13	`　　var s =$("#buycount").val();`
14	`　　if(!numcheck(s)){`
15	`　　　　$("#buycount").val(1);`
16	`　　　　s=1;`
17	`　　}`
18	`　　s = Number(s);`
19	`　　if(s == 1){`
20	`　　　　return;`
21	`　　} else {`
22	`　　　　s = s-1;`
23	`　　}`
24	`　　$("#buycount").val(s);`
25	`　　return false;`
26	`}`
27	`function numcheck(ss){`
28	`　　var re = /^\+?[1-9][0-9]*$/;`
29	`　　var stem = ss.indexOf(".");`
30	`　　if(re.test(ss) && stem < 0)`
31	`　　{`
32	`　　　　return true;`
33	`　　}`
34	`　　return false;`
35	`}`
36	`</script>`

在表 5-19 中，第 10 行和第 25 行使用"return false"语句让浏览器认为用户没有单击超链接，从而阻止该超链接跳转。

单元 6

设计导航菜单类网页特效

本单元我们主要探讨实用的导航菜单类网页特效的设计方法。

教学导航

▶ 教学目标		
① 学会设计导航菜单类网页特效	③	正确使用 jQuery 的属性操作方法
② 掌握 JavaScript 的 this 指针的使用方法	④	正确使用 jQuery 的 CSS 操作方法

▶ 教学方法	任务驱动法、分组讨论法、探究学习法
▶ 建议课时	6 课时

特效赏析

任务 6-1 应用 className 和 display 等属性实现横向下拉菜单

网页 0601.html 中的导航菜单如图 6-1 所示。

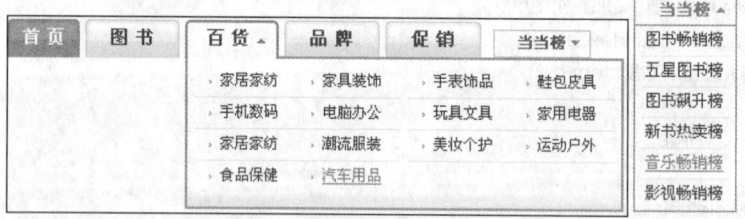

图 6-1 网页 0601.html 中的导航菜单

网页 0601.html 中导航菜单主要应用的 CSS 代码如表 6-1 所示。

表 6-1 网页 0601.html 中导航菜单主要应用的 CSS 代码

序号	程序代码
01	.ddnewhead_mainnav .goods {
02	background: url(images/unite_header.gif) no-repeat -300px 0px
03	}
04	

续表

序号	程序代码
05	.ddnewhead_mainnav a.goods:hover {
06	z-index: 500;
07	background: #fff url(images/unite_header.gif) no-repeat -400px 0px;
08	cursor: default;
09	position: relative
10	}
11	
12	.ddnewhead_addnav .ddnewhead_bang a.menu_btn {
13	background: url(images/unite_header.gif) no-repeat -88px -237px;
14	width: 59px;
15	text-align: center;
16	border: 1px solid #ccc;
17	font-weight: bold;
18	padding: 3px 9px;
19	}
20	
21	.ddnewhead_addnav .ddnewhead_bang a.menu_btn:hover {
22	background: url(images/unite_header.gif) no-repeat -238px -237px;
23	color: #f60;
24	text-decoration: none;
25	border: 1px solid #ee7304;
26	}

网页 0601.html 中导航菜单对应的 HTML 代码如表 6-2 所示。

表 6-2　网页 0601.html 中导航菜单对应的 HTML 代码

序号	程序代码
01	`<div class="ddnewhead_topnav" id="_ddnav_class1">`
02	`<ul class="ddnewhead_mainnav">`
03	`<li><a class="nonce" href=""><span>首页</span></a> </li>`
04	`<li><a class="book " href="/"><span>图书</span></a></li>`
05	`<li class="ddnewhead_goods"><a class="goods" id="a_baihchannel"`
06	`onmouseover="baimouseOver();" onmouseout="baimouseOut();"`
07	`href="javascript:void(0);"><span>百货</span></a>`
08	`<div class="ddnewhead_goods_panel" id="_ddnav_guan" style="display: none"`
09	`onmouseover="baimouseOver();" onmouseout="baimouseOut();">`
10	`<ul>`
11	`<li><a href=""><span class="goods_link"></span>家居家纺</a>`
12	`<a href=""><span class="goods_link"></span>家具装饰</a>`
13	`<a href=""><span class="goods_link"></span>手表饰品</a>`
14	`<a href=""><span class="goods_link"></span>鞋包皮具</a></li>`
15	`<li><a href=""><span class="goods_link"></span>手机数码</a>`
16	`<a href=""><span class="goods_link"></span>电脑办公</a>`
17	`<a href=""><span class="goods_link"></span>玩具文具</a>`
18	`<a href=""><span class="goods_link"></span>家用电器</a></li>`

续表

序号	程序代码
19	`<li><a href=""><span class="goods_link"></span>家居家纺</a>`
20	`<a href=""><span class="goods_link"></span>潮流服装</a>`
21	`<a href=""><span class="goods_link"></span>美妆个护</a>`
22	`<a href=""><span class="goods_link"></span>运动户外</a></li>`
23	`<li class="ddnewhead_goods_panel_list_last">`
24	`<a href=""><span class="goods_link"></span>食品保健</a>`
25	`<a href=""><span class="goods_link"></span>汽车用品</a></li>`
26	`</ul>`
27	`</div>`
28	`</li>`
29	`<li><a class="" href=""><span>品牌</span></a></li>`
30	`<li><a class="" href=""><span>促销</span></a> </li>`
31	`</ul>`
32	`<ul class="ddnewhead_addnav">`
33	`<li class="ddnewhead_bang"><a class="menu_btn" id="a_topchannel"`
34	`onmouseover="showgaoji('a_topchannel','_ddnav_bang');"`
35	`onmouseout="hideotherchannel('a_topchannel','_ddnav_bang');"`
36	`href="http://bang.dangdang.com/" target="_blank">当当榜</a>`
37	`<div class="ddnewhead_ddbang_panel" id="_ddnav_bang"`
38	`onmouseover="showgaoji('a_topchannel','_ddnav_bang')"`
39	`onmouseout="hideotherchannel('a_topchannel','_ddnav_bang');">`
40	`<ul class="ddnewhead_ddbang_list" style="width: 67px">`
41	`<li><a href="" target="_blank">图书畅销榜</a></li>`
42	`<li><a href="" target="_blank">五星图书榜</a></li>`
43	`<li><a href="" target="_blank">图书飙升榜</a></li>`
44	`<li><a href="" target="_blank">新书热卖榜</a></li>`
45	`<li><a href="" target="_blank">音乐畅销榜</a></li>`
46	`<li><a href="" target="_blank">影视畅销榜</a></li>`
47	`</ul>`
48	`</div>`
49	`</li>`
50	`</ul>`
51	`</div>`

在网页 0601.html 中实现下拉菜单功能的 JavaScript 代码如表 6-3 所示。

表 6-3　在网页 0601.html 中实现下拉菜单功能的 JavaScript 代码

序号	程序代码
01	`<script language="javascript">`
02	`var sug_gid=function(node){`
03	`    return document.getElementById(node);`
04	`}`
05	
06	`function baimouseOver(){`
07	`    sug_gid('a_baihchannel').className = "goods hover";`
08	`    sug_gid('_ddnav_guan').style.display = "block";`
09	`}`

续表

序号	程序代码
10	function baimouseOut(){
11	sug_gid('a_baihchannel').className = "goods";
12	sug_gid('_ddnav_guan').style.display = "none";
13	}
14	
15	function showgaoji(aid,did){
16	var obj = document.getElementById(aid);
17	var divotherChannel=document.getElementById(did);
18	obj.className="menu_btn hover";
19	divotherChannel.style.zIndex = 1000 ;
20	divotherChannel.style.display = "block";
21	}
22	
23	function hideotherchannel(aid,did){
24	var divotherChannel=document.getElementById(did);
25	var mydd=document.getElementById(aid);
26	if(divotherChannel.style.display!="none"){
27	divotherChannel.style.display="none";
28	mydd.className="menu_btn";
29	}
30	}
31	</script>

任务 6-2 应用 jQuery 的 hover 事件和 addClass 等方法实现横向导航菜单

网页 0602.html 中的导航菜单如图 6-2 所示。

图 6-2 网页 0602.html 中的导航菜单

网页 0602.html 中导航菜单主要应用的 CSS 代码如表 6-4 所示。

表 6-4 网页 0602.html 中导航菜单主要应用的 CSS 代码

序号	程序代码
01	.nav li.on {
02	background:url(../images/01nav01.png) no-repeat;
03	}
04	
05	.nav li.on em {
06	background:url(../images/01nav02.png) no-repeat right top;
07	width:100%;
08	}

网页 0602.html 中导航菜单对应的 HTML 代码如表 6-5 所示。

表 6-5 网页 0602.html 中导航菜单对应的 HTML 代码

序号	程序代码
01	\<div id="header">
02	\<div class="nav">
03	\<ul id="droplist_ul">
04	\<li id="n0">\<em>\<a href="default.htm" >首页\</a>\</em>\</li>
05	\<li id="n1">\<em>\<a href="#">笔记本\</a>\</em>
06	\<ul>
07	\<li>\<a href="#">笔记本电脑\</a>\</li>
08	\<li>\<a href="#">笔记本配件\</a>\</li>
09	\<li>\<a href="#">电脑包\</a>\</li>
10	\</ul>
11	\</li>
12	\<li id="n2">\<em>\<a href="#">数码影音\</a>\</em>
13	\<ul>
14	\<li>\<a href="#">数码影像\</a>\</li>
15	\<li>\<a href="#">MP3/MP4\</a>\</li>
16	\<li>\<a href="#">GPS\</a>\</li>
17	\<li>\<a href="#">相机/摄象机配件\</a>\</li>
18	\</ul>
19	\</li>
20	\<li id="n3">\<em>\<a href="#">手机通信\</a>\</em>
21	\<ul>
22	\<li>\<a href="#">手机通信\</a>\</li>
23	\<li>\<a href="#">手机配件\</a>\</li>
24	\</ul>
25	\</li>
26	\<li id="n4">\<em>\<a href="#">硬件外设\</a>\</em> …… \</li>
27	\<li id="n5">\<em>\<a href="#">办公设备\</a>\</em> …… \</li>
28	\</ul>
29	\</div>
30	\</div>

网页 0602.html 中实现导航菜单功能的 JavaScript 代码如表 6-6 所示。

表 6-6 网页 0602.html 中实现导航菜单功能的 JavaScript 代码

序号	程序代码
01	$(document).ready(function(){
02	headmenu(); //头部导航链接样式
03	});
04	//头部导航链接样式
05	function headmenu(){
06	//导航栏目

续表

序号	程序代码
07	$(".nav>ul>li:not(#n0)").hover(function(){
08	//鼠标指针移动该栏目
09	$(".nav>ul>li:not(#n0)").removeClass("on");
10	$(this).addClass("on");
11	$(this).find("ul").show();
12	},function(){
13	//鼠标指针离开该栏目
15	$(this).removeClass("on");
16	$(this).find("ul").hide();
17	});
18	//顶部菜单弹出后，鼠标指针移动样式替换
19	$(".droplist>li").hover(function(){
20	//鼠标指针移动
21	$(this).addClass("hover");
22	},function(){
23	//鼠标指针离开
24	$(this).removeClass();
25	});
26	}

任务 6-3　应用 jQuery 的 bind 和 attr 等方法实现纵向导航菜单

网页 0603.html 中的导航菜单如图 6-3 所示。

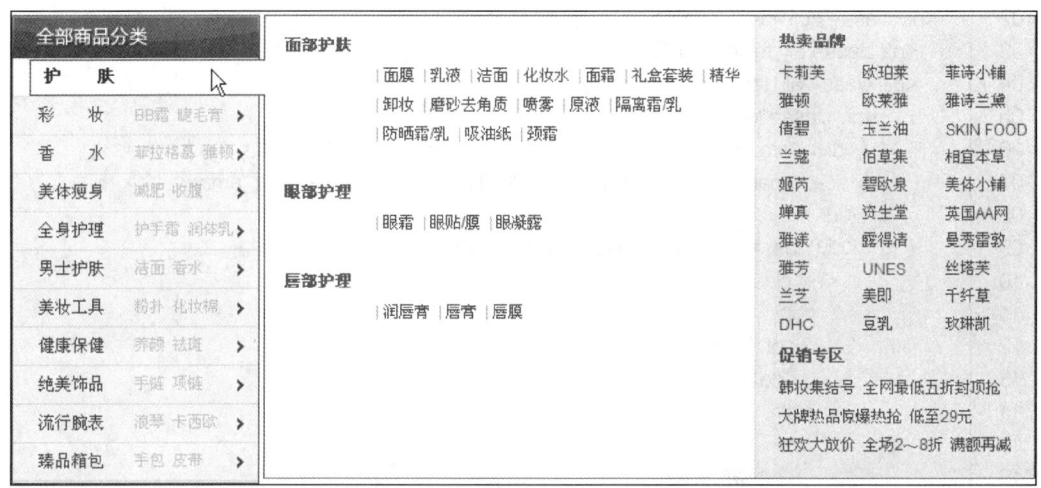

图 6-3　网页 0603.html 中的导航菜单

网页 0603.html 中导航菜单主要应用的 CSS 代码如表 6-7 所示。

表 6-7 网页 0603.html 中导航菜单主要应用的 CSS 代码

序号	程序代码	序号	程序代码
01	.all_fenlei-h2 .leibie {	22	border-left: 1px solid #d23c83;
02	cursor: pointer;	23	width: 183px;
03	line-height: 28px;	24	line-height: 25px;
04	border-bottom: #fae6e5 1px solid;	25	border-bottom: 1px solid #d23c83;
05	height: 28px;	26	position: absolute;
06	}	27	height: 25px;
07	.all_fenlei-h2 .leibie-a {	28	background-color: #fff;
08	border-right: 1px #fff6f9;	29	}
09	border-top: 1px solid #fff6f9;	30	
10	border-left: 1px solid #fff6f9;	31	.all_fenlei-h2 .leibie-a .hiddenlsit {
11	line-height: 27px;	32	z-index: 8888;
12	border-bottom: 1px solid #fae6e5;	33	min-height: 336px;
13	height: 27px;	34	background: url(../images/leibie-bg.gif)
14	background-color: #fff;	35	#fff repeat-y right top;
15	}	36	left: 187px;
16	.all_fenlei-h2 .leibie-a .leibieactive {	37	width: 597px;
17	border-right: 1px #d23c83;	38	position: absolute;
18	border-top: 1px solid #d23c83;	39	top: -33px;
19	z-index: 999999;	40	height: 348px;
20	margin-left: 12px;	41	border: 1px solid #d23c83;
21	overflow: hidden;	42	}

网页 0603.html 中导航菜单对应的 HTML 代码如表 6-8 所示。

表 6-8 网页 0603.html 中导航菜单对应的 HTML 代码

序号	程序代码
01	<div class="l_left">
02	<div class="qbfl" id="allType">
03	<h2 class="all_fenlei"></h2>
04	<div class="all_fenlei-h2" id="leftType">
05	<div class="leibie">
06	<div><em class="listnum"><a href="" target="_blank">护 肤</a></em>
07	<span class="small-num">面膜 乳液</span> <b class="fl_arrow"></b>
08	</div>
09	<div class="hiddenlsit" style="display: none">
10	<div class="list-left">
11	<dl>
12	<dt>面部护肤</dt>
13	<dd>……</dd>
14	</dl>
15	<dl>
16	<dt>眼部护理</dt>
17	<dd>……</dd>
18	</dl>
19	<dl>
20	<dt>唇部护理</dt>

续表

序号	程序代码
21	\<dd>……\</dd>
22	\</dl>
23	\</div>
24	\<div class="list-right">
25	\<dl>
26	\<dt>热卖品牌\</dt>
27	\<dd>……\</dd>
28	\<dt>促销专区\</dt>
29	\<dd>……\</dd>
30	\</dl>
31	\</div>
32	\</div>
33	\</div>
34	\<div class="leibie">
35	\<div>\<em class="listnum">\<a href="" target="_blank">彩　　妆\</a>\</em>
36	\<span class="small-num">睫毛膏\</span> \<b class="fl_arrow">\</b>\</div>
37	\</div>
38	\<div class="leibie">
39	\<div>\<em class="listnum">\<a href="" target="_blank">香　　水\</a>\</em>
40	\<span class="small-num">菲拉格慕 雅顿\</span> \<b class="fl_arrow">\</b>\</div>
41	\</div>
42	\<div class="leibie">
43	\<div>\<em class="listnum">\<a href="" target="_blank">美体瘦身\</a>\</em>
44	\<span class="small-num">减肥 收腹\</span> \<b class="fl_arrow">\</b>\</div>
45	\</div>
46	\<div class="leibie">
47	\<div>\<em class="listnum">\<a href="" target="_blank">全身护理\</a>\</em>
48	\<span class="small-num">护手霜 润体乳\</span> \<b class="fl_arrow">\</b>\</div>
49	\</div>
50	……
51	\</div>
52	\</div>
53	\</div>

在网页 0603.html 中实现导航菜单的 JavaScript 代码如表 6-9 所示。

表 6-9　在网页 0603.html 中实现导航菜单的 JavaScript 代码

序号	程序代码
01	\<script type="text/javascript">
02	$("#leftType>div").bind("mouseenter" , function() {
03	$(this).attr("class", "leibie-a").find("div:first").attr("class", "leibieactive");
04	$(this).find("div.hiddenlsit").show()
05	});
06	$("#leftType>div").bind("mouseleave" , function() {
07	$(this).find("div.hiddenlsit").hide();
08	$(this).attr("class", "leibie")

续表

序号	程序代码
09	});
10	</script>

表 6-9 中的 02 行使用 bind() 方法对匹配元素进行 mouseenter 事件的绑定，当鼠标指针进入匹配元素（即 ID 标识为 leftType 内的 div 元素）时设置其样式类为 leibie-a。同时设置鼠标指针所指向元素内层的第一个 div 元素的样式类为 leibieactive，内层的样式类名为 hiddenlsit 的网页元素显示。06 行使用 bind() 方法对匹配元素进行 mouseleave 事件的绑定，当鼠标指针离开匹配元素时隐藏其内层的样式类名为 hiddenlsit 的网页元素，同时设置样式类为 leibie。

知识必备

6.1　JavaScript 的 this 指针

JavaScript 中最容易使人迷惑的恐怕就数 this 指针了，this 指针在传统 OO 语言中是在类中声明的，表示对象本身，而在 JavaScript 中，this 表示当前上下文，即调用者的引用。

下面来看一个常见的示例。

```
var jack = {      //定义一个人，名字为 jack
    name : "jack",
    age : 26
}
var tom = {       //定义另一个人，名字为 tom
    name : "tom",
    age : 24
}
function printName(){   //定义一个全局的函数对象
    return this.name;
}
alert(printName.call(jack)) ;    //设置 printName 的上下文为 jack，此时的 this 为 jack
alert(printName.call(tom));      //设置 printName 的上下文为 tom，此时的 this 为 tom
```

应该注意的是，this 的值并非由函数如何被声明而确定，而是由函数如何被调用而确定，这一点与传统的面向对象语言截然不同，call 是 Function 中的一个函数。

在 C# 中，this 变量通常指类的当前实例。在 JavaScript 中则不同，JavaScript 中的 "this" 是函数上下文，不是由声明决定，而是由如何调用决定。因为全局函数其实就是 window 的属性，所以在顶层调用全局函数时 this 是指 Window 对象。

6.2　jQuery 的属性操作方法

jQuery 中用于获得或设置元素的 DOM 属性的常用方法如表 A-7 所示，这些方法对于 HTML 文档和 XML 文档均是适用的，但 html() 方法只适用于 HTML 文档。

jQuery 常用的属性操作方法如表 A-8 所示。

1. jQuery 的 addClass()方法
addClass()方法用于向被选元素添加一个或多个类。
例如：
$("btn").click(function(){
　　$("h1,h2,p").addClass("top");　　//在添加类时可以选取多个元素
　　$("div").addClass("content");
});
也可以在 addClass()方法中指定多个类。
例如：
$("btn").click(function(){
　　$("#demo").addClass("top content");
});

2. jQuery 的 removeClass()方法
removeClass()方法用于从被选元素中删除一个或多个类。
例如：
$("btn").click(function(){
　　$("h1,h2,p").removeClass("top");
});

3. jQuery 的 toggleClass()方法
toggleClass()方法用于对被选元素进行添加或删除类的切换操作。
例如：
$("h1,h2,p").toggleClass("top");

6.3　jQuery 的 CSS 操作方法

jQuery 中用于设置或返回元素的 CSS 相关属性的常用方法如表 A-9 所示。

1. 获取页面元素的 CSS 属性
jQuery 的 css()方法可以用于获取被选元素的一个或多个样式属性。
语法格式：
css("propertyname");
例如：
$("p").css("background-color");

2. 设置页面元素的一个 CSS 属性
jQuery 的 css()方法可以用于设置被选元素的一个样式属性。
语法格式：
css("propertyname","value");
例如：
$("p").css("background-color","blue");

3. 设置页面元素的多个 CSS 属性
jQuery 的 css()方法也可以用于设置被选元素的多个样式属性。
语法格式：
css({"propertyname" : "value" , "propertyname" : "value" , …}) ;
例如：

$("p").css({"background-color" : "red" , "font-size" : "200%"}) ;

引导训练

任务 6-4 应用 JavaScript 的 onmouseover 等事件和 className 属性设计横向导航菜单

【任务描述】

网页 0604.html 中的导航菜单如图 6-4 所示，应用 JavaScript 的 onload、onmouseover、onmouseout 事件，className、length 等属性，以及 getElementById()、getElementsByTagName()、replace()等方法实现该导航菜单，同时还要应用 RegExp 对象创建正则表达式。

图 6-4 应用 onmouseover 等事件和 className 属性设计的横向导航菜单

【思路探析】

（1）自定义函数 menuFix()，当网页加载完成时，触发 onload 事件，调用该函数。

（2）联合使用 getElementById()和 getElementsByTagName()方法，获取指定的列表项。

（3）当鼠标指针指向导航菜单对应的列表项时，触发 onmouseover 事件，通过 className 属性设置其样式。

（4）当鼠标指针离开导航菜单对应的列表项时，触发 onmouseout 事件，通过 className 属性清除其已设置的样式。

【特效实现】

网页 0604.html 中横向导航菜单主要应用的 CSS 代码如表 6-10 所示。

表 6-10 网页 0604.html 中横向导航菜单主要应用的 CSS 代码

序号	程序代码	序号	程序代码
01	#nav li:hover ul {	04	#nav li.sfhover ul {
02	left: auto;	05	left: auto;
03	}	06	}

网页 0604.html 中横向导航菜单对应的 HTML 代码如表 6-11 所示。

表 6-11 网页 0604.html 中横向导航菜单对应的 HTML 代码

序号	程序代码
01	<div id="daohang">
02	<ul id="nav">
03	<li><a href="index.html">首页</a></li>

续表

序号	程序代码
04	<li><a href="#">功能手机</a>
05	<ul>
06	<li><a href="" target="_blank">音乐手机</a></li>
07	<li><a href="" target="_blank">商务手机</a></li>
08	</ul>
09	</li>
10	<li><a href="" target="_blank">手机配件</a>
11	<ul>
12	<li><a href="" target="_blank">耳机</a></li>
13	<li><a href="" target="_blank">电池</a></li>
14	</ul>
15	</li>
16	<li><a href="" target="_blank">服务政策</a> </li>
17	<li><a href="" target="_blank">关于我们</a> </li>
18	<li><a href="" target="_blank">联系我们</a></li>
19	</ul>
20	</div>

在网页 0604.html 中实现横向导航菜单的 JavaScript 代码如表 6-12 所示。

表 6-12 在网页 0604.html 中实现横向导航菜单的 JavaScript 代码

序号	程序代码
01	<script type=text/javascript>
02	function menuFix() {
03	var sfEls = document.getElementById("nav").getElementsByTagName("li");
04	for (var i=0; i<sfEls.length; i++) {
05	sfEls[i].onmouseover=function() {
06	this.className+=(this.className.length>0? " ": "") + "sfhover";
07	}
08	sfEls[i].onmouseout=function() {
09	this.className=this.className.replace(new RegExp("(?|^)sfhover\\b"),"");
10	}
11	}
12	}
13	window.onload=menuFix;
14	</script>

任务 6-5 应用 jQuery 的 hover 事件和 CSS 方法设计横向导航菜单

【任务描述】

网页 0605.html 中的导航菜单如图 6-5 所示,当鼠标指针指向不同的菜单时,该菜单的背景改变,并自动显示对应的下拉菜单。应用 jQuery 的 hover 事件和 CSS 操作方法实现该导航菜单。

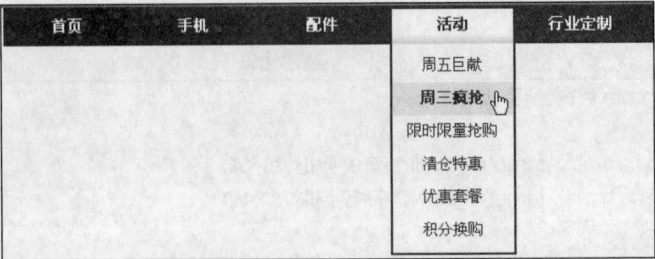

图 6-5 网页 0605.html 中的导航菜单

【思路探析】

（1）当鼠标指针指向某一个菜单时触发 hover 事件，调用相应的函数，通过其 offset()方法获取匹配元素相对于网页文档的位置，然后通过 left 属性获取匹配元素相对于网页文档水平方向的距离，通过 top 属性获取匹配元素相对于网页文档垂直方向的距离。

（2）使用 jQuery 的 CSS 方法设置下拉菜单相对于网页文档的位置，同时显示下拉菜单。

（3）当鼠标指针离开下拉菜单时将其隐藏。

【特效实现】

网页 0605.html 中导航菜单主要应用的 CSS 代码如表 6-13 所示。

表 6-13 网页 0605.html 中导航菜单主要应用的 CSS 代码

序号	程序代码	序号	程序代码
01	.menuSub {	19	margin-left: 1px;
02	position: absolute;	20	font-size: 14px;
03	width: 120px;	21	cursor: pointer;
04	display: none;	22	font-weight: bold;
05	float: none;	23	}
06	height: auto;	24	
07	top: 0px;	25	.menuSub ul {
08	left: 0px	26	border-top: medium none;
09	}	27	border-bottom: #b50000 2px solid;
10	.menuSub h3 {	28	border-left: #b50000 2px solid;
11	text-align: center;	29	border-right: #b50000 2px solid;
12	line-height: 35px;	30	width: 113px;
13	width: 119px;	31	background: #fff;
14	background: url(../images/menu_bg.gif)	32	float: left;
15	no-repeat 0px -70px;	33	height: auto;
16	float: left;	34	padding: 5px 0px;
17	height: 35px;	35	margin-left: 1px;
18	color: #b50000;	36	}

网页 0605.html 中导航菜单对应的 HTML 代码如表 6-14 所示。

表 6-14 网页 0605.html 中导航菜单对应的 HTML 代码

序号	程序代码
01	<div class="contain">
02	<div class="pagMenu">
03	<div class="menuMst">
04	<ul>

续表

序号	程序代码
05	\<li id="top1_index" class="on"\>\<a id="top1_linkIndex" href=""\>首页\</a\> \</li\>
06	\<li id="top1_mobile"\>\<a id="top1_linkMobile" href=""\>手机\</a\> \</li\>
07	\<li id="top1_fitting"\>\<a id="top1_linkFitting" href=""\>配件\</a\> \</li\>
08	\<li id="top1_benefit"\>\<a id="top1_linkBenefit" href=""\>活动\</a\> \</li\>
09	\<li\>\<a href="" target="_blank"\>行业定制\</a\> \</li\>
10	\</ul\>
11	\</div\>
12	\<div class="menuSub"\>
13	\<h3 id="top1_menuSubTit"\>活动\</h3\>
14	\<ul\>
15	\<li\>\<a id="top1_HyperLink1" href=""\>周五巨献\</a\> \</li\>
16	\<li\>\<a id="top1_HyperLink2" href=""\>周三疯抢\</a\> \</li\>
17	\<li\>\<a id="top1_HyperLink3" href=""\>限时限量抢购\</a\> \</li\>
18	\<li\>\<a id="top1_HyperLink4" href=""\>清仓特惠\</a\> \</li\>
19	\<li\>\<a id="top1_HyperLink5" href=""\>优惠套餐\</a\> \</li\>
20	\<li\>\<a id="top1_HyperLink6" href=""\>积分换购\</a\> \</li\>
21	\</ul\>
22	\</div\>
23	\</div\>
24	\</div\>

网页 0605.html 中实现导航菜单的 JavaScript 代码如表 6-15 所示。

表 6-15 网页 0605.html 中实现导航菜单的 JavaScript 代码

序号	程序代码
01	\<script type="text/javascript"\>
02	$("#top1_benefit").hover(
03	function(){
04	var offset = $(this).offset();
05	var intLft = offset.left;
06	var intTop = offset.top;
07	$(".menuSub").css({"left":intLft,"top":intTop});
08	$(".menuSub").show();
09	}
10	);
11	$(".menuSub").hover(function(){},function(){$(this).hide();});
12	\</script\>

任务 6-6 应用 jQuery 的 find 和 animate 等方法设计横向导航菜单

【任务描述】

网页 0606.html 中的导航菜单如图 6-6 所示，当鼠标指针指向菜单时弹出双列下拉菜单。应用 jQuery 的 find 和 animate 等方法实现该导航菜单。

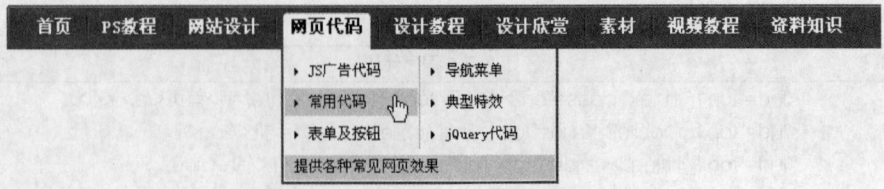

图 6-6 网页 0606.html 中的导航菜单

【思路探析】

（1）为倒数第 3 至倒数第 2 个（不含倒数第 1 个）菜单中的匹配元素（样式类为 children 的元素）添加类 sleft。

（2）当鼠标指针指向菜单时，为其下拉菜单添加自定义动画，设置其 opacity 和 height 属性为 show，并为菜单添加样式类 navhover。

（3）当鼠标指针离开菜单时，等待自定义动画结束后隐藏下拉菜单，并移除菜单的样式类 navhover。

【特效实现】

网页 0606.html 中的导航菜单主要应用的 CSS 代码如表 6-16 所示。

表 6-16　网页 0606.html 中的导航菜单主要应用的 CSS 代码

序号	程序代码	序号	程序代码
01	#wrap-nav .menu ul.children {	17	display: inline-block;
02	position: absolute;	18	color: #fff;
03	line-height: normal;	19	font-size: 14px;
04	width: 225px;	20	text-decoration: none
05	display: none;	21	}
06	background: #fff;	22	#wrap-nav .menu li a.navhover {
07	top: 35px;	23	background-image:
08	left: 3px;	24	url(images/menubgtu.gif);
09	padding: 5px 0px 0px;	25	background-repeat: no-repeat;
10	border-top: 0px solid #d92640;	26	background-position: left -83px;
11	border-right: 2px solid #d92640;	27	color: #911531;
12	border-bottom: 2px solid #d92640;	28	}
13	border-left: 2px solid #d92640;	29	
14	}	30	#wrap-nav .menu ul.sleft {
15	#wrap-nav .menu li a.xiala1 {	31	right: 6px; left: auto; _right: 5px
16	margin-top: 5px;	32	}

网页 0606.html 中导航菜单对应的 HTML 代码如表 6-17 所示。

表 6-17　网页 0606.html 中导航菜单对应的 HTML 代码

序号	程序代码
01	\<div class="box">
02	\<div id="wrap-nav">
03	\<div class="container">
04	\<div class="outerbox">
05	\<div class="innerbox clearfixmenu">
06	\<ul class="menu">
07	\<li class="spritemenu">

续表

序号	程序代码
08	`<h3><a class="xiala1" href=""><span>首页</span></a></h3></li>`
09	`<li class="spritemenu">`
10	`<h3><a class="xiala1" href=""><span>PS 教程</span></a></h3></li>`
11	`<li class="spritemenu">`
12	`<h3><a class="xiala1" href=""><span>网站设计</span></a></h3></li>`
13	`<li class="spritemenu">`
14	`<h3><a class="xiala1" href=""><span>网页代码</span></a></h3>`
15	`<ul style="display: none" class="children clearfixmenu">`
16	`<li><h3><a class="spritemenu" href="">`
17	`<span>JS 广告代码</span></a></h3></li>`
18	`<li class="noborder"><h3><a class="spritemenu" href="">`
19	`<span>导航菜单</span></a></h3></li>`
20	`<li><h3><a class="spritemenu" href="">`
21	`<span>常用代码</span></a></h3></li>`
22	`<li class="noborder"><h3><a class="spritemenu" href="">`
23	`<span>典型特效</span></a></h3></li>`
24	`<li><h3><a class="spritemenu" href="">`
25	`<span>表单及按钮</span></a></h3></li>`
26	`<li class="noborder"><h3><a class="spritemenu" href="">`
27	`<span>jQuery 代码</span></a></h3></li>`
28	`<li class="count noborder"><div>提供各种常见网页效果</div></li>`
29	`</ul>`
30	`</li>`
31	`<li class="spritemenu"><h3><a class="xiala1" href="">`
32	`<span>设计教程</span></a></h3>`
33	`<ul style="display: none" class="children clearfixmenu">`
34	`<li><h3><a class="spritemenu" href="">`
35	`<span>Photoshop</span></a></h3></li>`
36	`<li class="noborder"><h3><a class="spritemenu" href="">`
37	`<span>ImageReady</span></a></h3></li>`
38	`<li><h3><a class="spritemenu" href="">`
39	`<span>Dreamweaver</span></a></h3></li>`
40	`<li class="noborder"><h3><a class="spritemenu" href="">`
41	`<span>Illustrator</span></a></h3></li>`
42	`<li><h3><a class="spritemenu" href="">`
43	`<span>FireWorks</span></a></h3></li>`
44	`<li class="noborder"><h3><a class="spritemenu" href="">`
45	`<span>CorelDRAW</span></a></h3></li>`
46	`<li><h3><a class="spritemenu" href="">`
47	`<span>Flash</span></a></h3></li>`
48	`<li class="noborder"><h3><a class="spritemenu" href="">`
49	`<span>Freehand</span></a></h3></li>`
50	`<li><h3><a class="spritemenu" href="">`
51	`<span>Painter</span></a></h3></li>`
52	`<li class="noborder"><h3><a class="spritemenu" href="">`
53	`<span>Director</span></a></h3></li>`
54	`<li><h3><a class="spritemenu" href="">`
55	`<span>AutoCAD</span></a></h3></li>`

续表

序号	程序代码
56	`<li class="noborder"><h3><a class="spritemenu" href="">`
57	`<span>Authorware</span></a></h3></li>`
58	`<li><h3><a class="spritemenu" href="">`
59	`<span>3DMAX</span></a></h3></li>`
60	`<li class="noborder"><h3><a class="spritemenu" href="">`
61	`<span>Maya</span></a></h3></li>`
62	`<li class="count noborder"><div>提供各种各样的设计教程</div></li>`
63	`</ul>`
64	`</li>`
65	`<li class="spritemenu">`
66	`<h3><a class="xiala1" href=""><span>设计欣赏</span></a></h3></li>`
67	`<li class="spritemenu">`
68	`<h3><a class="xiala1" href=""><span>素材</span></a></h3></li>`
69	`<li class="spritemenu">`
70	`<h3><a class="xiala1" href=""><span>视频教程</span></a></h3></li>`
71	`<li class="spritemenu">`
72	`<h3><a class="xiala1" href=""><span>资料知识</span></a></h3></li>`
73	`<li class="overlay"></li>`
74	`</ul>`
75	`</div>`
76	`</div>`
77	`</div>`
78	`</div>`
79	`</div>`

网页 0606.html 中实现导航菜单的 JavaScript 代码如表 6-18 所示。

表 6-18　网页 0606.html 中实现导航菜单的 JavaScript 代码

序号	程序代码
01	`<script type="text/javascript">`
02	`$('#wrap-nav .menu > li').hover(function() {`
03	`$(this).find('.children').animate({ opacity:'show', height:'show' },300);`
04	`$(this).find('.xiala1').addClass('navhover');`
05	`}, function() {`
06	`$('.children').stop(true,true).hide();`
07	`$('.xiala1').removeClass('navhover');   }`
08	`).slice(-3,-1).find('.children').addClass('sleft');`
09	`</script>`

任务 6-7　应用 jQuery 的 one 和 each 等方法设计复杂导航菜单

【任务描述】

网页 0607.html 中的导航菜单如图 6-7 所示,当鼠标指针指向菜单时弹出多行下拉菜单。应用

jQuery 的 one 和 each 等方法实现该导航菜单。

图 6-7　网页 0607.html 中的导航菜单

【思路探析】

（1）应用 jQuery 的 one() 方法为每个菜单附加一个事件处理程序，并且每个菜单只能运行一次事件处理函数，即将下拉菜单中所有图像的 src 属性设置为 src2 属性的值。

（2）当鼠标指针指向菜单时，添加样式类 hover，但 ID 标识为 indexhall 的菜单添加样式类 curron；当鼠标指针离开菜单时，移除样式类 hover，而 ID 标识为 indexhall 的菜单移除样式类 curron。

【特效实现】

网页 0607.html 中导航菜单主要应用的 CSS 代码如表 6-19 所示。

表 6-19　网页 0607.html 中导航菜单主要应用的 CSS 代码

序号	程序代码	序号	程序代码
01	.nav_menu li.curron {	10	.nav_menu li.hover {
02	border-bottom-color: #724e3e;	11	border-bottom: medium none;
03	border-top-color: #724e3e;	12	border-left: #724e3e 2px solid;
04	border-right-color: #724e3e;	13	width: 82px;
05	border-left-color: #724e3e;	14	background: #fff;
06	background: #724e3e;	15	border-top: #724e3e 2px solid;
07	color: #fff;	16	font-weight: bold;
08	font-weight: normal;	17	border-right: #724e3e 2px solid
09	}	18	}

网页 0607.html 中导航菜单对应的 HTML 代码如表 6-20 所示。

表 6-20　网页 0607.html 中导航菜单对应的 HTML 代码

序号	程序代码
01	<div class="hdnav_top">
02	<ul id="nav_menu" class="cen nav_menu f_white">
03	<li id="indexhall"><a class="nav_link" href="">首页</a> </li>
04	<li id="womenhall"><a class="nav_link" href="">女鞋馆</a>
05	……
06	</li>
07	<li id="menhall"><a class="nav_link" href="">男鞋馆</a>
08	<div id="menhall_menu" class="pop_menu f_gray">
09	<dl class="bot_line">
10	<dt class="Red"><font color="#ff0000">热门：</font></dt>
11	<dd><a href=""><font color="#ff0000">新品上市</font></a> |
12	<a href=""><font color="#ff0000">冬季男鞋</font></a> |
13	<a href="">满帮鞋</a> | <a href="">男低靴</a> |
14	<a href="">男中靴</a> | <a href="">超软</a> |

续表

序号	程序代码
15	`<a href=""><font color="#ff0000">断码清仓</font></a>`
16	`</dd>`
17	`</dl>`
18	`<dl>`
19	`<dt>款式：</dt>`
20	`<dd><a href="" target="_blank">套脚</a>	<a href="" target="_blank">前系带</a> |`
21	`<a href="" target="_blank">松紧带</a>	<a href="" target="_blank">魔术贴</a> |`
22	`<a href="">侧拉链</a>	<a href="">搭扣</a>`
23	`</dd>`
24	`</dl>`
25	`<dl>`
26	`<dt>风格：</dt>`
27	`<dd><a href="">商务正装</a>	<a href="">商务休闲</a> |`
28	`<a href="">时尚休闲</a>	<a href="">城市休闲</a>`
29	`</dd>`
30	`</dl>`
31	`<dl>`
32	`<dt>材质：</dt>`
33	`<dd><a href="">牛皮</a>	<a href="">羊皮</a> |`
34	`<a href="">磨砂皮</a>	<a href="">橡胶底</a> |`
35	`<a href="">牛筋底</a>	<a href="">复合底</a>`
36	`</dd>`
37	`</dl>`
38	`<dl class="bot_line_last"></dl>`
39	`<ul class="brandlogo">`
40	`<a href=""><img alt="百丽" src="images/belle4.jpg" width="74" height="64"`
41	`src2="images/belle4.jpg" /></a>`
42	`<a href=""><img alt="天美意" src="images/teemix4.jpg" width="74" height="64"`
43	`src2="images/teemix4.jpg" /></a>`
44	`<a href=""><img alt="森达" src="images/senda4.jpg" width="74" height="64"`
45	`src2="images/senda4.jpg" /></a>`
46	`<a href=""><img alt="莱尔斯丹" src="images/lesd4.jpg" width="74" height="64"`
47	`src2="images/lesd4.jpg" /></a>`
48	`<a href=""><img alt="沙驰" src="images/sc4.jpg" width="74" height="64"`
49	`src2="images/sc4.jpg" /></a>`
50	`<a href=""><img alt="策恩" src="images/ce4.jpg" width="74" height="64"`
51	`src2="images/ce4.jpg" /></a>`
52	`<a href=""><img alt="CAMEL 骆驼" src="images/lt4.jpg" width="74" height="64"`
53	`src2="images/lt4.jpg" /></a>`
54	`<a href=""><img alt="拔佳" src="images/bata4.jpg" width="74" height="64"`
55	`src2="images/bata4.jpg" /></a>`
56	`<a class="morebrand" href="">更多品牌&gt;&gt;</a>`
57	`</ul>`
58	`</div>`
59	`</li>`
60	`<li id="womenclothing"><a class="nav_link" href="">女装馆</a>`
61	……
62	`</li>`

续表

序号	程序代码
63	\<li id="menclothing"\>\<a class="nav_link" href=""\>男装馆\</a\>
64	……
65	\</li\>
66	\<li id="luggagehall"\>\<a class="nav_link" href=""\>箱包馆\</a\>
67	……
68	\</li\>
69	\<li id="childrenhall"\>\<a class="nav_link" href=""\>儿童馆\</a\>
70	……
71	\</li\>
72	\</ul\>
73	\</div\>

网页 0607.html 中实现导航菜单对应的 JavaScript 代码如表 6-21 所示。

表 6-21 网页 0607.html 中实现导航菜单对应的 JavaScript 代码

序号	程序代码
01	\<script type="text/javascript"\>
02	if(document.getElementById('nav_menu')){
03	var navMenu = $('#nav_menu>li:lt(9)');
04	$('#nav_menu').one('mouseover',function(){
05	$(this).find('img').each(function(){
06	var src = this.getAttribute('src2');
07	$(this).attr('src',src);
08	})
09	});
10	navMenu.hover(function(){
11	if(this.id=='indexhall'){
12	this.className='curron';
13	}else{
14	$(this).addClass('hover');
15	}
16	},function(){
17	if(this.id=='indexhall'){
18	this.className='';
19	}else{
20	$(this).removeClass('hover');
21	}
22	});
23	}
24	\</script\>

自主训练

任务 6-8 应用 HTML 元素的样式属性设计横向下拉菜单

【任务描述】

网页 0608.html 中的导航菜单如图 6-8 所示,应用 HTML 元素的样式属性设计该导航菜单。

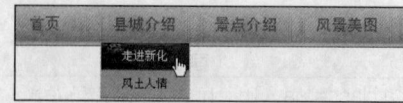

图 6-8 网页 0608.html 中的导航菜单

【操作提示】

网页 0608.html 中导航菜单对应的 HTML 代码如表 6-22 所示。

表 6-22 网页 0608.html 中导航菜单对应的 HTML 代码

序号	程序代码
01	`<div id="con">`
02	`  <div id="title">`
03	`    <div class="nav">`
04	`      <ul id="droplist_ul">`
05	`        <li id="n0"><em></em></li>`
06	`        <li><em><a href="">首页</a></em></li>`
07	`        <li onmouseover="menu_drop('n1','block');" onmouseout="menu_drop('n1','none');">`
08	`          <em><a href="">县城介绍</a></em>`
09	`          <ul id="n1">`
10	`            <li><a href="">走进新化</a></li>`
11	`            <li><a href="">风土人情</a></li>`
12	`          </ul>`
13	`        </li>`
14	`        <li onmouseover="menu_drop('n2','block');" onmouseout="menu_drop('n2','none');">`
15	`          <em><a href="">景点介绍</a></em>`
16	`          <ul id="n2">`
17	`            <li><a href="">大熊山</a></li>`
18	`            <li><a href="">梅山龙宫</a></li>`
19	`            <li><a href="">紫鹊界梯田</a></li>`
20	`            <li><a href="">新化北塔</a></li>`
21	`            <li><a href="">油溪河漂流</a></li>`
22	`            <li><a href="">桃花源地奉家山</a></li>`
23	`          </ul>`
24	`        </li>`
25	`        <li><em><a href="">风景美图</a></em></li>`
26	`      </ul>`
27	`    </div>`
28	`    <div class="clear"></div>`
29	`  </div>`
30	`</div>`

网页 0608.html 中实现导航菜单的 JavaScript 代码如表 6-23 所示。

表 6-23 网页 0608.html 中实现导航菜单的 JavaScript 代码

序号	程序代码
01	`<script type="text/javascript">`
02	`  function menu_drop(menuId, displayWay)`
03	`  {`
04	`    document.getElementById(menuId).style.display=displayWay;`
05	`  }`
06	`</script>`

任务 6-9 应用 jQuery 的 show 和 hide 等方法设计纵向导航菜单

【任务描述】

网页 0609.html 中的导航菜单如图 6-9 所示,应用 jQuery 的 show 和 hide 等方法设计该导航菜单。

【操作提示】

网页 0609.html 中的导航菜单对应的 HTML 代码如表 6-24 所示。

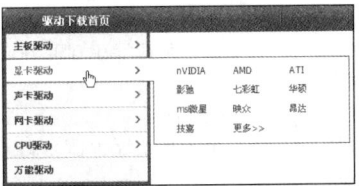

图 6-9 网页 0609.html 中的导航菜单

表 6-24 网页 0609.html 中的导航菜单对应的 HTML 代码

序号	程序代码
01	`<div class="main clearfix">`
02	`  <div class="index_left">`
03	`    <div class="indexleft_1">`
04	`      <strong class="indexleft_title">`
05	`        <h1 style="display: inline; font-size: 14px; color: #ffffff">驱动下载首页</h1>`
06	`      </strong>`
07	`      <ul class="indexleft_ul clearfix">`
08	`        <li class="li_bg"><a href="">主板驱动</a>`
09	`          <ul class="pd_ul" style="display: none">`
10	`            <li><a href="">Intel</a></li>`
11	`            <li><a href="">华硕</a></li>`
12	`            <li><a href="">技嘉</a></li>`
13	`            <li><a href="">msi 微星</a></li>`
14	`            <li><a href="">精英</a></li>`
15	`            <li><a href="">华擎</a></li>`
16	`            <li><a href="">七彩虹</a></li>`
17	`            <li><a href="">昂达</a></li>`
18	`            <li><a href="">双敏</a></li>`
19	`            <li><a href="">盈通</a></li>`
20	`            <li><a href="">梅捷</a></li>`
21	`            <li><a href="">更多&gt;&gt;</a></li>`
22	`          </ul>`
23	`        </li>`
24	`        <li class="li_bg"><a href="">显卡驱动</a> …… </li>`
25	`        <li class="li_bg"><a href="">声卡驱动</a> …… </li>`
26	`        <li class="li_bg"><a href="">网卡驱动</a> …… </li>`
27	`        <li class="li_bg"><a href="">CPU 驱动</a> …… </li>`
28	`        <li class="li_nobg"><a href="">万能驱动</a></li>`
29	`      </ul>`
30	`    </div>`
31	`  </div>`
32	`</div>`

网页 0609.html 中实现导航菜单的 JavaScript 代码如表 6-25 所示。

表 6-25　网页 0609.html 中实现导航菜单的 JavaScript 代码

序号	程序代码
01	`<script type="text/javascript">`
02	`$(function(){`
03	`$(".indexleft_ul .li_bg").hover(`
04	`function () {`
05	`$(this).find(".pd_ul").show();`
06	`},`
07	`function () {`
08	`$(this).find(".pd_ul").hide();`
09	`}`
10	`);`
11	`});`
12	`</script>`

任务 6-10　应用 jQuery 的 slideDown 和 slideUp 等方法设计有滑动效果的横向下拉菜单

【任务描述】

应用 jQuery 的滑动方法设计网页 0610.html 中有滑动效果的横向下拉菜单，其外观效果如图 6-10 所示。

图 6-10　网页 0610.html 中有滑动效果的横向下拉菜单

【操作提示】

网页 0610.html 中导航菜单对应的 HTML 代码如表 6-26 所示。

表 6-26　网页 0610.html 中导航菜单对应的 HTML 代码

序号	程序代码
01	`<div id="menu">`
02	`<ul>`
03	`<li class="mainlevel"><a href="">首页</a> </li>`
04	`<li class="mainlevel"><a href="">魅力常德 </a>`
05	`<ul>`
06	`<li><a href="">常德概况</a></li>`
07	`<li><a href="">图片常德</a></li>`
08	`</ul>`
09	`</li>`
10	`<li class="mainlevel"><a href="">人文文化</a>`
11	`<ul>`
12	`<li><a href="">夹山寺</a></li>`
13	`<li><a href="">孤峰塔</a></li>`

续表

序号	程序代码
14	<li><a href="">常德诗墙</a></li>
15	<li><a href="">常德丝弦</a></li>
16	<li><a href="">孟姜女贞烈祠</a></li>
17	<li><a href="">城头山文化遗址</a></li>
18	</ul>
19	</li>
20	<li class="mainlevel"><a href="">自然景观</a>　</li>
21	<li class="mainlevel"><a href="">旅游服务</a>　</li>
22	</ul>
23	</div>

网页 0610.html 中实现导航菜单的 JavaScript 代码如表 6-27 所示。

表 6-27　网页 0610.html 中实现导航菜单的 JavaScript 代码

序号	程序代码
01	$(document).ready(function(){
02	$('.mainlevel').hover(function(){
03	$(this).find('ul').stop(true,true).slideDown(500);
04	},function(){
05	$(this).find('ul').stop(true,true).slideUp("fast");
06	})
07	});
08	</script>

任务 6-11　应用 jQuery 的 slideDown 和 fadeOut 等方法设计下拉菜单

【任务描述】

网页 0611.html 中的导航菜单如图 6-11 所示，应用 jQuery 的 slideDown 和 fadeOut 等方法设计该下拉菜单。

【操作提示】

网页 0611.html 中导航菜单对应的 HTML 代码如表 6-28 所示。

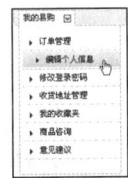

图 6-11　网页 0612.html 中的导航菜单

表 6-28　网页 0611.html 中导航菜单对应的 HTML 代码

序号	程序代码
01	<div id="header">
02	<div class="topmenu">
03	<ul class="menu">
04	<li class="drop"><a href="" target="_blank">我的易购</a>
05	<ul class="droplist">

续表

序号	程序代码
06	\<li>\<a href="#">订单管理\</a>\</li>
07	\<li>\<a href="#">编辑个人信息\</a>\</li>
08	\<li>\<a href="#">修改登录密码\</a>\</li>
09	\<li>\<a href="#">收货地址管理\</a>\</li>
10	\<li>\<a href="#">我的收藏夹\</a>\</li>
11	\<li>\<a href="#">商品咨询\</a>\</li>
12	\<li>\<a href="#">意见建议\</a>\</li>
13	\</ul>
14	\</li>
15	\</ul>
16	\</div>
17	\</div>

网页 0611.html 中实现导航菜单的 JavaScript 代码如表 6-29 所示。

表 6-29 网页 0611.html 中实现导航菜单的 JavaScript 代码

序号	程序代码
01	\<script type="text/javascript" >
02	$(document).ready(function(){
03	headmenu(); //头部导航链接样
04	});
05	
06	function headmenu(){
07	$(".menu>li:drop").hover(function(){
08	//鼠标指针移动
09	$(this).addClass("index");
10	$(".droplist").slideDown(200);
11	},function(){
12	//鼠标指针离开
13	$(this).removeClass("index");
14	$(".droplist").fadeOut(200);
15	});
16	
17	//顶部菜单弹出后，鼠标指针移动样式替换
18	$(".droplist>li").hover(function(){
19	//鼠标指针移动
20	$(this).addClass("hover");
21	},function(){
22	//鼠标指针离开
23	$(this).removeClass();
24	});
25	}
26	\</script>

单元 7
设计选项卡类网页特效

本单元我们主要探讨实用的选项卡类网页特效的设计方法。

教学导航

▶ **教学目标**

① 学会设计选项卡类网页特效
② 正确定义与访问 JavaScript 的数组对象
③ 掌握 JavaScript Array 对象的主要属性和方法
④ 了解 JSON 及其正确使用

▶ **教学方法**　任务驱动法、分组讨论法、探究学习法

▶ **建议课时**　6 课时

特效赏析

任务 7-1　应用 setInterval 函数和 display 属性实现选项卡的手动切换和自动切换

网页 0701.html 中的选项卡如图 7-1 所示。单击选项卡标题能实现手动切换，同时该选项卡还能实自动切换。

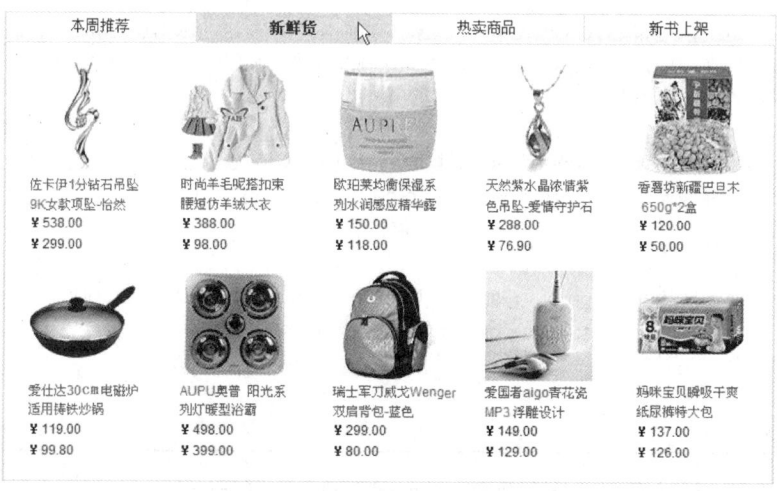

图 7-1　网页 0701.html 中的选项卡

网页 0701.html 中的选项卡对应的 HTML 代码如表 7-1 所示。

表 7-1　网页 0701.html 中的选项卡对应的 HTML 代码

序号	程序代码
01	`<div class="homepage_prefer">`
02	`  <h2>`
03	`<span id="imgproduct1" onmouseover="showproductdiv(1);" style="display: none; ">`
04	`      <b>本周推荐</b></span>`
05	`<span id="showproduct1" class="other" onmouseover="productDivStop();" style="display: block;"`
06	`      onmouseout="productDivPlay(1);"><b class="nonce">本周推荐</b></span>`
07	`<span id="imgproduct2" onmouseover="showproductdiv(2);" style="display: block; ">`
08	`      <b>新鲜货</b></span>`
09	`<span id="showproduct2" onmouseover="productDivStop();" style="display: none; "`
10	`      onmouseout="productDivPlay(2);"><b class="nonce">新鲜货</b></span>`
11	`<span id="imgproduct3" onmouseover="showproductdiv(3);" style="display: block; ">`
12	`      <b>热卖商品</b></span>`
13	`<span id="showproduct3" onmouseover="productDivStop();" style="display: none; "`
14	`      onmouseout="productDivPlay(3);"><b class="nonce">热卖商品</b></span>`
15	`<span id="imgproduct4" onmouseover="showproductdiv(4);" style="display: block; ">`
16	`      <b>新书上架</b></span>`
17	`<span id="showproduct4" onmouseover="productDivStop();" style="display: none; "`
18	`      onmouseout="productDivPlay(4);"><b class="nonce">新书上架</b></span>`
19	`<div class="clear"></div>`
20	`</h2>`
21	`<div class="homepage_prefer_list" id="_i1" onmouseover="productDivStop();"`
22	`  onmouseout="productDivPlay(1);" style="display: block; ">`
23	`    <ul>`
24	`      <li>  ……  </li>`
25	`      <li>  ……  </li>`
26	`      ……`
27	`    </ul>`
28	`</div>`
29	`<div class="homepage_prefer_list" id="_i2" onmouseover="productDivStop();"`
30	`  style="display: none; " onmouseout="productDivPlay(2);">`
31	`    <ul>  ……  </ul>`
32	`</div>`
33	`<div class="homepage_prefer_list" id="_i3" onmouseover="productDivStop();"`
34	`  style="display: none; " onmouseout="productDivPlay(3);">`
35	`    <ul>  ……  </ul>`
36	`</div>`
37	`<div class="homepage_prefer_list" id="_i4" onmouseover="productDivStop();"`
38	`  style="display: none; " onmouseout="productDivPlay(4);">`
39	`    <ul>  ……  </ul>`
40	`</div>`
41	`</div>`

网页 0701.html 中实现选项卡的 JavaScript 代码如表 7-2 所示。

表 7-2 网页 0701.html 中实现选项卡的 JavaScript 代码

序号	程序代码
01	`<script type="text/javascript">`
02	`function $(id) { return document.getElementById(id);  }`
03	`//手动切换`
04	`var playnum=1;`
05	`function showproductdiv(id){`
06	`if(id==0){ id=playnum; }`
07	`for(i=1;i<=4;i++){`
08	`if(i==id){`
09	`$("showproduct"+id).style.display="block";`
10	`$("imgproduct"+id).style.display="none";`
11	`$("_i"+id).style.display="block";`
12	`}`
13	`else{`
14	`$("showproduct"+i).style.display="none";`
15	`$("imgproduct"+i).style.display="block";`
16	`$("_i"+i).style.display="none";`
17	`}`
18	`}`
19	`if( playnum==4 ){ playnum=1 ;     }`
20	`else{   playnum++ ; }`
21	`}`
22	`//自动切换`
23	`var myplay;`
24	`function productDivPlay(id){`
25	`if(id==""){ id=0 ; }`
26	`else{ playnum=id ; }`
27	`myplay=setInterval("showproductdiv(0)",2000);`
28	`}`
29	`function productDivStop(){`
30	`clearInterval(myplay);`
31	`}`
32	`productDivPlay(0);`
33	`</script>`

任务 7-2 应用 jQuery 的 index 和 find 等方法实现横向选项卡

网页 0702.htm 中的横向选项卡如图 7-2 所示，单击选项卡标题实现选项卡的切换。

图 7-2 网页 0702.htm 中的横向选项卡

网页 0702.htm 中的横向选项卡对应的 HTML 代码如表 7-3 所示。

表 7-3 网页 0702.htm 中的横向选项卡对应的 HTML 代码

序号	程序代码
01	`<div id="buyact" class="row790">`
02	`  <div class="thead">`
03	`    <h2>促销在进行…</h2>`
04	`    <ul class="tab0">`
05	`      <li class="index"><em>特价宝贝</em></li>`
06	`      <li><em>新品上架</em></li>`
07	`      <li><em>今日必买</em></li>`
08	`      <li><em>创意极品</em></li>`
09	`    </ul>`
10	`  </div>`
11	`  <div class="tbody">`
12	`    <div class="block">`
13	`      <div class="tInfo">    ……    </div>`
14	`      <div class="tInfo">    ……    </div>`
15	`      <div class="tInfo">    ……    </div>`
16	`      <div class="tInfo">    ……    </div>`
17	`    </div>`
18	`    <div class="none">    ……    </div>`
19	`    <div class="none">    ……    </div>`
20	`    <div class="none">    ……    </div>`
21	`  </div>`
22	`</div>`

网页 0702.htm 中实现横向选项卡的 JavaScript 代码如表 7-4 所示。

表 7-4 网页 0702.htm 中实现横向选项卡的 JavaScript 代码

序号	程序代码
01	`<script type="text/javascript">`
02	`$(document).ready(function(){`
03	`    tab();`
04	`});`
05	
06	`function tab(){`
07	`    var _obj = $("#buyact").find(".tab0>li");`
08	`    //单击`
09	`    $(_obj).click(function(){`
10	`        var _ID = $(_obj).index(this);`
11	`        $(_obj).removeClass();`
12	`        $(this).addClass("index");`
13	`        $("#buyact").find(".tbody>div").removeClass().addClass("none");`
14	`        $("#buyact").find(".tbody>div:eq("+ _ID +")").removeClass().addClass("block");`
15	`    });`
16	`}`
17	`</script>`

知识必备

7.1 JavaScript 的数组对象

数组类似于变量,但不同之处在于数组可以把多个值和表达式放在一个名称之下。把多个值存放在一个变量中的做法造就了数组的强大。可存放在 JavaScript 数组中的数据的类型和数量都没有限制,在脚本中声明数组之后,就可以随时访问数组中任何项的任何数据。虽然数组可以保存 JavaScript 的任何数据类型,包括其他数组,但最常见的做法是,把相类似的数据存储在同一个数组中,并给它指定一个与数组项有关联意思的名称。

1. 定义数组

使用关键词 new 来创建数组对象。

下面的代码定义了一个名为 color 的数组对象。

var color=new Array();

有多种向数组赋值的方法,可以添加任意多的值,就像可以定义需要的任意多的变量一样。

方法一:

var color = new Array();
color[0]="red";
color[1]="yellow";
color[2]="blue";

也可以使用一个整数自变量来控制数组的容量。

var color = new Array(3)

方法二:

var color=new Array("red" , "yellow" , "blue");

注意 如果需要在数组内指定数值或者逻辑值,那么变量类型应该是数值变量或者布尔变量,而不是字符变量。

方法三:

var color=["red" , "yellow" , "blue"];

对于数组,还有"关联数组"这样一个特别的对象。有时会发现定义对象如下。

var car = new Array();
car['color'] = 'red';
car['wheels'] = 4;
car['age'] = 2;

"关联数组"只是对象的一个别名而已。

2. 访问数组

通过指定数组名以及索引号,就可以访问某个特定的元素。因为数组下标是基于零的,所以第 1 个元素是[0],第 2 个元素是[1],以此类推。

例如:

document.write(color[0])

输Z出的值是:red。

如果需要修改已有数组中的值，只要向指定下标号添加一个新值即可。

例如：

color[0]="green";

3. JavaScript Array 对象的主要属性和方法

JavaScript Array 对象常用的属性是 length，用于设置或返回数组中元素的数目。

JavaScript Array 对象的方法较多，如表 7-5 所示。

表 7-5　JavaScript Array 对象的方法

方法名称	功能说明
concat()	连接两个或更多的数组，并返回一个新数组
join()	将数组的所有元素组成一个字符串，元素通过指定的分隔符进行分隔，如果省略分隔符，则默认用逗号作为分隔符
pop()	删除并返回数组的最后一个元素，如果数组为空，则返回 undefined
push()	向数组的末尾添加一个或更多元素，并返回新的长度
reverse()	将数组中元素的顺序反序
shift()	删除并返回数组的第 1 个元素，如果数组为空，则返回 undefined
slice()	从某个已有的数组返回选定的元素
sort()	对数组的元素进行排序
splice()	删除元素，并向数组添加新元素
toSource()	返回该对象的源代码
toString()	把数组转换为字符串，并返回结果
toLocaleString()	把数组转换为本地数组，并返回结果
unshift()	向数组的开头添加一个或更多元素，并返回新的长度
valueOf()	返回数组对象的原始值

7.2　JSON 及其使用

JavaScript 对象表示法（JavaScript Object Notation，JSON）是存储和交换文本信息的数据格式，类似于 XML，但 JSON 比 XML 更小、更快，更易于解析。道格拉斯·克洛克福德（Douglas Crockford）发明了 JSON 数据格式来存储数据，可以使用原生的 JavaScript 方法来存储复杂的数据而不需要进行任何额外的转换。

JSON 是 JavaScript 中对象的字面量，是对象的表示方法，通过使用 JSON，可以减少中间变量，使代码的结构更加清晰，也更加直观。使用 JSON，可以动态地构建对象，而不必通过类来进行实例化，大大提高了编码的效率。从本质上讲，JSON 是用于描述复杂数据最轻量级的方式，而且它直接运行在浏览器中。

可以用下面的语句声明一个对象，同时创建属性。

```
var book={
          name:"网页特效设计",
          author:"丁一",
          publishing:"人民邮电出版社",
          price:38.8,
          edition:2
}
```

JSON 的语法格式是使用"{"和"}"表示一个对象，使用"属性名称:属性值"的格式来创建属性，多个属性用 "," 分隔。

对象属性还可以是一个对象或者数组。

例如：

```
var objMen = {
            name : "tom",
            age : 26,
            birthday : new Date(1992, 6, 6),
            addr : {
                    street : "Huang He Road",
                    xno : "168"
            }
      }
```

使用 JSON 格式的对象创建完成后，就可以用 "." 或者索引的形式访问属性。

JSON 的另一个应用场景是：当一个函数拥有多个返回值时，在传统的面向对象语言中，用户需要组织一个对象，然后返回，而 JavaScript 则完全不需要这么麻烦。

例如：

```
function point(left, top){
                this.left = left;
                this.top = top;
                return { x: this.left , y:this.top } ;
      }
```

直接动态地构建一个新的匿名对象返回即可：

var pos = point(3, 4)；   //即 pos.x 为 3，pos.y 为 4

使用 JSON 返回的对象可以有任意复杂的结构，甚至可以包括函数对象。

在实际的编程中，用户通常需要遍历一个 JavaScript 对象，但用户事先对对象的内容一无所知。怎么做呢？JavaScript 提供了 for…in 形式的语法结构。

```
for(var item in json) {
            //item 为键
            //json[item]为值
      } ;
```

这种模式十分有用，例如，在实际的 Web 应用中，对一个页面元素需要设置一些属性，这些属性是事先不知道的。

例如：

```
var style = {
            border: "1px solid #ccc",
            color: "blue"
};
```

然后给一个 DOM 元素动态地添加这些属性。

例如：

```
for(var item in style){
            //使用 jQuery 的选择器
            $("div#element").css(item, style[item]);
} ;
```

当然，jQuery 有更好的办法来做这样一件事，这里只是举个例子。应该注意的是，在给 $("div#element")添加属性时，用户对 style 的结构是不清楚的。

又例如，需要收集一些用户的自定义设置，也可以通过公开一个 JSON 对象，将需要设置的内容填入这个 JSON，然后程序对其进行处理。

例如：
```
function customize(options){
    this.settings = $.extend(default, options);
}
```

引导训练

任务 7-3 应用 DOM 的 className 和 style 等属性设计纵向选项卡

【任务描述】

网页 0703.html 中的纵向选项卡如图 7-3 所示，鼠标指针指向选项卡标题时自动切换选项卡。

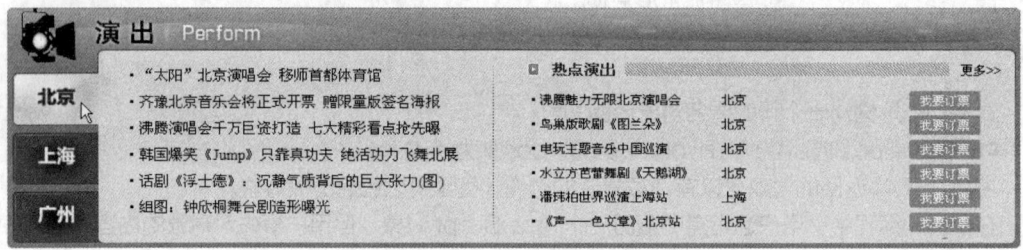

图 7-3 网页 0703.html 中的纵向选项卡

【思路探析】

自定义函数 tab_live()实现选项卡的切换，该函数只有 1 个参数，用于传送鼠标指针指向的选项卡位置编号，分别为 0、1、2。该函数通过网页元素的 classNamen 属性设置样式类，通过设置 display 属性值为 "block" 或 "none"，实现选项卡内容的显示或隐藏。

【特效实现】

网页 0703.html 中的纵向选项卡对应的 HTML 代码如表 7-6 所示。

表 7-6 网页 0703.html 中的纵向选项卡对应的 HTML 代码

序号	程序代码
01	`<div class="main960 box_hr12"></div>`
02	`<div class="main960" id="liveshow_title"></div>`
03	`<div class="main960" id="liveshow">`
04	`<div class="float_l" id="liveshow_tabs">`
05	`<div class="bjoff" onmouseover="tab_live(0)"></div>`
06	`<div class="shoff" onmouseover="tab_live(1)"></div>`
07	`<div class="gzon" onmouseover="tab_live(2)"></div>`
08	`</div>`

续表

序号	程序代码
09	`<div id="liveshowconts1">`
10	`<ul class="liveshow_list line_h_26 font_s_14" style="display: none; ">`
11	`<li>` …… `</li>`
12	`<li>` …… `</li>`
13	……
14	`</ul>`
15	`<ul class="liveshow_list line_h_26 font_s_14" style="display: none; ">`
16	……
17	`</ul>`
18	`<ul class="liveshow_list line_h_26 font_s_14" style="display: none; ">`
19	……
20	`</ul>`
21	`<dl class="book_online">`
22	`<dt><span class="float_r"><a href=" " target="_blank">更多&gt;&gt;</a></span>`
23	`<span class="font_w_b d_red font_s_14">热点演出</span> </dt>`
24	`<dd class="padding_t10">`
25	……
26	`</dd>`
27	`</dl>`
28	`</div>`
29	`<div class="clr"></div>`
30	`</div>`

网页 0703.html 中实现纵向选项卡的 JavaScript 代码如表 7-7 所示。

表 7-7 网页 0703.html 中实现纵向选项卡的 JavaScript 代码

序号	程序代码
01	`<script>`
02	`function tab_live(n){`
03	`var m_n = document.getElementById("liveshow_tabs").getElementsByTagName("div");`
04	`var c_n = document.getElementById("liveshowconts1").getElementsByTagName("ul");`
05	`if(n==0){`
06	`m_n[0].className="bjon";`
07	`m_n[1].className="shoff";`
08	`m_n[2].className="gzoff";`
09	`c_n[0].style.display="block";`
10	`c_n[1].style.display="none";`
11	`c_n[2].style.display="none";`
12	`}`
13	`if(n==1){`
14	`m_n[0].className="bjoff";`
15	`m_n[1].className="shon";`
16	`m_n[2].className="gzoff";`
17	`c_n[0].style.display="none";`
18	`c_n[1].style.display="block";`
19	`c_n[2].style.display="none";`

续表

序号	程序代码
20	}
21	if(n==2){
22	m_n[0].className="bjoff";
23	m_n[1].className="shoff";
24	m_n[2].className="gzon";
25	c_n[0].style.display="none";
26	c_n[1].style.display="none";
27	c_n[2].style.display="block";
28	}
29	}
30	</script>

任务 7-4　应用 DOM 的 className 和 style 等属性设计横向选项卡

【任务描述】

网页 0704.html 中的横向选项卡如图 7-4 所示，鼠标指针指向选项卡标题时实现选项卡的切换。

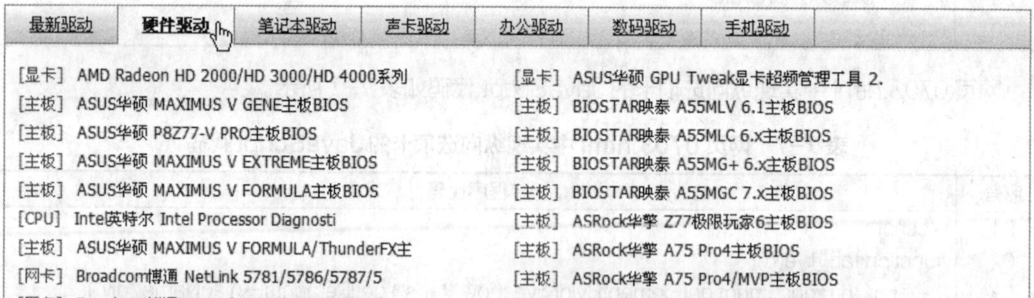

图 7-4　网页 0704.html 中的横向选项卡

【思路探析】

（1）自定义函数 getObject()，该函数根据不同类型浏览器的 DOM 属性差异调用合适的方法，返回网页元素。

（2）自定义函数 tab_fun()，该函数有 4 个参数，分别为元素顺序、元素总数、id 标识和类名称。该函数通过网页元素的 classNamen 属性设置样式类,通过设置 display 属性值为"block"或"none"，实现选项卡内容的显示或隐藏。

【特效实现】

网页 0704.html 中的横向选项卡主要应用的 CSS 代码如表 7-8 所示。

表 7-8　网页 0704.html 中的横向选项卡主要应用的 CSS 代码

序号	程序代码	序号	程序代码
01	.tab_ul {	15	border-bottom: #8fa9c2 1px solid;
02	background: url(images/main_bg.jpg)	16	height: 27px;
03	no- repeat 0px −104px;	17	padding: 0px 18px 0px 18px;
04	overflow: hidden;	18	}
05	width: 772px;	19	.tab_ul li.the_2 {
06	position: relative	20	font-weight: bold;
07	}	21	background: #fff;
08	.tab_ul li {	22	color: #333;
09	border-right: #8fa9c2 1px solid;	23	border-bottom: #fff 1px solid;
10	display: inline;	24	position: relative;
11	float: left;	25	}
12	cursor: pointer;	26	.last_ul {
13	color: #039;	27	height: 301px
14	line-height: 27px;	28	}

网页 0704.html 中的横向选项卡对应的 HTML 代码如表 7-9 所示。

表 7-9　网页 0704.html 中的横向选项卡对应的 HTML 代码

序号	程序代码
01	\<div class="indexright_last"\>
02	\<ul class="tab_ul"\>
03	\<li class="the_2" id="tab_b1" onmouseover="tab_fun('1','7','tab_b','the_2')"\>
04	\<a href=""\>最新驱动\</a\>\</li\>
05	\<li id="tab_b2" onmouseover="tab_fun('2','7','tab_b','the_2')"\>
06	\<a href=""\>硬件驱动\</a\>\</li\>
07	\<li id="tab_b3" onmouseover="tab_fun('3','7','tab_b','the_2')"\>
08	\<a href=""\>笔记本驱动\</a\>\</li\>
09	\<li id="tab_b4" onmouseover="tab_fun('4','7','tab_b','the_2')"\>
10	\<a href=""\>声卡驱动\</a\>\</li\>
11	\<li id="tab_b5" onmouseover="tab_fun('5','7','tab_b','the_2')"\>
12	\<a href=""\>办公驱动\</a\>\</li\>
13	\<li id="tab_b6" onmouseover="tab_fun('6','7','tab_b','the_2')"\>
14	\<a href=""\>数码驱动\</a\>\</li\>
15	\<li id="tab_b7" onmouseover="tab_fun('7','7','tab_b','the_2')"\>
16	\<a href=""\>手机驱动\</a\>\</li\>
17	\</ul\>
18	\<div class="last_ul" id="c_tab_b1" style="display: block"\>
19	\<ul class="last_ul1"\>　……　\</ul\>
20	\<ul class="last_ul1"\>　……　\</ul\>
21	\</div\>
22	\<div class="last_ul" id="c_tab_b2" style="display: none"\>
23	\<ul class="last_ul1"\>　……　\</ul\>
24	\<ul class="last_ul1"\>　……　\</ul\>
25	\</div\>
26	\<div class="last_ul" id="c_tab_b3" style="display: none"\>
27	\<ul class="last_ul1"\>　……　\</ul\>
28	\<ul class="last_ul1"\>　……　\</ul\>
29	\</div\>

续表

序号	程序代码
30	\<div class="last_ul" id="c_tab_b4" style="display: none"\>
31	\<ul class="last_ul1"\> …… \</ul\>
32	\<ul class="last_ul1"\> …… \</ul\>
33	\</div\>
34	\<div class="last_ul" id="c_tab_b5" style="display: none"\>
35	\<ul class="last_ul1"\> …… \</ul\>
36	\<ul class="last_ul1"\> …… \</ul\>
37	\</div\>
38	\<div class="last_ul" id="c_tab_b6" style="display: none"\>
39	\<ul class="last_ul1"\> …… \</ul\>
40	\<ul class="last_ul1"\> …… \</ul\>
41	\</div\>
42	\<div class="last_ul" id="c_tab_b7" style="display: none"\>
43	\<ul class="last_ul1"\> …… \</ul\>
44	\<ul class="last_ul1"\> …… \</ul\>
45	\</div\>
46	\</div\>

网页 0704.html 中实现横向选项卡对应的 JavaScript 代码如表 7-10 所示。

表 7-10　网页 0704.html 中实现横向选项卡对应的 JavaScript 代码

序号	程序代码
01	`<script type="text/javascript">`
02	`function getObject(objectId) {`
03	`  if(document.getElementById && document.getElementById(objectId)) {`
04	`    // W3C DOM`
05	`    return document.getElementById(objectId); }`
06	`  else if (document.all && document.all(objectId)) {`
07	`    // MSIE 4 DOM`
08	`    return document.all(objectId); }`
09	`  else if (document.layers && document.layers[objectId]) {`
10	`    // NN 4 DOM`
11	`    return document.layers[objectId]; }`
12	`  else {`
13	`    return false;  }`
14	`}`
15	`// 通用 TAB 切换函数（元素顺序，元素总数，id 标识，类名称）`
16	`function tab_fun(ord , num , cname , nowstyle){`
17	`  num++;`
18	`  for (i=1;i<num;i++){`
19	`    if(ord==i){`
20	`      getObject(cname+i).className=nowstyle;`
21	`      getObject('c_'+cname+i).style.display="block"; }`
22	`    else{`
23	`      getObject(cname+i).className="";`
24	`      getObject('c_'+cname+i).style.display="none"; }`
25	`  }`
26	`}`
27	`</script>`

任务 7-5　应用仿 jQuery 的 attr 方法设计横向选项卡

【任务描述】

网页 0705.html 中的横向选项卡如图 7-5 所示，单击选项卡标题即可切换选项卡。

图 7-5　网页 0705.html 中的横向选项卡

【思路探析】

（1）仿照 jQuery 的 attr 函数自定义函数 attr()，该函数用于获取和设置网页元素属性的值。

（2）调用自定义函数 attr() 分别获取 titTag、conTag、maxNum 和 curNum 等属性的值。

（3）通过设置网页元素的 className 属性的值，控制选项卡的显示或隐藏，同时设置选项卡标题的背景。

（4）调用自定义函数 attr()，设置当前被选中选项卡的属性，即显示被选中选项卡对应的网页内容。

【特效实现】

网页 0705.html 中的横向选项卡主要应用的 CSS 代码如表 7-11 所示。

表 7-11　网页 0705.html 中的横向选项卡主要应用的 CSS 代码

序号	程序代码	序号	程序代码
01	.shopDesc .tit　{	11	float: left;
02	width: 760px;	12	line-height: 25px;
03	height: 25px;	13	font-size: 12px;
04	float: left;	14	text-align: center;
05	background: url(../images/line_grp.gif)	15	margin-right: 5px;
06	repeat-x 0px 24px;	16	cursor: default;
07	}	17	}
08	.shopDesc .tit h3　{	18	.shopDesc .tit h3.on　{
09	width: 100px;	19	color: #535353;
10	height: 25px;	20	background: url(../images/shop_v.gif)

续表

序号	程序代码	序号	程序代码
21	no-repeat -0px -100px;	35	font-size: 12px;
22	}	36	border-right: 1px solid #cdcdcd;
23	.shopDesc .tit h3.of {	37	border-bottom: 1px solid #cdcdcd;
24	color: #464646;	38	border-left: 1px solid #cdcdcd;
25	background: url(../images/shop_v.gif)	39	}
26	no-repeat -0px -125px;	40	.shopDesc .con .of {
27	font-weight: normal;	41	display: none;
28	}	42	}
29	.shopDesc .con {	43	.shopDesc .con .on {
30	width: 738px;	44	width: 708px;
31	height: auto;	45	height: auto;
32	float: left;	46	float: left;
33	padding: 10px;	47	padding-left: 20px;
34	border-top: 1px none #cdcdcd;	48	}

网页 0705.html 中横向选项卡对应的 HTML 代码如表 7-12 所示。

表 7-12　网页 0705.html 中横向选项卡对应的 HTML 代码

序号	程序代码
01	`<div class="fullCell">`
02	`<div class="mstDesc">`
03	`<h1 style="padding:10px;">苹果 iPhoneXS 图赏</h1>`
04	`<div id="gdsDescInfos" class="shopDesc" titTag="tab" conTag="tbl" maxNum="6" curNum="1">`
05	`<div class="tit">`
06	`<h3 id="tab1" class="on" onclick="switchtab('gdsDescInfos',1);">外观效果图 1</h3>`
07	`<h3 id="tab2" class="of" onclick="switchtab('gdsDescInfos',2);">外观效果图 2</h3>`
08	`<h3 id="tab3" class="of" onclick="switchtab('gdsDescInfos',3);">外观效果图 3</h3>`
09	`<h3 id="tab4" class="of" onclick="switchtab('gdsDescInfos',4);">外观效果图 4</h3>`
10	`<h3 id="tab5" class="of" onclick="switchtab('gdsDescInfos',5);">外观效果图 5</h3>`
11	`</div>`
12	`<div class="con">`
13	`<div id="tbl1" class="on" style="padding:0px;width:758px;">`
14	`<img height="460" alt="" width="700" src="images/070501.jpg" />`
15	`</div>`
16	`<div id="tbl2" class="of">`
17	`<img height="460" alt="" width="700" src="images/070502.jpg" />`
18	`</div>`
19	`<div id="tbl3" class="of" >`
20	`<img height="460" alt="" width="700" src="images/070503.jpg" />`
21	`</div>`
22	`<div id="tbl4" class="of" >`
23	`<img height="460" alt="" width="700" src="images/070504.jpg" />`
24	`</div>`
25	`<div id="tbl5" class="of" >`
26	`<img height="460" alt="" width="700" src="images/070505.jpg" />`
27	`</div>`
28	`</div>`

续表

序号	程序代码
29	</div>
30	</div>
31	</div>

网页 0705.html 中实现横向选项卡的 JavaScript 代码如表 7-13 所示。

表 7-13 网页 0705.html 中实现横向选项卡的 JavaScript 代码

序号	程序代码
01	`<script type="text/javascript" >`
02	`function id(name){return document.getElementById(name);};`
03	`//获取和设置网页元素属性的值`
04	`function attr(elem,name,value){`
05	`  if( !name || name.constructor!=String ) return '';`
06	`  name = {'for':'htmlFor','class':'className'}[name]||name;`
07	`  if( typeof(value)!='undefined' ){`
08	`    elem[name] = value;`
09	`    if(elem.setAttribute) elem.setAttribute(name,value); }`
10	`  else if(value=='')`
11	`    elem.removeAttribute(name);`
12	`  return elem[name] || elem.getAttribute(name) || '';`
13	`};`
14	
15	`function switchtab(strObjName,intClkNum){`
16	`  var objName = id(strObjName);`
17	`  if (!objName) return false;`
18	`  var strTitTag = attr(objName,"titTag");`
19	`  var strConTag = attr(objName,"conTag");`
20	`  var intMaxNum = parseInt(attr(objName,"maxNum"));`
21	`  var intCurNum = parseInt(attr(objName,"curNum"));`
22	`  if (intClkNum==intCurNum) return false;`
23	`  var objTit,objCon;`
24	`  for (var i=1;i<=intMaxNum;i++){`
25	`    try{`
26	`      objTit = id(strTitTag+i.toString());`
27	`      objCon = id(strConTag+i.toString());`
28	`      if (i==intClkNum){`
29	`        objTit.className = "on";`
30	`        objCon.className = "on";`
31	`      } else {`
32	`        objTit.className = "of";`
33	`        objCon.className = "of";`
34	`      };`
35	`    }catch(e){}`
36	`  };`
37	`  attr(objName,"curNum",intClkNum);`
38	`};`
39	`</script>`

任务 7-6　应用 JavaScript 的 push 和 jQuery 的 animate 等方法设计横向选项卡与图文滚动特效

【任务描述】

网页 0706.html 中的选项卡如图 7-6 所示，当鼠标指针指向选项卡标题时可以切换选项卡，单击选项卡标题下方左侧的按钮时可以向左滚动下方图文，单击右侧的按钮可以向右滚动下方的图文。

图 7-6　网页 0706.html 中的选项卡及图文内容

【思路探析】

（1）自定义函数 upMove()用于实现向左滚动图文内容，downMove()用于实现向右滚动图文内容，自定义函数 changeTab()用于实现切换选项卡。

（2）设置项目列表区域（即图文滚动区域）的宽度为列表项的数量乘以 193。

（3）应用 jQuery 的 animate()函数自定义动画，应用 scrollLeft()方法设置或返回匹配元素相对滚动条左侧的偏移。

（4）应用 JavaScript 的 getElementById 和 getElementsByTagName()方法获取指定的网页元素。

（5）应用 JavaScript 的 push()方法将 div 元素添加到数组中。

（6）当鼠标指针指向选项卡标题时，通过 classNamen 属性设置该选项卡标题的样式类，通过设置 display 属性值为"block"或"none"，实现选项卡内容的显示或隐藏。

【特效实现】

网页 0706.html 中选项卡主要应用的 CSS 代码如表 7-14 所示。

表 7-14　网页 0706.html 中选项卡主要应用的 CSS 代码

序号	程序代码	序号	程序代码
01	.m2yw_piclist ul li {	10	.m2yw_piclist ul li img {
02	background: url(images/m2libg.jpg)	11	display: block;
03	no-repeat scroll center top transparent;	12	margin-bottom: 8px;
04	float: left;	13	background: #f93;
05	height: 150px;	14	height: 116px;
06	margin-right: 18px;	15	width: 173px;
07	padding: 1px 1px 0;	16	line-height: 116px;
08	text-align: center;	17	color: #fff;
09	width: 173px;　　}	18	}

网页 0706.html 中选项卡及图文内容对应的 HTML 代码如表 7-15 所示。

表 7-15　网页 0706.html 中选项卡及图文内容对应的 HTML 代码

序号	程序代码
01	<div>
02	<div class="m2yw_right">
03	<div class="m2yw_tab">
04	<ul id="tab2">
05	<li class="m2yw_cutli" onmousemove="changeTab(2,1)">网页模板</li>
06	<li onmousemove="changeTab(2,2)">平面设计</li>
07	<li onmousemove="changeTab(2,3)">网页特效</li>

续表

序号	程序代码
08	<li onmousemove="changeTab(2,4)">酷站欣赏</li>
09	<li onmousemove="changeTab(2,5)">动画酷站</li>
10	<li onmousemove="changeTab(2,6)">网页模板</li>
11	<li onmousemove="changeTab(2,7)">酷站欣赏</li>
12	</ul>
13	</div>
14	<div id="tablist2">
15	<div class="m2yw_pic">
16	<div onclick="upMove(this);return false" class="m2yw_btnl">
17	<img width="16" height="114" src="images/m2btn3.jpg" /></div>
18	<div class="m2yw_piclist">
19	<ul class="m2yw_posul">
20	<li> …… </li>
21	<li> …… </li>
22	……
23	</ul>
24	</div>
25	<div onclick="downMove(this);return false" class="m2yw_btnr">
26	<img width="16" height="114" src="images/m2btn4.jpg" /></div>
27	</div>
28	<div class="m2yw_pic hidden"> …… </div>
29	<div class="m2yw_pic hidden"> …… </div>
30	<div class="m2yw_pic hidden"> …… </div>
31	<div class="m2yw_pic hidden"> …… </div>
32	</div>
33	</div>
34	</div>

网页 0706.html 中实现选项卡及图文内容滚动的 JavaScript 代码如表 7-16 所示。

表 7-16　网页 0706.html 中实现选项卡及图文内容滚动的 JavaScript 代码

序号	程序代码
01	<script language="javascript">
02	function upMove(obj){
03	$(obj).next().find("ul").width($(obj).next().find("ul li").size()*193) ;
04	var dom = $(obj).next() ;
05	dom.animate({ scrollLeft : 193+dom.scrollLeft() } , 500) ;
06	}
07	function downMove(obj){
08	$(obj).prev().find("ul").width($(obj).prev().find("ul li").size()*193);
09	var dom = $(obj).prev();
10	dom.animate({ scrollLeft : -193+dom.scrollLeft() } , 500) ;
11	}
12	function changeTab(m,n){
13	var menu=document.getElementById("tab"+m).getElementsByTagName("li") ;
14	var div=document.getElementById("tablist"+m).getElementsByTagName("div") ;
15	var showdiv=[] ;
16	for (i=0; j=div[i]; i++){

续表

序号	程序代码
17	if ((" "+div[i].className+" ").indexOf(" m2yw_pic ") != −1){
18	showdiv.push(div[i]) ;
19	}
20	}
21	for(i=0;i<menu.length;i++)
22	{
23	menu[i].className=i==(n-1)?"m2yw_cutli":"" ;
24	showdiv[i].style.display=i==(n-1)?"block":"none" ;
25	}
26	}
27	</script>

自主训练

任务 7-7 应用 DOM 的 getElementById 和 className 等属性设计横向选项卡

【任务描述】

网页 0707.html 中的横向选项卡如图 7-7 所示,单击选项卡标题即可切换选项卡。

【操作提示】

网页 0707.html 中的横向选项卡主要应用的 CSS 代码如表 7-17 所示。

图 7-7 网页 0709.html 中的横向选项卡

表 7-17 网页 0707.html 中横向选项卡主要应用的 CSS 代码

序号	程序代码
01	<style type="text/css" id="indexSkin">
02	.boder1-t{border-top:1px solid #aaccee;}
03	.boder1-l{border-left:1px solid #aaccee;}
04	.boder1-r{border-right:1px solid #aaccee;}
05	.boder1-b{border-bottom:1px solid #aaccee;}
06	.boder1{border:1px solid #aaccee;}
07	.back-color{background-color:#f3faff;}
08	.back-color2{background-color:#ecf7ff;}
09	.back-color3{background-color:#ffffff;}
10	.color1{color:#07519a;}
11	.color2{color:#044691;}
12	.back-image{ background: url(images/skin/blue_bg.png) no-repeat; }
13	ul.taba li.at1{font-weight:700;border-bottom:none;padding-bottom:3.3px}
14	</style>

网页 0707.html 中横向选项卡对应的部分 HTML 代码如表 7-18 所示。

表 7-18　网页 0707.html 中横向选项卡对应的部分 HTML 代码

序号	程序代码
01	`<div class="container">`
02	`  <div class="lb">`
03	`    <div id="tagBox" class="g zx back-color boder1">`
04	`      <ul class="taba">`
05	`        <li id="query1" onClick="changeLeftTab(1)"`
06	`          class="boder1-r boder1-b back-color3 color1">手机安全充值</li>`
07	`        <li id="query2" onClick="changeLeftTab(2)"`
08	`          class="boder1-r boder1-b at1 back-color color1" style="color:#FF0000;" >机票</li>`
09	`        <li id="query3" onClick="changeLeftTab(3)"`
10	`          class="boder1-r boder1-b back-color3 color1">酒店</li>`
11	`      </ul>`
12	`      <div class="z1 back-color" id="s_query1" style="display:none">`
13	`        ……`
14	`      </div>`
15	`      <div class="z back-color" id="s_query2">`
16	`        ……`
17	`      </div>`
18	`      <div class="z back-color" id="s_query3"　style="display:none">`
19	`        ……`
20	`      </div>`
21	`    </div>`
22	`  </div>`
23	`</div>`

网页 0707.html 中实现横向选项卡及验证手机号的 JavaScript 代码如表 7-19 所示。

表 7-19　网页 0707.html 中实现横向选项卡及验证手机号的 JavaScript 代码

序号	程序代码
01	`<script type="text/javascript">`
02	`function changeLeftTab(cursel) {`
03	`  var name = "query";`
04	`  for (i = 1; i <= 3; i++) {`
05	`    var menu = document.getElementById(name + i);`
06	`    var con = document.getElementById("s_" + name + i);`
07	`    menu.className = i == cursel　? "boder1-r boder1-b at1 back-color color1"`
08	`                                  : "boder1-r boder1-b back-color3 color1";`
09	`    con.style.display = i == cursel ? "block" : "none";`
10	`  }`
11	`}`
12	`//手机充值 form 提交时验证手机号码的正确性`
13	`function chongzhiActionCheck() {`
14	`  var val = document.getElementById('J_TelInput').value;`
15	`  if (val == '' || val.length != 11) {`
16	`    alert('请输入正确的手机号！');`
17	`    return false;`
18	`  }`
19	`  return true;`
20	`}`
21	`</script>`

任务 7-8 应用 jQuery 的 mouseover 和 show 等方法设计横向选项卡

【任务描述】

网页 0708.html 中的横向选项卡如图 7-8 所示，当鼠标指针指向小图形按钮时，即可切换选项卡。

【操作提示】

网页 0708.html 中横向选项卡对应的部分 HTML 代码如表 7-20 所示。

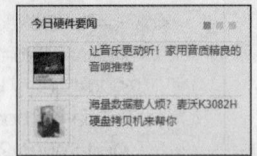

图 7-8 网页 0708.html 中的横向选项卡

表 7-20 网页 0708.html 中横向选项卡对应的部分 HTML 代码

序号	程序代码
01	`<div class="slierbar home_links today_important">`
02	`<div class="today_topbg">`
03	`<h4>今日硬件要闻</h4>`
04	`<ul class="today_nav">`
05	`<li class="on"></li>`
06	`<li></li>`
07	`<li></li>`
08	`</ul>`
09	`</div>`
10	`<div class="today_main">`
11	`<ul>`
12	`<li> …… </li>`
13	`<li> …… </li>`
14	`<li> …… </li>`
15	`<li> …… </li>`
16	`<li> …… </li>`
17	`</ul>`
18	`<ul style="display: none"> …… </ul>`
19	`<ul style="display: none"> …… </ul>`
20	`</div>`
21	`<div class="today_footbg"></div>`
22	`</div>`

网页 0708.html 中实现横向选项卡对应的 JavaScript 代码如表 7-21 所示。

表 7-21 网页 0708.html 中实现横向选项卡对应的 JavaScript 代码

序号	程序代码
01	`<script>`
02	`$(function(){`
03	`$('.today_nav li').mouseover(function(){`
04	`if(this.className == 'on') {`
05	`return false;`
06	`}`
07	`$('.today_nav li').removeClass('on');`
08	`$(this).addClass('on');`
09	`$('.today_main ul').hide();`
10	`$('.today_main ul').eq($('.today_nav li').index($(this))).show();`
11	`});`
12	`});`
13	`</script>`

单元 8
设计内容展开与折叠类网页特效

本单元我们主要探讨实用的内容展开与折叠类网页特效的设计方法。

教学导航

▶ **教学目标**

① 学会设计内容展开与折叠类网页特效
② 熟悉 BOM（浏览器对象模型），掌握浏览器对象模型的层次结构
③ 重点掌握 window 对象、document 对象及其属性和方法
④ 一般掌握 screen 对象、location 对象、history 对象和 navigator 对象等浏览器对象及其属性和方法
⑤ 熟悉 jQuery 的尺寸方法

▶ **教学方法**　任务驱动法、分组讨论法、探究学习法

▶ **建议课时**　6 课时

特效赏析

任务 8-1　应用 jQuery 的 each 和 hasClass 等方法设计网页内容折叠与展开特效

网页 0801.html 中折叠与展开网页内容的特效如图 8-1 所示，单击 ➖ 按钮，即可折叠网页内容，单击 ➕ 按钮，即可展开网页内容，如图 8-2 所示。

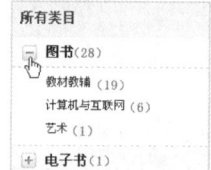

图 8-1　网页 0801.html 中折叠与展开网页内容的特效　　图 8-2　网页 0801.html 中网页内容的折叠与展开效果

网页 0801.html 中主要应用的 CSS 代码如表 8-1 所示。

表 8-1　网页 0801.html 中主要应用的 CSS 代码

序号	程序代码	序号	程序代码
01	#refilter {	25	#refilter .item b {
02	width: 207px;	26	margin-top: 1px;
03	border: 2px solid #ddd;	27	left: 10px;
04	}	28	overflow: hidden;
05		29	width: 16px;
06	#refilter .item {	30	cursor: pointer;
07	background: #fff; position: relative	31	position: absolute;
08	}	32	top: 7px;
09		33	height: 16px
10	#refilter .item h3 {	34	}
11	border-top: #ccc 1px dotted;	35	#refilter .item ul {
12	background: #fafafa;	36	border-top: 1px dotted #ccc;
13	overflow: hidden;	37	display: none;
14	cursor: pointer;	38	overflow: hidden;
15	line-height: 24px;	39	zoom: 1;
16	height: 24px;	40	padding: 4px 0px 4px 18px;
17	padding: 3px 6px 3px 36px;	41	}
18	}	42	#refilter .hover b {
19		43	background-position: -61px -339px
20	#refilter .item b {	44	}
21	background: url(images/search01.jpg)	45	
22	no-repeat	46	#refilter .hover ul {
23	background-position: -78px -339px;	47	display: block
24	}	48	}

网页 0801.html 中折叠与展开网页内容对应的 HTML 代码如表 8-2 所示。

表 8-2　网页 0801.html 中折叠与展开网页内容对应的 HTML 代码

序号	程序代码
01	`<div class="w main">`
02	`<div class="left">`
03	`<div class="m" id="refilter">`
04	`<div class="mt">`
05	`<h2>`所有类目`</h2>`
06	`</div>`
07	`<div class="mc">`
08	`<div class="item fore hover">`
09	`<h3><b></b>`图书`<span>`（28）`</span></h3>`
10	`<ul>`
11	`<li><s></s>`教材教辅 `<span>`（19）`</span></li>`
12	`<li><s></s>`计算机与互联网 `<span>`（6）`</span></li>`
13	`<li><s class="tree-last"></s>`艺术 `<span>`（1）`</span></li>`
14	`</ul>`
15	`</div>`
16	`<div class="item">`
17	`<h3><b></b>`电子书`<span>`（1）`</span></h3>`

续表

序号	程序代码
18	`<ul>`
19	`<li><s class="tree-last"></s>教材教辅 <span>（1）</span></li>`
20	`</ul>`
21	`</div>`
22	`</div>`
23	`</div>`
24	`</div>`
25	`</div>`

网页 0801.html 中实现折叠与展开网页内容特效的 JavaScript 代码如表 8-3 所示。

表 8-3　网页 0801.html 中实现折叠与展开网页内容特效的 JavaScript 代码

序号	程序代码
01	`<script type="text/javascript">`
02	`$("#refilter .item h3").each(function() {`
03	`    $(this).click(function() {`
04	`        var e = $(this).parent();`
05	`        if (e.hasClass("hover")) {`
06	`            e.removeClass("hover")`
07	`        } else {`
08	`            e.addClass("hover")`
09	`        }`
10	`    })`
11	`});`
12	`</script>`

任务 8-2　应用 jQuery 的 toggle 和 CSS 等方法实现网页内容多层折叠与展开特效

网页 0802.html 中商品类型的初始状态如图 8-3 所示。单击"展开"超链接，展开商品类型的第一层，如图 8-4 所示。

图 8-3　网页 0802.html 中商品类型的初始状态

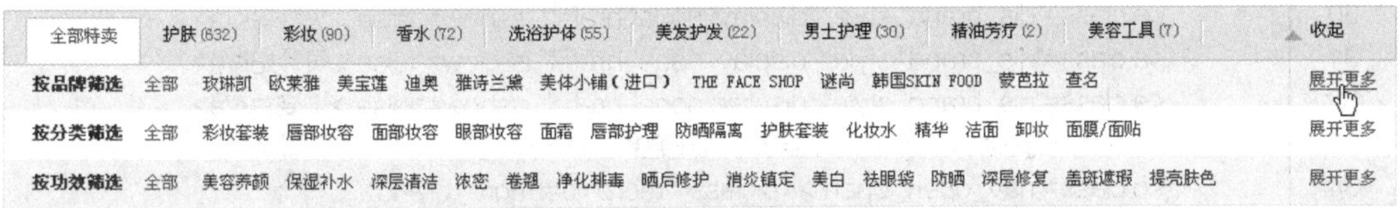

图 8-4　展开商品类型的第一层

单击"展开更多"超链接，展开每一种商品分类的全部内容，如图 8-5 所示。

网页 0802.html 中多层折叠与展开网页内容对应的 HTML 代码如表 8-4 所示。

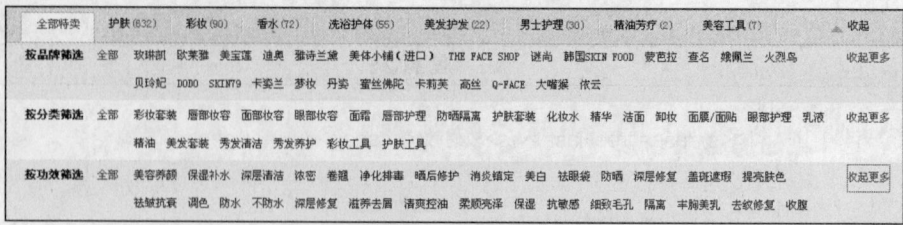

图 8-5 展开每一种商品分类的全部内容

表 8-4 网页 0802.html 中多层折叠与展开网页内容对应的 HTML 代码

序号	程序代码
01	`<div id="z_index_201208">`
02	`<div class="z_product_nav">`
03	`<a class="qubu" href="">全部特卖</a>`
04	`<a class="" href="">护肤<span>(632)</span></a>`
05	`<a class="" href="">彩妆<span>(90)</span></a>`
06	`<a class="" href="">香水<span>(72)</span></a>`
07	`<a class="" href="">洗浴护体<span>(55)</span></a>`
08	`<a class="" href="">美发护发<span>(22)</span></a>`
09	`<a class="" href="">男士护理<span>(30)</span></a>`
10	`<a class="" href="">精油芳疗<span>(2)</span></a>`
11	`<a class="" href="">美容工具<span>(7)</span></a>`
12	`<!--当是全部时,显示【展开】-->`
13	`<a class="zhankai" id="parentFilterPucker" onclick="showMore(this,'subFilterList')"`
14	`href="javascript:void(0)">展开</a>`
15	`</div>`
16	`<div class="clear"></div>`
17	`<div class="z_product_nav_open" id="subFilterList" style="display: none; "><!--品牌筛选-->`
18	`<div class="nav_open">`
19	`<p class="nav_open_tit"><a class="nav_open_tit1">按品牌筛选</a>`
20	`<a class="nav_open_tit2" href="">全部</a></p>`
21	`<p class="nav_open_con">`
22	`<a class="" href="">玫琳凯</a> <a class="" href="">欧莱雅</a>`
23	`<a class="" href="">美宝莲</a> <a class="" href="">迪奥</a>`
24	`<a class="" href="">雅诗兰黛</a> <a class="" href="">美体小铺(进口)</a>`
25	`<a class="" href="">THE FACE SHOP</a> <a class="" href="">谜尚</a>`
26	`<a class="" href="">韩国 SKIN FOOD</a> <a class="" href="">蒙芭拉</a>`
27	`<a class="" href="">查名</a>`
28	`<!--全部数据-->`
29	`<a class="dis_brand" style="display: none" href="" isshow="false">娥佩兰</a>`
30	`<a class="dis_brand" style="display: none" href="" isshow="false">火烈鸟</a>`
31	`<a class="dis_brand" style="display: none" href="" isshow="false">贝玲妃</a>`
32	`<a class="dis_brand" style="display: none" href="" isshow="false">卡姿兰</a>`
33	`</p><!--当总数大于 8 时,才显示【展开更多】-->`
34	`<p class="nav_open_open"><a class="more" id="more_brand"`
35	`onclick="showFilter(this, 'dis_brand')" href="javascript:void(0)">展开更多</a>`
36	`</p>`
37	`</div><!--分类筛选-->`
38	`<div class="nav_open nav_center">`

续表

序号	程序代码
39	`<p class="nav_open_tit"><a class="nav_open_tit1">按分类筛选</a>`
40	`<a class="nav_open_tit2" href="">全部</a></p>`
41	`<p> …… </p>`
42	`<p class="nav_open_open"><a class="more" id="more_type"`
43	`onclick="showFilter(this,'dis_type')" href="javascript:void(0)">展开更多</a>`
44	`</p>`
45	`</div><!--功效筛选-->`
46	`<div class="nav_open">`
47	`<p class="nav_open_tit"><a class="nav_open_tit1">按功效筛选</a>`
48	`<a class="nav_open_tit2" href="">全部</a> </p>`
49	`<p> …… </p>`
50	`<p class="nav_open_open"><a class="more" id="more_efficacy">`
51	`onclick="showFilter(this,'dis_efficacy')" href="javascript:void(0)">展开更多</a>`
52	`</p>`
53	`</div>`
54	`</div>`
55	`</div>`

网页 0802.html 中实现多层折叠与展开网页内容的 JavaScript 代码如表 8-5 所示。

表 8-5　网页 0802.html 中实现多层折叠与展开网页内容的 JavaScript 代码

序号	程序代码	序号	程序代码
01	`//大类目收起`	19	`//筛选项控制`
02	`function showMore(me, id) {`	20	`function showFilter(me, id) {`
03	`  var txt= $(me).text();`	21	`  var txt = $(me).text();`
04	`  var cls = $(me).attr('class');`	22	`  $('.' + id).each(function () {`
05	`  $("#" + id).toggle();`	23	`    if ($(this).attr('isshow') == 'true')`
06	`  if (txt == "展开")`	24	`    {`
07	`  {`	25	`      $(this).css('display', 'none');`
08	`    txt = "收起";`	26	`      $(this).attr('isshow', 'false');`
09	`    cls = "shouqi";`	27	`      txt = "展开更多";`
10	`  }`	28	`    }`
11	`  else if (txt == "收起")`	29	`    else`
12	`  {`	30	`    { $(this).css('display', 'block');`
13	`    txt = "展开";`	31	`      $(this).attr('isshow', 'true');`
14	`    cls = "zhankai";`	32	`      txt = "收起更多";`
15	`  }`	33	`    }`
16	`  $(me).text(txt);`	34	`  });`
17	`  $(me).attr('class', cls);`	35	`  $(me).text(txt);`
18	`}`	36	`}`

知识必备

8.1 BOM（浏览器对象模型）

浏览器对象模型（Browser Object Model，BOM）使 JavaScript 能够实现与浏览器的"对话"。

BOM 尚无正式标准。由于现代浏览器几乎实现了 JavaScript 交互性方面的相同方法和属性，因此 JavaScript 的方法和属性常被认为是 BOM 的方法和属性。

1. 浏览器对象模型的层次结构

浏览器对象就是网页浏览器本身各种实体元素在 JavaScript 代码中的体现。使用浏览器对象可以与 HTML 文档进行交互，其作用是将相关元素组织起来，提供给程序设计人员使用，从而减轻编程工作量。

当打开网页时，首先看到浏览器窗口，即 window 窗口，window 对象指的是浏览器本身。浏览器会自动创建文档对象模型中的一些对象，这些对象存放了 HTML 页面的属性和其他相关信息。我们看到的网页文档内容，即 document 文档，因为这些对象在浏览器上运行，所以也称其为浏览器对象。window 对象是所有页面对象的根节点，在 JavaScript 中，window 对象是全局对象。浏览器对象采用层次结构，除了 document 文档对象，还有 location 和 history 对象等。其层次结构如下所示。

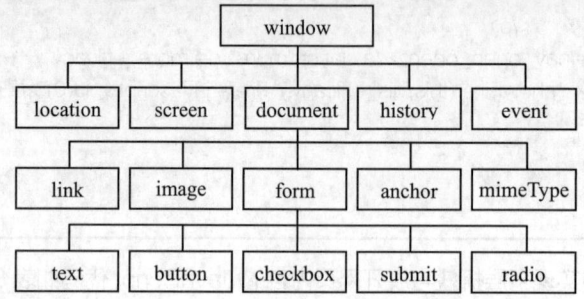

（1）第 1 层次

JavaScript 对象的层次结构中，最顶层的对象是窗口对象（window），它代表当前的浏览器窗口。该对象包括许多属性、方法和事件，编程人员可以利用这些对象控制浏览窗口。

（2）第 2 层次

窗口对象 window 之下是文档（document）、屏幕（screen）、事件（event）、框架（frame）、历史（history）、地址（location）。

（3）第 3 层次

文档对象之下包括表单（form）、图像（image）、链接（link）、锚对象（anchor）等多种对象。浏览器对象之下包括 MIME 类型对象（mimeType）、插件对象（plugin）等。

（4）第 4 层次

表单对象之下包括按钮（button）、复选框（checkbox）、单选按钮（radio）、文件域（fileUpload）等。

2. window 对象及其属性和方法

window 对象代表当前窗口，是每一个已打开的浏览器窗口的父对象，包含了 document、navigator、location、history 等子对象。

所有浏览器都支持 window 对象，所有 JavaScript 全局对象、函数以及变量均自动成为 window 对象的成员。甚至 HTML DOM 的 document 也是 window 对象的属性之一。

例如：

window.document.getElementById("demo");

也可以写成以下形式。

document.getElementById("demo");

该对象常用的属性与方法如下。

（1）defaultStatus 属性：用于设置或获取默认的状态栏信息。

（2）status 属性：用于设置或获取窗口状态栏中的信息。

（3）self 属性：表示当前 window 对象本身。
（4）parent 属性：表示当前窗口的父窗口。
（5）open（参数表）方法：打开一个具有指定名称的新窗口。
例如：
window.open("images/01.gif", "www_helpor_net", "toolbar=no,
　　　　　　status=no, menubar=no, crollbars=no, resizable=no,
　　　　　　width=228, height=92, left=200, top=50")；

使用 window.open()方法弹出窗口，可以设置弹出窗口的相关信息，其中"toolbar"表示窗口的工具栏，"status"表示窗口的状态栏，"menubar"表示窗口的菜单栏，"scrollbars"表示窗口的滚动条，"directories"表示窗口的链接工具栏，"location"表示窗口的地址栏，"resizable"表示窗口大小是否可调整，"width，height"表示窗口的宽度和高度，"left，top"表示窗口左上角至屏幕左上角的水平方向和垂直方向的距离，单位为像素。

（6）close()方法：表示关闭当前窗口。
（7）moveTo(x , y)方法：表示移动当前窗口。
（8）resizeTo(height , width)方法：表示调整当前窗口的尺寸。
（9）resizeBy(w , h)方法：表示窗口宽度增大 w，高度增大 h。
（10）showModalDialog()方法：在一个模式窗口中显示指定的 HTML 文档。该方法与 open()方法类似，也有 3 个参数，第 1 个参数为网址，第 2 个参数为窗口名称，第 3 个参数为模式窗口的高和宽。showModalDialog()方法具有返回值，返回所打开的模式窗口中的内容字符串。

3．document 对象及其属性和方法

document 对象代表当前浏览器窗口中的文档，使用它可以访问到文档中的所有其他对象，如图像、表单等。

document 对象常用的属性与方法如下。
（1）all 属性：表示文档中所有 HTML 标记符的数组。
（2）bgColor 属性：用于获取或设置网页文档的背景颜色。
例如：
document.bgColor="green";
alert(document.bgColor);
（3）fgColor：用于获取或设置网页文本颜色（前景色）。
（4）linkColor 属性：用于获取或设置未单击过的链接颜色。
（5）alinkColor 属性：用于获取或设置激活链接的颜色。
（6）vlinkColor 属性：用于获取或设置已单击过链接的颜色。
（7）title 属性：用于获取或设置网页文档的标题，等价于 HTML 的<title>标记。
例如：
alert(document.title);
（8）forms 属性：表示网页文档中所有表单的数组。
例如：
document.forms[0]。
（9）write 方法：其功能是将字符或变量值输出到窗口。
（10）close 方法：将窗口关闭。

网页元素的 offsetLeft 属性是指该元素相对于页面（或由 offsetParent 属性指定的父元素）左侧的位置。默认情况下是指相对于页面左侧的距离。该属性和 style.left 作用相同，offsetLeft 属性可读可写。

网页元素的 offsetTop 属性是指该元素相对于页面（或由 offsetParent 属性指定的父元素）顶端

的位置,该属性和 style.top 作用相同,offsetTop 属性可读可写。

4. screen 对象及其属性

window.screen 对象包含有关用户屏幕的信息,window.screen 对象在编写程序时可以不使用 window 这个前缀。

(1) width 和 height 属性

分别返回屏幕的最大宽度和高度,与屏幕分辨率对应。例如,屏幕分辨率设置为 1280 像素×960 像素,则屏幕的最大宽度为 1280 像素,屏幕的最大高度为 960 像素。

(2) availWidth 属性

返回用户屏幕可用工作区的宽度,单位为像素,其值为屏幕宽度减去界面特性,如窗口滚动条的宽度。

(3) availHeight 属性

返回用户屏幕可用工作区的高度,单位为像素,其值为屏幕高度减去界面特性,如窗口任务栏的高度。

例如,获取屏幕的可用宽度:
```
<script>
        document.write("可用宽度: " + screen.availWidth);
</script>
```
以上代码输出示例为:

可用宽度:1280

例如,获取屏幕的可用高度:
```
<script>
        document.write("可用高度: " + screen.availHeight);
</script>
```
以上代码输出示例为:

可用高度:926

5. location 对象及其属性和方法

location 对象表示窗口中显示的当前网页的 URL 地址,可以使用该对象让浏览器打开某网页。

window.location 对象用于获得当前页面的地址(URL),并把浏览器重定向到新的页面。window.location 对象在编写时可不使用 window 这个前缀。

(1) hostname 属性:返回 Web 主机的域名。

(2) path 属性:返回当前页面的路径和文件名。

(3) port 属性:返回 Web 主机的端口(80 或 443)。

(4) protocol 属性:返回所使用的 Web 协议(http:// 或 https://)。

(5) href 属性:设置或返回当前页面的 URL。

(6) pathname 属性:返回 URL 的路径名。

(7) assign() 方法:加载新的文档。

(8) reload() 方法:重新加载当前页。

6. history 对象及其属性和方法

history 对象表示窗口中最近访问网页的 URL 地址。

window.history 对象包含浏览器的历史,window.history 对象在编写程序时可不使用 window 这个前缀。为了保护用户的隐私,对 JavaScript 访问该对象的方法做出了限制。

(1) back() 方法:加载历史列表中的前一个 URL,这与在浏览器中单击"后退"按钮相同。

(2) forward() 方法:加载历史列表中的下一个 URL,这与在浏览器中单击"前进"按钮相同。

7. navigator 对象

navigator 对象提供了浏览器环境的信息，包括浏览器的版本号、运行的平台等信息。

window.navigator 对象包含访问者浏览器的有关信息，window.navigator 对象在编写时可不使用 window 这个前缀。

 注意 来自 navigator 对象的信息具有误导性，不应该被用于检测浏览器版本，因为 navigator 数据可被浏览器使用者更改，浏览器无法报告晚于浏览器发布的新操作系统。

由于 navigator 可误导浏览器检测，使用对象检测可以嗅探不同的浏览器。

由于不同的浏览器支持不同的对象，可以使用对象来检测浏览器。例如，由于只有 Opera 支持属性"window.opera"，可以据此识别出 Opera。

例如，if (window.opera) {...some action...}

8.2 jQuery 的尺寸方法

通过 jQuery 处理元素和浏览器窗口的尺寸很容易，jQuery 提供了多个处理尺寸的重要方法，如表 A-10 所示。

页面 div 元素的 HTML 代码如下所示。

```
<div id="div1" style="height:100px ; width:300px; padding:10px ; margin:3px ;
                border:1px solid blue ; background-color:lightblue ; "></div>
```

各个尺寸方法对应的值如表 8-6 第 3 列所示。

表 8-6 jQuery 常用的尺寸方法

尺寸方法名称	示例代码	代码对应的尺寸值
width()	$("#div1").width()	300
height()	$("#div1").height()	100
innerWidth()	$("#div1").innerWidth()	320
innerHeight()	$("#div1").innerHeight()	120
outerWidth()	$("#div1").outerWidth()	322
outerHeight()	$("#div1").outerHeight()	122
outerWidth(true)	$("#div1").outerWidth(true)	328
outerHeight(true)	$("#div1").outerHeight(true)	128

width()和 height()也可以用于设置指定的<div>元素的宽度和高度。

例如，$("#div1").width(500).height(500)

 引导训练

任务 8-3 应用 DOM 的 onclick 事件和 parentNode 属性设计网页内容折叠与展开特效

【任务描述】

网页 0803.html 中折叠与展开网页内容特效的初始状态如图 8-6 所示，单击"收起"超链接时，

折叠对应的网页内容,如图 8-7 所示。单击"展开"超链接时,展开对应的网页内容。

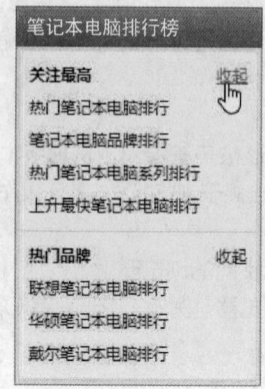
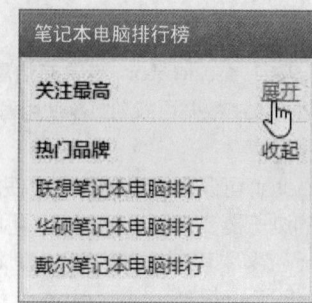

图 8-6 折叠与展开网页内容特效的初始状态　　图 8-7 单击"收起"超链接时折叠对应的网页内容

【思路探析】

(1) 为每一个 name 属性值为 jHide 的超链接设置触发 onclick 事件时调用的无名函数。

(2) 通过设置网页元素的 className 属性隐藏与显示对应的网页元素,同时通过设置超链接的 innerHTML 属性,动态改变其文本内容。

【特效实现】

网页 0803.html 中折叠与展开网页内容特效主要应用的 CSS 代码如表 8-7 所示。

表 8-7 网页 0803.html 中折叠与展开网页内容特效主要应用的 CSS 代码

序号	程序代码	序号	程序代码
01	.rankSB-cate .expA dl dd {	04	.rankSB-cate .expA .dlA-hide dd {
02	display: block; float: none; width: 155px	05	display: none
03	}	06	}

网页 0803.html 中折叠与展开网页内容特效对应的 HTML 代码如表 8-8 所示。

表 8-8 网页 0803.html 中折叠与展开网页内容特效对应的 HTML 代码

序号	程序代码
01	<div class="sidebar">
02	<div class="modbrandOut mb10 rankSB-cate">
03	<div class="modbrand">
04	<div class="thA"><span class="mark">笔记本电脑排行榜</span></div>
05	<div class="tbA">
06	<div class="expA">
07	<dl class="dlA clearfix">
08	<dt><i>关注最高</i>
09	<a class="btn" href="javascript://" name="jHide">收起</a>
10	</dt>
11	<dd><a href="">热门笔记本电脑排行</a> </dd>
12	<dd><a href="">笔记本电脑品牌排行</a></dd>
13	<dd><a href="">热门笔记本电脑系列排行</a></dd>
14	<dd><a href="">上升最快笔记本电脑排行</a></dd>
15	</dl>
16	<dl class="dlA clearfix">

续表

序号	程序代码
17	<dt><i>热门品牌</i>
18	<a class="btn" href="javascript://" name="jHide">收起</a>
19	</dt>
20	<dd><a href="">联想笔记本电脑排行</a></dd>
21	<dd><a href="">华硕笔记本电脑排行</a></dd>
22	<dd><a href="">戴尔笔记本电脑排行</a></dd>
23	</dl>
24	</div>
25	</div>
26	</div>
27	</div>
28	</div>

网页 0803.html 中实现折叠与展开网页内容特效的 JavaScript 代码如表 8-9 所示。

表 8-9　网页 0803.html 中实现折叠与展开网页内容特效的 JavaScript 代码

序号	程序代码
01	<script>
02	(function(){
03	var hides=document.getElementsByName("jHide");
04	for(var i=0 ; i<hides.length ; i++)
05	{
06	hides[i].onclick=function()
07	{
08	var box=this.parentNode.parentNode;
09	if(box.className.indexOf("dlA-hide")<0) {
10	box.className+=" dlA-hide";
11	this.innerHTML="展开"　　}
12	else {
13	box.className=box.className.replace(/dlA-hide/," ");
14	this.innerHTML="收起"　　}
15	};
16	};
17	})();
18	</script>

任务 8-4　应用 JavaScript 的 getElementsByTagName 和 className 等方法或属性设计网页内容折叠与展开特效

【任务描述】

网页 0804.html 中折叠与展开网页内容特效的初始状态如图 8-8 所示，单击 ➕ 按钮，即可展开对应的网页内容，如图 8-9 所示。单击 ➖ 按钮，即可隐藏对应的网页内容。

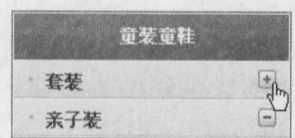
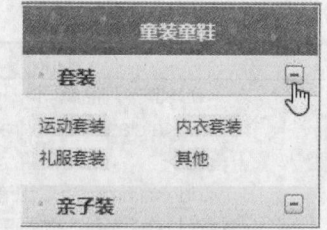

图 8-8　网页 0804.html 中折叠与展开网页内容特效的初始状态　　图 8-9　网页 0804.html 中展开网页内容

【思路探析】

（1）应用 jQuery 的 addClass()方法为网页元素添加样式类，应用 jQuery 的 removeClass()方法为网页元素移去样式类。

（2）应用 replace()方法，将字符串中的空白字符替换为 1 个空格字符，应用 split()方法，将字符串分割成字符串数组。

（3）应用 JavaScript 的 className 属性为网页元素设置样式类。

【特效实现】

网页 0804.html 中折叠与展开网页内容特效主要应用的 CSS 代码如表 8-10 所示。

表 8-10　网页 0804.html 中折叠与展开网页内容特效主要应用的 CSS 代码

序号	程序代码
01	.sort_box li .m .icon {
02	display: inline-block;
03	vertical-align: middle;
04	float: right;
05	background: url(images/sort_box_bg.png) no-repeat -16px -134px;
06	width: 14px;
07	height: 14px;
08	margin-top: 6px;
09	cursor: pointer;
10	}
11	.sort_box .hover .m .icon { background-position: 0 -134px; }
12	.sort_box .m .add { background-position: 0 -118px !important;}
13	.sort_box .m .minu { background-position: -16px -134px !important; }
14	.sort_box li .show{ display:block;}
15	.sort_box li{position:relative;}
16	.sort_box　li a:hover{text-decoration:underline !important;}
17	.sort_box　li .link a:hover{text-decoration:none !important;}
18	.sort_box　.hover　.m{cursor:pointer !important;}
19	.sort_box li .link{margin:0;}

网页 0804.html 中折叠与展开网页内容特效对应的 HTML 代码如表 8-11 所示。

表 8-11　网页 0804.html 中折叠与展开网页内容特效对应的 HTML 代码

序号	程序代码
01	<div class="spacer"></div>
02	<div id=""　class="con " name="4030">
03	<div id=""　class="col aside" name=" 4031" >
04	<div id=" component_78140"></div>

续表

序号	程序代码
05	`<div class="sort_box" name="">`
06	`  <h3 align="center">童装童鞋</h3>`
07	`  <ul>`
08	`    <li>`
09	`      <span  onclick="change(4009391,this)"  class="m"  name="C2">`
10	`        <span class="icon minu"></span>`
11	`      </span>`
12	`      <a href="" class="t" title="套装">套装</a>`
13	`      <div id="4009391" class="link hide"  name="C1">`
14	`        <span><a href="" title="运动套装" >运动套装</a></span>`
15	`        <span><a href="" title="内衣套装" >内衣套装</a></span>`
16	`        <span><a href="" title="礼服套装" >礼服套装</a></span>`
17	`        <span><a href="" title="其他">其他</a></span>`
18	`      </div>`
19	`    </li>`
20	`    <li >`
21	`      <span  class="m"  name="C2">`
22	`        <span class="icon add"></span>`
23	`      </span>`
24	`      <a href="" class="t" title="亲子装">亲子装</a>`
25	`    </li>`
26	`  </ul>`
27	`</div>`
28	`  </div>`
29	`</div>`

网页 0804.html 中实现折叠与展开网页内容特效的 JavaScript 代码如表 8-12 所示。

表 8-12　网页 0804.html 中实现折叠与展开网页内容特效的 JavaScript 代码

序号	程序代码
01	`<script type="text/javascript">`
02	`$('.sort_box li.m').hover(function (){`
03	`    $(this).parent().addClass('hover');`
04	`}, function () {`
05	`    $(this).parent().removeClass('hover');`
06	`});`
07	`function change(id,node){`
08	`  var d = document.getElementById(id);`
09	`  var childNode = node.getElementsByTagName('span');`
10	`  node = childNode[0];`
11	`  var c = node.className;`
12	`  c = c.replace(/\s+/ig,' ');`
13	`  var cList = c.split(' ');`
14	`  if(cList[1] == 'add'){`
15	`    node.className = 'icon minu';`
16	`    d.className = 'link hide';}`
17	`  else{`

续表

序号	程序代码
18	node.className = 'icon add';
19	d.className = 'link show';
20	}
21	}
22	</script>

任务 8-5 应用 jQuery 的 bind 和 CSS 等方法设计网页内容折叠与展开特效

【任务描述】

网页 0805.html 中折叠与展开网页内容特效的初始状态如图 8-10 所示。单击"展开"超链接会展开隐藏的网页内容,如图 8-11 所示。此时单击"收起"按钮会折叠部分网页内容。

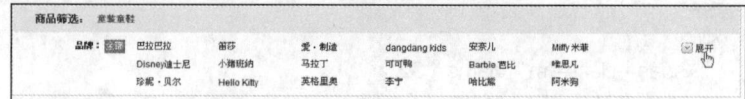

图 8-10 网页 0805.html 中折叠与展开网页内容特效的初始状态

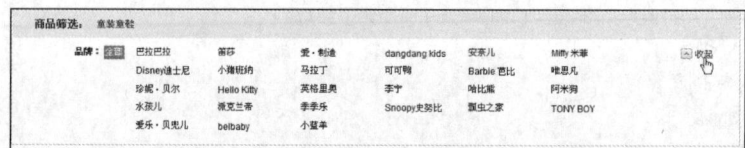

图 8-11 在网页 0805.html 中展开隐藏的网页内容

【思路探析】

（1）应用 offset()方法的 top 属性获取对应网页元素的纵向坐标,通过 2 个元素纵向坐标的差值计算高度。

（2）当商品品牌名称超过 5 行时,设置类样式名称为"allbrand"的网页元素高度为指定值,并且显示"展开"超链接,同时将该超链接的 click 事件与自定义函数 togglebrand()进行绑定。

（3）自定义函数 togglebrand()用于展开与收起网页内容。

【特效实现】

网页 0805.html 中折叠与展开网页内容特效主要应用的 CSS 代码如表 8-13 所示。

表 8-13 网页 0805.html 中折叠与展开网页内容特效主要应用的 CSS 代码

序号	程序代码	序号	程序代码
01	.filtrate_box .list .height {	11	margin-bottom: 4px;
02	overflow: hidden;	12	padding-bottom: 0;
03	height: 18px;	13	}
04	margin-bottom: 4px;	14	.filtrate_box .list .brand_opt .btn_b {
05	padding-bottom: 0;	15	background: url(images/arrow_t.png)
06	}	16	no-repeat 0 2px;
07		17	}
08	.filtrate_box .list .brand_height {	18	.filtrate_box .list .brand_opt .hover {
09	overflow: hidden;	19	background-position: 0 -20px;
10	height: 24px;	20	}

网页 0805.html 中折叠与展开网页内容特效对应的 HTML 代码如表 8-14 所示。

表 8-14　网页 0805.html 中折叠与展开网页内容特效对应的 HTML 代码

序号	程序代码
01	`<div class="filtrate_box" name="">`
02	`  <div class="head">`
03	`    <h3>商品筛选：</h3>`
04	`    <div class="opt_list" style="">`
05	`      <ul>`
06	`        <li class="all_sort"><span class="tt">童装童鞋</span></li>`
07	`      </ul>`
08	`    </div>`
09	`  </div>`
10	`  <dl class="list">`
11	`    <dt class="brand_t" style=""><b>品牌：</b><a href="#" class="red all">全部</a></dt>`
12	`    <dd class="brand_opt brand_height allbrand" style="">`
13	`    <span ><a name="brand" class="" title="巴拉巴拉" href="#">巴拉巴拉</a></span>`
14	`    <span ><a name="brand" class="" title="笛莎" href="#">笛莎</a></span>`
15	`    <span ><a name="brand" class="" title="爱·制造" href="#">爱·制造</a></span>`
16	`    <span ><a name="brand" class="" title="安奈儿" href="#">安奈儿</a></span>`
17	`    <span ><a name="brand" class="" title="小猪班纳" href="#">小猪班纳</a></span>`
18	`    <span ><a name="brand" class="" title="马拉丁" href="#">马拉丁</a></span>`
19	`    ……`
20	`    <span ><a name="brand" class="" title="瓢虫之家" href="#">瓢虫之家</a></span>`
21	`    <span ><a name="brand" class="" title="belbaby" href="#">belbaby</a></span>`
22	`    <span class="button" style="display:none;" id="tjbtn">展开</span>`
23	`    </dd>`
24	`  </dl>`
25	`</div>`

网页 0805.html 中实现折叠与展开网页内容特效对应的 JavaScript 代码如表 8-15 所示。

表 8-15　网页 0805.html 中实现折叠与展开网页内容特效对应的 JavaScript 代码

序号	程序代码
01	`<script type="text/javascript">`
02	`  var filter_brand_height = 64;`
03	`  $(function(){`
04	`    var brand_top = $('.allbrand').offset().top;`
05	`    var brand_bottom = $('.brand_bottom').offset().top;`
06	`    if(brand_bottom-brand_top < filter_brand_height){`　　　　//全部品牌未超过 5 行
07	`      $('.allbrand').removeClass('brand_height');   }`
08	`    else{`
09	`      $(".allbrand").css("height",filter_brand_height);`
10	`      $('#tjbtn').show();`
11	`      $('#tjbtn').bind("click" , togglebrand);   }`
12	`  });`
13	
14	`  function togglebrand(){`

续表

序号	程序代码
15	if ($('.allbrand').hasClass('brand_height')) {
16	$('.allbrand').css("height", "");
17	$('.allbrand').removeClass('brand_height');
18	$('#tjbtn').addClass("btn_b");
19	$('#tjbtn').html('收起'); }
20	else {
21	$('.allbrand').addClass('brand_height');
22	$('#tjbtn').removeClass("btn_b");
23	$(".allbrand").css("height",filter_brand_height);
24	$('#tjbtn').html('展开'); }
25	}
26	</script>

任务 8-6　应用 jQuery 的 next 和 toggleClass 等方法设计折叠与展开网页内容的特效

【任务描述】

网页 0806.html 中折叠与展开网页内容特效的初始状态如图 8-12 所示，单击超链接则显示对应的网页内容，如图 8-13 所示。

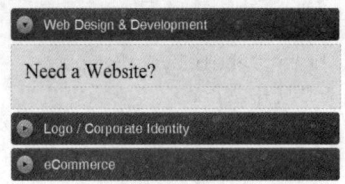

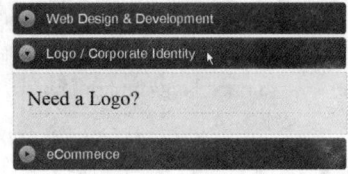

图 8-12　网页 0806.html 中折叠与展开网页内容特效的初始状态　　　图 8-13　在网页 0806.html 中单击超链接显示对应的网页内容

【思路探析】

（1）应用 is()方法判断所单击的网页元素当前是否处于隐藏（:hidden）状态。

（2）应用 slideUp()方法滑动隐藏被选元素，应用 slideDown()方法滑动显示被选元素。

（3）应用 toggleClass()方法从匹配的元素中添加或删除一个样式类。

【特效实现】

网页 0806.html 中折叠与展开网页内容特效对应的 HTML 代码如表 8-16 所示。

表 8-16　网页 0806.html 中折叠与展开网页内容特效对应的 HTML 代码

序号	程序代码
01	<div class="container">
02	<h2 class="acc_trigger"><a href="#">Web Design & Development</a></h2>
03	<div class="acc_container">
04	<div class="block">
05	<h3>Need a Website?</h3>
06	</div>
07	</div>

续表

序号	程序代码
08	\<h2 class="acc_trigger"\>\<a href="#"\>Logo / Corporate Identity\</a\>\</h2\>
09	\<div class="acc_container"\>
10	\<div class="block"\>
11	\<h3\>Need a Logo?\</h3\>
12	\</div\>
13	\</div\>
14	\<h2 class="acc_trigger"\>\<a href="#"\>eCommerce\</a\>\</h2\>
15	\<div class="acc_container"\>
16	\<div class="block"\>
17	\<h3\>Have Product to Sell?\</h3\>
18	\</div\>
19	\</div\>
20	\</div\>

网页 0806.html 中实现折叠与展开网页内容特效的 JavaScript 代码如表 8-17 所示。

表 8-17　网页 0806.html 中实现折叠与展开网页内容特效的 JavaScript 代码

序号	程序代码
01	\<script type="text/javascript"\>
02	$(document).ready(function(){
03	$('.acc_container').hide();
04	$('.acc_trigger:first').addClass('active').next().show();
05	$('.acc_trigger').click(function(){
06	if($(this).next().is(':hidden')) {
07	$('.acc_trigger').removeClass('active').next().slideUp();
08	$(this).toggleClass('active').next().slideDown();
09	}
10	return false;
11	});
12	});
13	\</script\>

自主训练

任务 8-7　应用 DOM 的 getElementById 方法和 className 属性设计网页内容折叠与展开特效

【任务描述】

网页 0807.html 中折叠与展开网页内容特效的初始状态如图 8-14 所示，单击超链接"投影机"时展开相应的网页内容，如图 8-15 所示。

【操作提示】

网页 0807.html 中折叠与展开网页内容特效对应的 HTML 代码如表 8-18 所示。

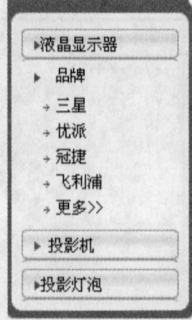
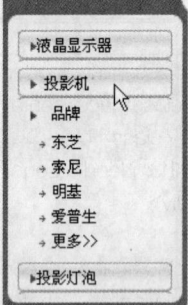

图 8-14　网页 0807.html 中折叠与展开网页内容特效的初始状态　　图 8-15　在网页 0807.html 中单击超链接"投影机"时展开相应的网页内容

表 8-18　网页 0807.html 中折叠与展开网页内容特效对应的 HTML 代码

序号	程序代码
01	`<table width="146" border="0" cellspacing="0" cellpadding="0">`
02	`  <tr valign="top">`
03	`    <td width="146">`
04	`      <table width="146"　border="0" cellspacing="0" cellpadding="0">`
05	`        <tr>`
06	`          <td><img src="images/left01.gif"　border="0" width="146" height="20" /></td>`
07	`        </tr>`
08	`      </table>`
09	`      <table width="146" border="0" cellspacing="0" cellpadding="0">`
10	`        <tr>`
11	`          <td align="center" height="180" valign="top" background="images/34.jpg" >`
12	`            <table id="s21" class="sub_tab" width="122" border="0"`
13	`              cellspacing="0" cellpadding="0">`
14	`              <tr>`
15	`                <td height="22" valign="middle" id="td_21"`
16	`                  onClick="javascript:switchShow2(21,1);"　class="sub_name_td">`
17	`                  <img src="images/left02.gif"　width="5" height="7" />液晶显示器</td>`
18	`              </tr>`
19	`            </table>`
20	`            <div id="subTable21" class="hidv" style=vtable-layout: fixed;width:100%">`
21	`              <table>　……　</table>`
22	`              <table>　……　</table>`
23	`            </div>`
24	`            <table id="s22" class="sub_tab" width="122" border="0"`
25	`              cellspacing="0" cellpadding="0">`
26	`              <tr>`
27	`                <td height="22" valign="middle" id="td_22"`
28	`                  onClick="javascript:switchShow2(22,1);" class="sub_name_td">`
29	`                  <img src="images/left02.gif"　width="5" height="7" /> 投影机</td>`
30	`              </tr>`
31	`            </table>`
32	`            <div id="subTable22" class="hid"　style="table-layout: fixed;width:100%">`
33	`              <table>　……　</table>`

续表

序号	程序代码
34	<table>　……　</table>
35	</div>
36	<table id="s23" class="sub_tab" width="122" border="0"
37	cellspacing="0" cellpadding="0">
38	<tr>
39	<td height="22" valign="middle" id="td_23"
40	onClick="javascript:switchShow2(23,1);" class="sub_name_td">
41	<img src="images/left02.gif"　width="5" height="7" />投影灯泡</td>
42	</tr>
43	</table>
44	</td>
45	</tr>
46	</table>
47	<table width="100%"　border="0" cellspacing="0" cellpadding="0">
48	<tr>
49	<td><img src="images/left05.jpg"　width="146" height="13" /></td>
50	</tr>
51	</table>
52	</td>
53	</tr>
54	</table>

网页 0807.html 中实现折叠与展开网页内容特效的 JavaScript 代码如表 8-19 所示。

表 8-19　网页 0807.html 中实现折叠与展开网页内容特效的 JavaScript 代码

序号	程序代码
01	<script language="javascript" type="text/javascript">
02	var cache_sub_id = 0;
03	var id = 21;
04	document.getElementById("subTable"+id).className = "show";
05	cache_sub_id = id;
06	
07	function switchShow2(id,tag){
08	var tObj = document.getElementById("subTable"+id);
09	var　cObj = document.getElementById("subTable"+cache_sub_id);
10	if(tag)
11	{
12	if(tObj) tObj.className =(tObj.className=="hid") ? "show" : "hid";
13	}
14	
15	if(cache_sub_id != id)　　//单击一个按钮隐藏另一个按钮
16	{
17	cache_sub_id = id;
18	if(cObj)cObj.className = "hid";
19	}
20	event.cancelBubble = true;
21	}
22	</script>

任务 8-8 应用 jQuery 的 hover 和 click 事件设计网页内容折叠与展开特效

【任务描述】

网页 0808.html 中折叠与展开网页内容特效的初始状态如图 8-16 所示,鼠标指针指向  按钮时,自动显示如图 8-17 所示的库存地区列表。

图 8-16 网页 0808.html 中折叠与展开网页内容特效的初始状态

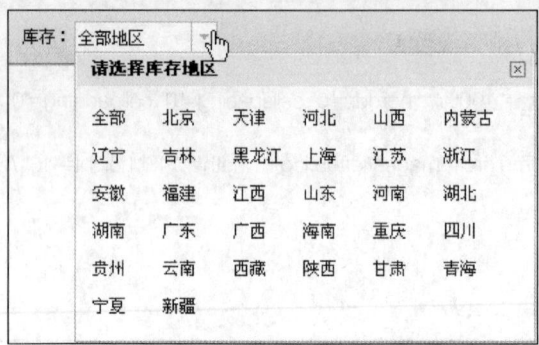

图 8-17 网页 0808.html 中自动显示库存地区列表

【操作提示】

网页 0808.html 中折叠与展开网页内容特效对应的 HTML 代码如表 8-20 所示。

表 8-20 网页 0808.html 中折叠与展开网页内容特效对应的 HTML 代码

序号	程序代码
01	`<div class="con tools_box" >`
02	`<div class="con bottom"  ><div class="col ">`
03	`<div class="t">库存:</div>`
04	`<div class="select_box"><span class="d">全部地区</span><span class="arrow"></span>`
05	`<div class="select_pop">`
06	`<div class="close"></div>`
07	`<div class="head">请选择库存地区</div>`
08	`<ul>`
09	`<li><a href="">全部</a></li>`
10	`<li><a href="">北京</a></li><li><a href="">天津</a></li>`
11	`<li><a href="">河北</a></li><li><a href="">山西</a></li>`
12	`<li><a href="">内蒙古</a></li><li><a href="">辽宁</a></li>`
13	`<li><a href="">吉林</a></li><li><a href="">黑龙江</a></li>`
14	`<li><a href="">上海</a></li><li><a href="">江苏</a></li>`
15	`<li><a href="">浙江</a></li><li><a href="">安徽</a></li>`
16	`<li><a href="">福建</a></li><li><a href="">江西</a></li>`
17	`<li><a href="">山东</a></li><li><a href="">河南</a></li>`
18	`<li><a href="">湖北</a></li><li><a href="">湖南</a></li>`
19	`<li><a href="">广东</a></li><li><a href="">广西</a></li>`

续表

序号	程序代码
20	……
21	<li><a href="">宁夏</a></li><li><a href="">新疆</a></li>
22	</ul>
23	</div>
24	</div>
25	</div>
26	</div>
27	</div>

网页 0808.html 中实现折叠与展开网页内容特效的 JavaScript 代码如表 8-21 所示。

表 8-21 网页 0808.html 中实现折叠与展开网页内容特效的 JavaScript 代码

序号	程序代码
01	<script type="text/javascript">
02	$(function(){
03	$('.select_box').hover(function () {
04	$(this).find('.select_pop').show();
05	}, function () {
06	$(this).find('.select_pop').hide();
07	});
08	$('.select_pop .close').click(function () {
09	$(this).parent().hide();
10	});
11	
12	});
13	</script>

任务 8-9 应用 jQuery 的 data 和 animate 等方法设计网页内容折叠与展开特效

【任务描述】

网页 0809.html 中折叠与展开网页内容特效的初始状态如图 8-18 所示。在该网页中单击 ━ 按钮隐藏对应的网页内容，单击 ＋ 按钮显示对应的网页内容，如图 8-19 所示。

图 8-18 网页 0809.html 中折叠与展开网页内容特效的初始状态　　图 8-19 网页 0809.html 中分别隐藏和显示相关内容的外观效果

【操作提示】

网页 0809.html 中折叠与展开网页内容特效对应的 HTML 代码如表 8-22 所示。

表 8-22　网页 0809.html 中折叠与展开网页内容特效对应的 HTML 代码

序号	程序代码
01	`<div id="container">`
02	`<div class="wrap pro_read clearfix">`
03	`  <div class="col_lsider"><!--box start-->`
04	`    <div class="box">`
05	`      <div class="title-bar">`
06	`        <h2>iPhone 主机・配件</h2>`
07	`      </div>`
08	`      <div class="box-content_wrap clearfix">`
09	`        <div class="box-content">`
10	`          <ul class="category_menu">`
11	`            <li class="current">`
12	`              <dl class="clearfix">`
13	`                <dt><a class="close" href=""></a><a href="">iPhone 主机</a></dt>`
14	`                <dd><a class="cur" href="">iPhone8</a></dd>`
15	`                <dd><a href="">iPhone 7s</a> </dd>`
16	`              </dl>`
17	`            </li>`
18	`            <li>`
19	`              <dl class="clearfix" style="height: 96px; ">`
20	`                <dt><a class="open" href=""></a><a href="">保护壳</a></dt>`
21	`                <dd><a href="">金属材质</a> </dd>`
22	`                <dd><a href="">皮质</a> </dd>`
23	`                <dd><a href="">塑料材质</a> </dd>`
24	`                <dd><a href="">木质</a> </dd>`
25	`                <dd><a href="">硅胶材质</a> </dd>`
26	`              </dl>`
27	`            </li>`
28	`          </ul>`
29	`        </div>`
30	`      </div>`
31	`    </div>`
32	`  </div>`
33	`</div>`
34	`</div>`

网页 0809.html 中实现折叠与展开网页内容特效的 JavaScript 代码如表 8-23 所示。

表 8-23　网页 0809.html 中实现折叠与展开网页内容特效的 JavaScript 代码

序号	程序代码
01	`<script type="text/javascript">`
02	`$(function(){`
03	`  (function(){`
04	`    var rtype = /(open|close)/i,`
05	`    getData = function(dt){`

续表

序号	程序代码
06	var
07	parentDl = dt.data('parent_dl') || dt.parent(),
08	minHeight = dt.data('min_height') || dt.height(),
09	maxHeight = dt.data('max_height') || parentDl.height();
10	if(!dt.data('parent_dl')){
11	dt.data('parent_dl', parentDl);
12	dt.data('min_height', minHeight);
13	dt.data('max_height', maxHeight);
14	}
15	return {
16	parentDl : parentDl,
17	minHeight : minHeight,
18	maxHeight : maxHeight
19	};
20	},
21	maxLength = 13,
22	rchs = /[^\u0000-\u00ff]/g,
23	shell = $('.category_menu');
24	shell.click(function(e){
25	var isOpen, data,
26	tar = e.target,
27	dt = $(tar).parent();
28	if(rtype.test(tar.className) && dt[0].nodeName.toUpperCase() = = = 'DT'){
29	isOpen = RegExp.$1.toLowerCase() = = = 'close';
30	(data = getData(dt)).parentDl.animate({
31	height : isOpen ? data.minHeight : data.maxHeight
32	});
33	tar.className = isOpen ? 'open' : 'close';
34	e.preventDefault();
35	}
36	})
37	//首次进入，切换菜单状态
38	.find('dt').each(function(i, _dt){
39	var data;
40	if(_dt.parentNode.parentNode.className.indexOf('current') < 0){
41	(data = getData($(_dt))).parentDl.css('height', data.minHeight);
42	}
43	});
44	shell.find('dd > a').each(function(){
45	if(this.innerHTML.replace(rchs, '--').length > maxLength){
46	var el = $(this.parentNode).addClass('break');
47	//el.prev().addClass('break'); el.next().addClass('break');
48	}
49	});
50	})();
51	});
52	</script>

单元 9
设计页面类网页特效

本单元我们主要探讨实用的页面类网页特效的设计方法。

教学导航

▶ **教学目标**

① 学会设计页面类网页特效
② 正确使用 Cookie
③ 正确区分 jQuery 对象和 DOM 对象

▶ **教学方法**　　任务驱动法、分组讨论法、探究学习法

▶ **建议课时**　　6 课时

特效赏析

任务 9-1　实现页面换肤网页特效

网页 0901.html 的页面外观效果如图 9-1 所示,单击右上角的颜色按钮可以动态改变页面的颜色设置,即实现页面换肤。

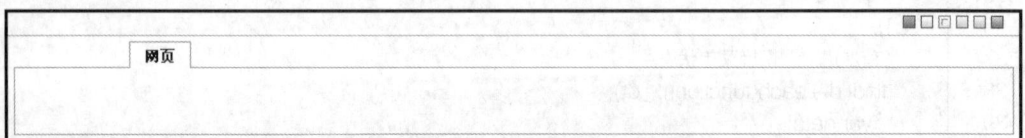

图 9-1　网页 0901.html 的页面外观效果

网页 0901.html 中页面换肤主要应用的 CSS 代码如表 9-1 所示。

表 9-1　网页 0901.html 页面换肤主要应用的 CSS 代码

序号	程序代码
01	`<style type="text/css" id="indexSkin">`
02	`a{color:#053E76;}`
03	`a:hover{color:red;}`
04	`.boder1-t{border-top:1px solid #AACCEE;}`
05	`.boder1-tx{border-top:1px dashed #AACCEE;}`
06	`.boder1-l{border-left:1px solid #AACCEE;}`
07	`.boder1-r{border-right:1px solid #AACCEE;}`

续表

序号	程序代码
08	.boder1-b{border-bottom:1px solid #AACCEE;}
09	.boder1{border:1px solid #AACCEE;}
10	.boder2-t{border-top:2px solid #6293BE;}
11	.boder2-l{border-left:2px solid #6293BE;}
12	.boder2-r{border-right:2px solid #6293BE;}
13	.boder2-b{border-bottom:2px solid #6293BE;}
14	.boder2{border:2px solid #6293BE;}
15	.boder-r-w{border-right-color:#FFFFFF;}
16	.boder-b-c{border-bottom-color:#AACCEE;}
17	.back-color{background-color:#F3FAFF;}
18	.back-color2{background-color:#ECF7FF;}
19	.back-color3{background-color:#FFFFFF;}
20	.color1{color:#07519A;}
21	.color2{color:#044691;}
22	.back-image{
23	background-image: url(images/skin/blue_bg.png);
24	background-repeat: no-repeat;
25	}
26	</style>

网页 0901.html 中页面换肤对应的 HTML 代码如表 9-2 所示。

表 9-2 网页 0901.html 中页面换肤对应的 HTML 代码

序号	程序代码
01	\<div id="skin">
02	\<div style="width:960px; margin:0 auto;">
03	\<div id="skin-left">\</div>
04	\<div id="skin-right">
05	\<span class="skin clearfix">
06	\<a class="blue" onClick="changeSkinByColor(1);" id="skin01">
07	\<img alt="" id="skinImg1" src="images/k.gif" />\</a>
08	\<a class="green" onClick="changeSkinByColor(2);" id="skin02" >
09	\<img alt="" id="skinImg2" src="images/k.gif" />\</a>
10	\<a class="orange" onClick="changeSkinByColor(3);" id="skin03">
11	\<img alt="" id="skinImg3" src="images/k.gif" />\</a>
12	\<a class="purple" onClick="changeSkinByColor(4);" id="skin04" >
13	\<img alt="" id="skinImg4" src="images/k.gif" />\</a>
14	\<a class="pink" onClick="changeSkinByColor(5);" id="skin05" >
15	\<img alt="" id="skinImg5" src="images/k.gif" />\</a>
16	\<a class="darkgreen" onClick="changeSkinByColor(6);" id="skin06" >
17	\<img alt="" id="skinImg6" src="images/k.gif" />\</a>
18	\</span>
19	\</div>
20	\</div>
21	\</div>
22	\<div id="skinWrap" class="skin-wrap">\</div>
23	

续表

序号	程序代码
24	`<div id="header">`
25	`  <div class="content">`
26	`    <div class="tab">`
27	`      <span class="tiaoc"></span>`
28	`      <div id="searchTab">`
29	`        <div id="searchTab2">`
30	`          <span><img id="safesearch" src="images/k.gif" width="81" height="20" /></span>`
31	`          <strong id="web_page" class="back-color boder1-t boder1-l boder1-r bStyle">网页`
32	`          </strong>`
33	`        </div>`
34	`      </div>`
35	`    </div>`
36	`    <div class="searchBox boder1 back-color" id="searchBox"></div>`
37	`  </div>`
38	`</div>`

为实现网页 0901.html 中页面换肤而定义的 index_skin0、index_skin1、skins 等数组以及 skinCssOld、skinCssNew、skinCookie 等变量的 JavaScript 代码如表 9-3 所示。

表 9-3　为实现网页 0901.html 中页面换肤而定义的数组和变量

序号	程序代码
01	`var index_skin0 = [`
02	`  { color1: '053E76', color2: '044691', b1Color: 'AACCEE', b2Color: '6293BE', brw: 'FFF',`
03	`    backColor1: 'F3FAFF', backColor2: 'ECF7FF', backColor3: 'FFF',`
04	`    backImage: 'images/skin/blue_bg.png' },`
05	`  { color1: '333333', color2: '333333', b1Color: 'C3DFAF', b2Color: 'C3DFAF', brw: 'FFF',`
06	`    backColor1: 'FBFEF3', backColor2: 'F6FEF3', backColor3: 'FFF',`
07	`    backImage: 'images/skin/green_bg.png' },`
08	`  { color1: '333333', color2: '333333', b1Color: 'D7B89C', b2Color: 'D7B89C', brw: 'FFF',`
09	`    backColor1: 'FFFCF9', backColor2: 'FDF8F4', backColor3: 'FFF',`
10	`    backImage: 'images/skin/orange_bg.png' },`
11	`  { color1: '333333', color2: '333333', b1Color: 'D1C0EA', b2Color: 'D1C0EA', brw: 'FFF',`
12	`    backColor1: 'FCFAFF', backColor2: 'F6F3FC', backColor3: 'FFF',`
13	`    backImage: 'images/skin/purple_bg.png' },`
14	`  { color1: '333333', color2: '333333', b1Color: 'FFE2EA', b2Color: 'FFE2EA', brw: 'FFF',`
15	`    backColor1: 'FFFBFC', backColor2: 'FFF4F8', backColor3: 'FFF',`
16	`    backImage: 'images/skin/pink_bg.png' },`
17	`  { color1: '333333', color2: '333333', b1Color: '6CBB2A', b2Color: 'C3DFAF', brw: 'FFF',`
18	`    backColor1: 'FBFEF3', backColor2: 'F5FCEC', backColor3: 'FFF',`
19	`    backImage: 'images/skin/darkgreen_bg.png' }`
20	`];`
21	
22	`var index_skin1 = [`
23	`  { color1: '053E76', color2: '044691', b1Color: 'AACCEE', b2Color: '6293BE', brw: 'FFF',`
24	`    backColor1: 'F3FAFF', backColor2: 'ECF7FF', backColor3: 'FFF',`
25	`    backImage: 'images/skin/blue_bg.png' },`

续表

序号	程序代码
26	{ color1: '333333', color2: '333333', b1Color: 'FFCD6D', b2Color: 'FFCD6D', brw: 'FFF',
27	backColor1: 'FFFDEC', backColor2: 'FFFDEC', backColor3: 'FFF',
28	backImage: 'images/skin/garfieldInnerBg.jpg' },
29	{ color1: '333333', color2: '333333', b1Color: 'D7B89C', b2Color: 'D7B89C', brw: 'FFF',
30	backColor1: 'FDF8F4', backColor2: 'FDF8F4', backColor3: 'FFF',
31	backImage: 'images/skin/orangepic_bg.jpg' },
32	{ color1: '333333', color2: '333333', b1Color: 'D1C0EA', b2Color: 'D1C0EA', brw: 'FFF',
33	backColor1: 'F6F3FC', backColor2: 'F6F3FC', backColor3: 'FFF',
34	backImage: 'images/skin/purplepic_bg.jpg' },
35	{ color1: '333333', color2: '333333', b1Color: 'FFE2EA', b2Color: 'FFE2EA', brw: 'FFF',
36	backColor1: 'FFFBFC', backColor2: 'FFF4F8', backColor3: 'FFF',
37	backImage: 'images/skin/pinkpic_bg.jpg' },
38	{ color1: '333333', color2: '333333', b1Color: '6CBB2A', b2Color: '6CBB2A', brw: 'FFF',
39	backColor1: 'F5FCEC', backColor2: 'F5FCEC', backColor3: 'FFF',
40	backImage: 'images/skin/darkgreenpic_bg.jpg' }
41	];
42	
43	var skins = ['blue', 'green', 'orange', 'purple', 'pink', 'darkgreen'];
44	var skinCssOld = 1;
45	var skinCssNew = 1;
46	var skinCookie = 'HaoRisingCnSkin';

网页 0901.html 中自定义函数 cssValue() 的代码如表 9-4 所示，该函数用于设置与返回样式定义。

表 9-4　网页 0901.html 中自定义函数 cssValue() 的代码

序号	程序代码
01	function cssValue(index_skin) {
02	var css = [] , i = 0;
03	css[i++] = 'a{color:#' + index_skin.color1 + ';}';
04	css[i++] = 'a:hover{color:red;}';
05	css[i++] = '.boder1-t{border-top:1px solid #' + index_skin.b1Color + ';}';
06	css[i++] = '.boder1-tx{border-top:1px dashed #' + index_skin.b1Color + ';}';
07	css[i++] = '.boder1-l{border-left:1px solid #' + index_skin.b1Color + ';}';
08	css[i++] = '.boder1-r{border-right:1px solid #' + index_skin.b1Color + ';}';
09	css[i++] = '.boder1-b{border-bottom:1px solid #' + index_skin.b1Color + ';}';
10	css[i++] = '.boder1{border:1px solid #' + index_skin.b1Color + ';}';
11	css[i++] = '.boder2-t{border-top:2px solid #' + index_skin.b2Color + ';}';
12	css[i++] = '.boder2-l{border-left:2px solid #' + index_skin.b2Color + ';}';
13	css[i++] = '.boder2-r{border-right:2px solid #' + index_skin.b2Color + ';}';
14	css[i++] = '.boder2-b{border-bottom:2px solid #' + index_skin.b2Color + ';}';
15	css[i++] = '.boder2{border:2px solid #' + index_skin.b2Color + ';}';
16	css[i++] = '.boder-r-w{border-right-color:#' + index_skin.brw + ';}';
17	css[i++] = '.boder-b-c{border-bottom-color:#' + index_skin.b1Color + ';}';
18	css[i++] = '.back-color{background-color:#' + index_skin.backColor1 + ';}';
19	css[i++] = '.back-color2{background-color:#' + index_skin.backColor2 + ';}';
20	css[i++] = '.back-color3{background-color:#' + index_skin.backColor3 + ';}';
21	css[i++] = '.color1{color:#' + index_skin.color1 + ';}';

序号	程序代码
22	css[i++] = '.color2{color:#' + index_skin.color2 + ';}';
23	css[i++] = '.back-image{background-image:url(' + index_skin.backImage + ');}';
24	return css.join('');
25	}

网页 0901.html 中自定义函数 skinReadCookie() 的代码如表 9-5 所示，该函数用于获取 Cookie 的值，即页面颜色的设置值。

表 9-5　网页 0901.html 中自定义函数 skinReadCookie() 的代码

序号	程序代码
01	function skinReadCookie() {
02	skinCssOld = 1;
03	skinCssNew = 1;
04	var allcookies = document.cookie;
05	if (!allcookies) return;
06	var cookie_pos = allcookies.indexOf(skinCookie);
07	var cookie_val = "";
08	if (cookie_pos > -1) {
09	cookie_pos = cookie_pos + skinCookie.length + 1;
10	var cookie_end = allcookies.indexOf(";", cookie_pos);
11	if (cookie_end == -1) {
12	cookie_end = allcookies.length;
13	}
14	cookie_val = unescape(allcookies.substring(cookie_pos, cookie_end));
15	skinCssOld = parseInt(cookie_val);
16	skinCssNew = skinCssOld;
17	}
18	}

网页 0901.html 中自定义函数 includeStyleElement() 的代码如表 9-6 所示，该函数用于为网页元素添加所需的样式定义。

表 9-6　网页 0901.html 中自定义函数 includeStyleElement() 的代码

序号	程序代码
01	function includeStyleElement(styles, styleId) {
02	var style = document.createElement("style");
03	style.id = styleId;
04	(document.getElementsByTagName("content")[0] || document.body).appendChild(style);
05	if (style.styleSheet) {
06	style.styleSheet.cssText = styles;
07	}
08	else {
09	style.appendChild(document.createTextNode(styles));
10	}
11	}

网页 0901.html 中自定义函数 skinPageLoad() 的代码如表 9-7 所示，该函数用于调用自定义函数 skinReadCookie() 获取 Cookie 的值，调用自定义函数 includeStyleElement() 为网页元素设置所需的样式。

表 9-7　网页 0901.html 中自定义函数 skinPageLoad() 的代码

序号	程序代码
01	function skinPageLoad() {
02	skinReadCookie();
03	if (skinCssOld <= 10) {
04	includeStyleElement(cssValue(index_skin0[skinCssOld − 1]), "indexSkin");
05	document.getElementById('skin0' + skinCssOld).className = skins[skinCssOld − 1] + 'C';
06	}
07	else {
08	includeStyleElement(cssValue(index_skin1[skinCssOld − 11]), "indexSkin");
09	}
10	}

网页 0901.html 中设置右上角颜色按钮和调用自定义函数 skinPageLoad() 的代码如表 9-8 所示。

表 9-8　网页 0901.html 中设置右上角颜色按钮和调用自定义函数 skinPageLoad() 的代码

序号	程序代码
01	<script type="text/javascript">
02	for (var a = 1; a <= 6; a++) {
03	document.getElementById('skinImg' + a).src = 'images/icon/skin_def_110815.png';
04	}
05	skinPageLoad();
06	</script>

网页 0901.html 中自定义函数 setSkinByColor()、skinWrite() 和 changeSkinByColor() 的代码如表 9-9 所示，这些自定义函数用于动态改变页面颜色和保存当前设置的页面颜色。

表 9-9　网页 0901.html 中自定义函数 setSkinByColor()、skinWrite() 和 changeSkinByColor() 的代码

序号	程序代码
01	function setSkinByColor(k) {
02	var count = skins.length;
03	for (var i = 1; i <= count; i++) {
04	if (i = = k) {
05	document.getElementById('skin0' + i).className = skins[i − 1] + 'C';
06	}
07	else {
08	document.getElementById('skin0' + i).className = skins[i − 1];
09	}
10	}
11	}
12	
13	function skinWriteCookie(value) {
14	var expiration = new Date((new Date()).getTime() + 365 * 24 * 60 * 60 * 1000);

续表

序号	程序代码
15	document.cookie = skinCookie + "=" + escape(value) + ";expires="
16	+ expiration.toGMTString() + ";";
17	}
18	
19	function changeSkinByColor(k) {
20	var count = skins.length;
21	setSkinByColor(k);
22	includeStyleElement(cssValue(index_skin0[k - 1]), "indexSkin");
23	skinCssNew = k;
24	skinCssOld = k;
25	skinWriteCookie(skinCssOld);
26	}

表 9-9 中第 13~16 行中的 skinCookie 表示要存储的变量名,value 表示要存储的值,escape() 函数用于对要存储的值进行编码,expiration 表示过期时间,如 365 天后该 Cookie 过期,expiration.to.GMTString()表示将日期转换为格林威治标准时间的字符串。

任务 9-2 根据日期特征动态切换背景

网页 0902.html 的外观效果如图 9-2 所示,该网页会根据日期特征动态切换背景。

图 9-2 网页 0902.html 的外观效果

网页 0902.html 中设置页面内容垂直居中的自定义函数 fBodyVericalAlign()以及调用该函数的 JavaScript 代码如表 9-10 所示。

表 9-10 网页 0902.html 中自定义函数 fBodyVericalAlign()以及调用该函数的 JavaScript 代码

序号	程序代码
01	//设置垂直居中
02	function fBodyVericalAlign(){
03	var nBodyHeight = 572;
04	var nClientHeight = document.documentElement.clientHeight;
05	if(nClientHeight >= nBodyHeight + 2){
06	var nDis = (nClientHeight − nBodyHeight)/2;
07	document.body.style.paddingTop = nDis + 'px';

续表

序号	程序代码
08	`    }else{`
09	`        document.body.style.paddingTop = '0px';`
10	`    }`
11	`}`
12	`fBodyVericalAlign();`

网页 0902.html 中定义的数组 aTheme 的代码如表 9-11 所示,该数组的各个元素用于存储颜色值以及背景图片的路径和名称。

表 9-11　网页 0902.html 中定义的数组 aTheme 的代码

序号	程序代码
01	`var   aTheme = [`
02	`  //window - 0`
03	`  { 'bgColor'    : '#9bdbcd',`
04	`    'bgCnt'      : 'themes/120706_window_cnt0.jpg',`
05	`    'mode'       : [`
06	`        { 'bgColor'        : '#9bdbcd',`
07	`          'bgCnt'          : 'themes/120706_window_cnt0.jpg',`
08	`          scoreIndex       : 's3'   },`
09	`        { 'bgColor'        : '#ead39c',`
10	`          'bgCnt'          : 'themes/120706_window_cnt1.jpg',`
11	`          scoreIndex       : 's4'   },`
12	`        { 'bgColor'        : '#233162',`
13	`          'bgCnt'          : 'themes/120706_window_cnt2.jpg',`
14	`          scoreIndex       : 's5'   }`
15	`    ],`
16	`    scoreIndex : 's3'   },`
17	`  //winter - 1`
18	`  { 'bgSrc'     : 'themes/121106_winter_bg.jpg',`
19	`    'bgCnt'     : 'themes/121112_winter_cnt.jpg',`
20	`    scoreIndex : 's6'   },`
21	`  // newyear - 2`
22	`  { 'bgSrc'     : '#2d336a',`
23	`    'bgCnt'     : 'themes/130101_newyear_cnt1.jpg',`
24	`    'bgSrc2'    : '#feeb95',`
25	`    'bgCnt2'    : 'themes/130101_newyear_cnt2.jpg',`
26	`    'light'     : 'themes/130101_newyear_light.jpg',`
27	`    scoreIndex : 's20'  },`
28	`  // newyear - 3`
29	`  { 'bgSrc'     : '#feeb95',`
30	`    'bgCnt'     : 'themes/130101_newyear_cnt2.jpg',`
31	`    scoreIndex : 's21'  },`
32	`  // backhome - 4`
33	`  { 'bgSrc'     : '#89a2b9',`
34	`    'bgCnt'     : 'themes/130125_backhome_cnt.jpg',`
35	`    scoreIndex : 's22'  },`
36	`  // warm - 5`

续表

序号	程序代码
37	{ 'bgSrc' : '#fff',
38	'bgCnt' : 'themes/130125_warm_cnt.jpg' },
39	// boat – 6
40	{ 'bgSrc' : '#fff',
41	'bgCnt' : 'themes/130125_guoguan_cnt.jpg' },
42	// snake – 7
43	{ 'bgSrc' : 'themes/130204_snake_bg.jpg',
44	'bgCnt' : 'themes/130204_snake_cnt.jpg',
45	'bgCnt1' : 'themes/130204_snake_cnt1.jpg',
46	scoreIndex : 's23' },
47	// love1 – 8
48	{ 'bgSrc' : '#e7ebe9',
49	'bgCnt' : 'themes/130206_love1_cnt.jpg',
50	scoreIndex : 's24' },
51	// love2 – 9
52	{ 'bgSrc' : '#e7ebe9',
53	'bgCnt' : 'themes/130206_love2_cnt.jpg',
54	scoreIndex : 's25' },
55	// love3 – 10
56	{ 'bgSrc' : '#e7ebe9',
57	'bgCnt' : 'themes/130206_love3_cnt.jpg',
58	scoreIndex : 's26' }
59	];

网页 0902.html 中公用的自定义函数 fRandom()、$id()、_fImgLoader()的 JavaScript 代码如表 9-12 所示。

表 9-12　网页 0902.html 中公用的自定义函数 fRandom()、$id()、_fImgLoader()的 JavaScript 代码

序号	程序代码
01	//限定范围随机数
02	function fRandom(nLength){
03	return Math.floor(nLength * Math.random());
04	}
05	
06	function $id(sId){
07	return document.getElementById(sId);
08	}
09	
10	window.aThemeTimeout = [];
11	window.aThemeInterval = [];
12	function _fImgLoader(imgSrc, fSuccCallBack, nTimeout){
13	window.bImgLoaderIsLoaded = false;
14	var oImg = document.createElement('img');
15	if(fSuccCallBack){
16	oImg.onload = function(){
17	fSuccCallBack();
18	window.bImgLoaderIsLoaded = true; };

续表

序号	程序代码
19	}
20	var nTime = 0;
21	if(nTimeout){ nTime = nTimeout;}
22	setTimeout(function(){oImg.src = imgSrc;}, nTime);
23	}
24	

网页 0902.html 中改变页面主题的自定义函数 fThemeChange()以及调用该函数的 JavaScript 代码如表 9-13 所示。

表 9-13 网页 0902.html 中自定义函数 fThemeChange()以及调用该函数的 JavaScript 代码

序号	程序代码
01	function fThemeChange(sForceNum){
02	var oBg = $id("mainBg"), oCnt = $id("mainCnt");
03	// 重置
04	$id('theme').innerHTML = '';
05	$id('theme').style.cssText = '';
06	$id('mainBg').style.cssText = '';
07	$id('mainCnt').style.cssText = '';
08	for(var i=0; i<aThemeTimeout.length; i++){
09	clearTimeout(aThemeTimeout[i]);
10	}
11	window.aThemeTimeout = [];
12	for(var i=0; i<aThemeInterval.length; i++){
13	clearInterval(aThemeInterval[i]);
14	}
15	window.aThemeInterval = [];
16	// 窗时段
17	var sHours = new Date().getHours();
18	var b06to10 = (sHours >= 6 && sHours <= 10);
19	var b13to17 = (sHours >= 13 && sHours <= 17);
20	var b20to23 = (sHours >= 20 && sHours <= 23);
21	var b00to04 = (sHours >= 0 && sHours <= 4);
22	// roll
23	var nRandom = 0; //背景图序号标识
24	var nForRandom = fRandom(100);
25	// 回家 80%、温暖 10%、小船 10%、新春 20%
26	nRandom = 4;
27	if(nForRandom > 0 && nForRandom <= 9){
28	nRandom = 5;
29	}
30	if(nForRandom > 10 && nForRandom <= 19){
31	nRandom = 6;
32	}
33	if(nForRandom > 20 && nForRandom <= 39){
34	nRandom = 7;
35	}

续表

序号	程序代码
36	// 春节
37	var oDateNow = new Date();
38	var oDateStart1 = new Date(2019, 1, 9, 0, 0, 0);
39	var oDateEnd1 = new Date(2019, 1, 18, 0, 0, 0);
40	if(oDateNow >= oDateStart1 && oDateNow <= oDateEnd1){
41	nRandom = 7;
42	}
43	// 强制 or 随机
44	if(sForceNum){
45	nRandom = sForceNum;
46	}
47	// 单图特效
48	var oRandom = aTheme[nRandom];
49	// 窗特别处理
50	if(nRandom == 0){
51	var nMode = 2;
52	if(b06to10){nMode = 0;}
53	if(b13to17){nMode = 1;}
54	aTheme[0].bgColor = aTheme[0].mode[nMode].bgColor;
55	aTheme[0].bgCnt = aTheme[0].mode[nMode].bgCnt;
56	aTheme[0].scoreIndex = aTheme[0].mode[nMode].scoreIndex;
57	}
58	
59	if(aTheme[nRandom].noCommon){ } // 特殊处理
60	else{
61	// 通用处理
62	_fImgLoader(oRandom.bgCnt, function(){
63	oCnt.style.backgroundImage = 'url(' + oRandom.bgCnt + ')';
64	oCnt.style.backgroundRepeat = 'no-repeat';
65	oCnt.style.backgroundPosition = 'center top';});
66	if(oRandom.bgSrc){
67	oBg.style.backgroundColor = oRandom.bgSrc;
68	}
69	}
70	
71	if(nRandom == 0){
72	oBg.style.backgroundImage = 'none';
73	oBg.style.backgroundColor = oRandom.bgColor;
74	}
75	// 春节
76	if(nRandom == 7){
77	_fImgLoader(oRandom.bgCnt1, function(){
78	$id('theme').style.background = 'url(' + oRandom.bgCnt1 + ') top center';
79	}, 500);
80	}
81	}
82	// 改变页面主题
83	fThemeChange();

网页 0902.html 中根据日期特征动态切换背景对应的 HTML 代码如表 9-14 所示。

表 9-14　网页 0902.html 中根据日期特征动态切换背景对应的 HTML 代码

序号	程序代码
01	\<section class="main" id="mainBg"\>
02	\<div class="main-inner" id="mainCnt"\>
03	\<div id="theme"\>
04	\<noscript\>
05	\<p class="noscriptTitle"\>
06	\<img src="themes/120706_window_cnt1.jpg" width="900" height="440" /\>
07	\</p\>
08	\</noscript\>
09	\</div\>
10	\</div\>
11	\</section\>

知识必备

9.1　正确使用 Cookie

Cookie 存储于访问者的计算机中，用来识别用户。每当同一台计算机通过浏览器请求某个页面时，就会发送这个 Cookie。可以使用 JavaScript 来创建和取回 Cookie 的值。

当访问者浏览页面时，其用户名、密码或当前的日期会存储在 Cookie 中，当再次访问网站时，用户名、密码和日期可以从 Cookie 中取回，从而可以显示欢迎信息或实现自动登录功能。

Cookie 的应用示例如下所示。

创建一个存储访问者名字的 Cookie，当访问者首次访问网站时，他们会被要求在输入框中填写姓名，名字会存储于 Cookie 中。当访问者再次访问网站时，根据 Cookie 中的信息发出欢迎信息。

首先，创建一个可在 Cookie 变量中存储访问者姓名的函数 setCookie。

```
function setCookie(c_name , value , expiredays)
{
   var exdate=new Date() ;
   exdate.setDate(exdate.getDate()+expiredays) ;
   document.cookie=c_name+"="+escape(value)+
              ((expiredays==null) ? "" : ";expires="+exdate.toGMTString()) ;
}
```

函数 setCookie 中的参数存有 Cookie 的名称、值以及过期天数。该函数首先将天数转换为有效的日期，然后我们将 Cookie 名称、值及其过期日期存入 document.cookie 对象。

接下来，需要创建另一个函数 getCookie 来检查是否已设置 Cookie，如果已设置则获取相关信息。

```
function getCookie(c_name)
{
   if (document.cookie.length>0)
      {
         c_start=document.cookie.indexOf(c_name + "=") ;
```

```
            if (c_start != -1)
            {
                c_start=c_start + c_name.length + 1 ;
                c_end=document.cookie.indexOf(";" , c_start) ;
                if (c_end == -1)   c_end=document.cookie.length ;
                return unescape(document.cookie.substring(c_start , c_end)) ;
            }
        }
        return  "" ;
    }
```

函数 getCookie 首先会检查 document.cookie 对象中是否存有 Cookie。如果 document.cookie 对象存有某些 Cookie，那么会继续检查我们指定的 Cookie 是否已储存。如果找到了需要的 Cookie，就返回值，否则返回空字符串。

最后创建一个函数 checkCookie，该函数的作用是：如果 Cookie 已设置，则显示欢迎词，否则显示提示框来要求用户输入名字。

```
function checkCookie()
{
    username=getCookie('username') ;
    if ( username != null && username != "" ) {
        alert('Welcome again '+username+'!') ;   }
    else
    {
        username=prompt('Please enter your name:',"") ;
        if ( username != null && username != "" )
        {
            setCookie( 'username' , username , 365 ) ;
        }
    }
}
```

当页面加载时，触发 onLoad 事件，调用函数 checkCookie()，对应的代码如下。

`<body onLoad="checkCookie()"></body>`

在 Cookie 的名称或值中不能使用分号（;）、逗号（,）、等号（=）以及空格，在 Cookie 的名称中很容易做到这一点，但要保存的值却是不确定的。解决方法是使用 escape()函数进行编码，它能将一些特殊符号使用十六进制表示。例如，空格将会编码为 "20%"，从而可以存储于 Cookie 值中，而且使用这种方法还可以避免中文乱码的出现。使用 escape()函数取出值以后，需要使用 unescape()函数进行解码才能得到原来的 Cookie 值。

9.2 正确区分 jQuery 对象和 DOM 对象

假设网页中有以下 HTML 代码：`<div id="demo"></div>`，以下的 JavaScript 代码通过 JavaScript 的 getElementById 来获取元素节点，像这样得到的 DOM 元素就是 DOM 对象。DOM 对象可以使用 JavaScript 中的方法。

例如：

var objDom=document.getElementById("demo").innerHTML；

jQuery 对象就是通过 jQuery 包装 DOM 对象后产生的对象。jQuery 对象是 jQuery 独有的，只有 jQuery 对象才可以使用 jQuery 库中的方法。

例如：

$("#demo").html()；

以上代码获取 id 为 demo 元素内的 HTML 代码，其作用等同于前一行 JavaScript 代码，这里的 html()就是 jQuery 库中的方法。

在 jQuery 对象中不能使用 DOM 对象的方法，例如，$("#demo").innerHTML 是错误的。同样，DOM 对象也不能使用 jQuery 库中的方法，例如，document.getElementById("demo").html()也是错误的。

jQuery 对象和 DOM 对象之间可以相互转换。

对于一个 DOM 对象，只需要使用$()就可以把 DOM 对象包装起来，获取一个 jQuery 对象。例如，$(document.getElementById("demo"))就是一个 jQuery 对象，它可以使用 jQuery 库中的方法。

jQuery 提供了两种方法将一个 jQuery 对象转换为 DOM 对象，即[index]和 get(index)。由于 jQuery 对象是一个数组对象，可以通过[index]方法获得相应的 DOM 对象，如$("#demo")[0]。也可以通过 get(index)方法获得相应的 DOM 对象，如$("#demo").get(0)。

JavaScript 检查某个元素在网页上是否存在的代码如下。

if (document.getElemenById(demo)) { … }

jQuery 检查某个元素在网页上是否存在，应该根据获取元素的长度来判断，其代码如下。

if ($("#demo").length>0) { … }

或者转化为 DOM 对象来判断，代码如下。

if ($("#demo")[0]) { … }

引导训练

任务 9-3　根据屏幕宽度自动设置网页背景和导航栏

【任务描述】

网页 0903.html 中导航栏的部分内容和网页背景如图 9-3 所示。编写代码实现根据屏幕宽度自动设置网页背景和导航栏的功能。

图 9-3　网页 0903.html 中导航栏的部分内容和网页背景

【思路探析】

（1）根据屏幕宽度的不同设置不同的背景颜色。

（2）根据屏幕宽度的不同动态设置网页的导航栏内容。

（3）根据屏幕宽度的不同动态设置页面内容的宽度。

【特效实现】

在网页 0903.html 中根据屏幕宽度的不同设置不同背景颜色的 JavaScript 代码如表 9-15 所示。

表 9-15 在网页 0903.html 中根据屏幕宽度的不同设置不同背景颜色的 JavaScript 代码

序号	程序代码
01	`<script language="javascript">`
02	`  var minsize=1210;`
03	`  var screensize=screen.width;`
04	`  if (screensize<minsize){document.body.style.background="#abe4ff";}`
05	`  else {document.body.style.background="#84af53";}`
06	`</script>`

在网页 0903.html 中根据屏幕宽度的不同动态设置网页导航栏内容的代码如表 9-16 所示。

表 9-16 在网页 0903.html 中根据屏幕宽度的不同动态设置网页导航栏内容的代码

序号	程序代码
01	`<script type="text/javascript">`
02	`function is_narrow(){`
03	`    var datanav="";`
04	`    var nav='<a name="nav1" href="http://www.dangdang.com">首页</a></li>`
05	`<li ><a name="nav1" href="">图书</a></li><li ><a name="nav1" href="">音像</a></li>`
06	`<li ><a name="nav1" href="">服装</a></li><li ><a name="nav1" href="">鞋靴</a></li>`
07	`<li ><a name="nav1" href="">箱包</a></li><li ><a name="nav1" href="">美妆</a></li>`
08	`<li ><a name="nav1" href="">珠宝</a></li><li ><a name="nav1" href="">家居</a></li>`
09	`<li ><a name="nav1" href="">食品</a></li><li ><a name="nav1" href="">酒</a></li>`
10	`<li ><a name="nav1" href="">手机</a></li><li ><a name="nav1" href="">数码</a></li>`
11	`<li ><a name="nav1" href="">电脑</a></li><li ><a name="nav1" href="">家电</a></li>';`
12	`    if(screen.width < 1210){`
13	`        datanav='<li class="on">'+nav; }`
14	`    else{`
15	`datanav='<li class="on">'+nav+'<li ><a name="nav1" href="">孕</a></li>`
16	`<li ><a name="nav1" href="">婴</a></li><li ><a name="nav1" href="">童</a></li>`
17	`<li ><a name="nav1" href="">饰品</a></li><li ><a name="nav1" href="">手表</a></li>`
18	`<li ><a name="nav1" href="">家具</a></li><li ><a name="nav1" href="">保健</a></li>`
19	`<li ><a name="nav1" href="">运动</a>`
20	`    <span class="icon_n"><img src="images/icon_new_2.png" alt="" /></span></li>' ;`
21	`    }`
22	`    return datanav;`
23	`}`
24	`</script>`
25	
26	`<div id="hd">`
27	`  <div class="nav_top">`
28	`    <ul>`
29	`      <script>document.write(is_narrow());</script>`
30	`    </ul>`
31	`  </div>`
32	`</div>`

在网页 0903.html 中根据屏幕宽度的不同动态设置页面内容宽度的 JavaScript 代码如表 9-17 所示。

表 9-17　在网页 0903.html 中根据屏幕宽度的不同动态设置页面内容宽度的 JavaScript 代码

序号	程序代码
01	\<script language="javascript">
02	if(screen.width < 1210)
03	document.getElementById("hd").style.cssText = "width:960px;";
04	else
05	document.getElementById("hd").style.cssText = "width:1160px;";
06	\</script>

任务 9-4　页面快捷导航菜单的显示与隐藏

【任务描述】

在网页 0902.html 中，编写代码实现以下功能。

（1）当滚动条向下滑动到一定的距离时，自动显示如图 9-4 所示的快捷导航菜单。反之，当滚动条向上滑动到小于一定的距离时自动隐藏该快捷导航菜单。

（2）单击"回到顶部"超链接时返回页面顶部。

（3）在该快捷导航菜单中单击超链接"分类导航"可折叠其下方的相关内容，如图 9-5 所示。

图 9-4　网页 0902.html 中的快捷导航菜单　　　图 9-5　网页 0902.html 中折叠分类导航内容

【思路探析】

（1）当打开页面时隐藏快捷导航菜单。

（2）滚动滚动条时，当滚动条向下滑动到一定的距离时应用 animate()方法设置 opacity 属性值为 show，从而显示快捷导航菜单。反之，当滚动条向上滑动到小于一定的距离时，应用 animate()方法切换 opacity 属性值，应用 css()方法设置 display 属性值为 none，从而隐藏该快捷导航菜单。

（3）单击"回到顶部"超链接时，应用 scrollTop()方法返回页面顶部。

（4）单击"分类导航"超链接时，应用 css()方法设置 display 属性值为 block 或 none，实现分类导航内容的显示或隐藏，同时应用 addClass()方法设置样式类，应用 removeClass()方法移除样式类。

【特效实现】

网页 0902.html 中快捷导航菜单对应的 HTML 代码如表 9-18 所示。

表 9-18　网页 0902.html 中快捷导航菜单对应的 HTML 代码

序号	程序代码
01	`<div id="l_layout"></div>`
02	`<div class="tm_kj" id="tm_kj" style="display: none; ">`
03	`　<div class="kj_con">`
04	`　　<div class="kj_con1" id="shopCarDiv"></div>`
05	`　　<div class="kj_con2"></div>`
06	`　　<div class="kj_con3"></div>`
07	`　　<div class="kj_con4_2" id="kj_con4"></div>`
08	`　　<div class="kj_dh" id="kj_dh">`
09	`　　　<a class="kj_dh1" href="">护肤</a>`
10	`　　　<a class="kj_dh2" href="">彩妆</a>`
11	`　　　<a class="kj_dh3" href="">香水</a>`
12	`　　　<a class="kj_dh4" href="">美发</a>`
13	`　　　<a class="kj_dh5" href="">护理</a>`
14	`　　　<a class="kj_dh6" href="">男士</a>`
15	`　　</div>`
16	`　　<div class="kj_con5" id="kj_con5"></div>`
17	`　</div>`
18	`　<div class="clear1"></div>`
19	`</div>`

网页 0902.html 中实现快捷导航菜单的 JavaScript 代码如表 9-19 所示。

表 9-19　网页 0902.html 中实现快捷导航菜单的 JavaScript 代码

序号	程序代码
01	`<script type="text/javascript">`
02	`//*****快捷导航*****`
03	`$(function () {`
04	`　var scrollHeight = document.body.scrollTop || document.documentElement.scrollTop;`
05	`　if (scrollHeight <= 0){`
06	`　　$("#tm_kj").css("display", "none");　}`
07	`　//分类导航`
08	`　$("#kj_con4").click(function () {`
09	`　　if ($("#kj_dh").css("display") == "block"){`
10	`　　　$("#kj_dh").css("display", "none");`
11	`　　　$("#kj_con4").removeClass("kj_con4_2");`
12	`　　　$("#kj_con4").addClass("kj_con4"); }`
13	`　　else{`
14	`　　　$("#kj_dh").css("display", "block");`
15	`　　　$("#kj_con4").removeClass("kj_con4");`
16	`　　　$("#kj_con4").addClass("kj_con4_2"); }`
17	`　});`
18	`　//回到顶部`
19	`　$("#kj_con5").click(function () {`
20	`　　$(window).scrollTop(0);`
21	`　　return false;`
22	`　});`

续表

序号	程序代码
23	//滚动条滚动
24	$(window).scroll(mouseScroll);
25	function mouseScroll() {
26	var scrollHeight = document.body.scrollTop || document.documentElement.scrollTop;
27	if (scrollHeight > 0) {
28	$("#tm_kj").animate({ opacity: 'show' }, "slow"); }
29	else {
30	if ($("#tm_kj").css("display") == "block") {
31	$("#tm_kj").animate({ opacity: 'toggle' }, "slow",
32	function () { $("#tm_kj").css("display", "none") }); }
33	}
34	}
35	})
36	</script>

任务 9-5 下拉窗口的打开与自动隐藏

【任务描述】

浏览网页 0905.html 时，其初始状态如图 9-6 所示，单击"切换"超链接时打开下拉窗口，如图 9-7 所示，鼠标指针离开即可自动隐藏该下拉窗口。

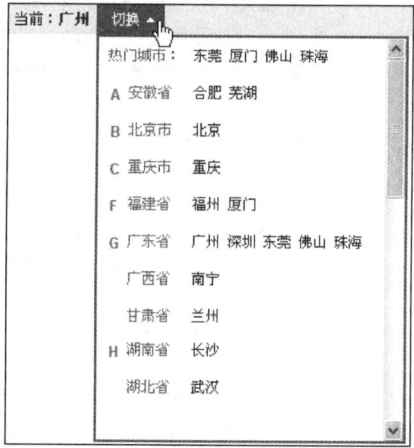

图 9-6 浏览网页 0905.html 的初始状态　　图 9-7 在网页 0905.html 中单击"切换"超链接时打开下拉窗口

【思路探析】

（1）单击页面中的"切换"超链接时触发 onclick 事件，通过设置 className 属性显示下拉窗口。再次单击"切换"超链接时隐藏下拉窗口。

（2）下拉窗口处于可见状态时，当鼠标指针离开超链接及下拉窗口区域时，通过为 onmouseleave 和 mouseout 事件绑定方法，设置 className 属性，实现下拉窗口的隐藏。

【特效实现】

网页 0905.html 中主要应用的 CSS 代码如表 9-20 所示。

表 9-20 网页 0905.html 中主要应用的 CSS 代码

序号	程序代码	序号	程序代码
01	.pcPop {	08	position: absolute;
02	display: none;	09	top: 24px;
03	z-index: 100;	10	}
04	background: #fff;	11	
05	left: 0px;	12	.pcPopHover {
06	width: 261px;	13	display: block
07	zoom: 1;	14	}

网页 0905.html 中对应的 HTML 代码以及显示下拉窗口的 JavaScript 代码如表 9-21 所示。

表 9-21 网页 0905.html 中对应的 HTML 代码以及显示下拉窗口的 JavaScript 代码

序号	程序代码
01	<div class="marketMenu">
02	<div class="curAdress" id="curAdress">
03	<p class="pCur fl">当前：<span class="sAdr"><a href="">广州</a></span> </p>
04	<div class="pcPopCont"><span class="pcPopCity" id="navbtnOpenCities"
05	onclick="document.getElementById('navcitiesList').className='pcPop pcPopHover'">
06	切换<em class="arrow"></em></span>
07	<div class="pcPop" id="navcitiesList"
08	onmouseover="document.getElementById('navcitiesList').className='pcPop pcPopHover'">
09	<div class="box" id="jNavcityiesListBox">
10	<div class="hd" id="navbtnCloseCities"
11	onclick="document.getElementById('navcitiesList').className='pcPop'">
12	<i>切换</i><em class="arrow"></em></div>
13	<div class="bd" id="navdropContent">
14	<ul>
15	<li class="liRemen"><i class="iLft">热门城市：</i>
16	<i class="iCity"><a href="" target="_blank">东莞</a>
17	<a href="" target="_blank">厦门</a>
18	<a href="" target="_blank">佛山</a>
19	<a href="" target="_blank">珠海</a> </i>
20	</li>
21	<li class="liQG"><i class="iPrv">全　国</i><i class="iCity">
22	<a href="" target="_blank">全国</a></i> </li>
23	<li><em>A</em><i class="iPrv">安徽省</i>
24	<i class="iCity">
25	<a href="" target="_blank">合肥</a>
26	<a href="" target="_blank">芜湖</a></i>
27	</li>
28	<li><em>B</em><i class="iPrv">北京市</i>
29	<i class="iCity"><a href="" target="_blank">北京</a></i>
30	</li>
31	<li><em>C</em><i class="iPrv">重庆市</i>
32	<i class="iCity"><a href="" target="_blank">重庆</a></i>
33	</li>
34	……

续表

序号	程序代码
35	</ul>
36	</div>
37	</div>
38	</div>
39	</div>
40	</div>
41	</div>

下拉窗口处于可见状态时，当鼠标指针离开超链接及下拉窗口区域时，实现下拉窗口隐藏的 JavaScript 代码如表 9-22 所示。

表 9-22　实现下拉窗口隐藏的 JavaScript 代码

序号	程序代码
01	<script>
02	function isContain(a, b) {
03	try {
04	return a.contains ? a != b && a.contains(b) : !(a.compareDocumentPosition(b) & 16);
05	}catch (e) {}
06	}
07	
08	function bindMouseLeave(obj, fn) {
09	if (obj.attachEvent) {
10	obj.attachEvent('onmouseleave', function(){
11	fn.call(obj, window.event);
12	});}
13	else {
14	obj.addEventListener('mouseout', function(e) {
15	var rt = e.relatedTarget;
16	if (rt !== obj && !isContain(obj, rt)) {
17	fn.call(obj, e); }
18	}, false);
19	}
20	}
21	
22	(function(){
23	var cityList = document.getElementById('navcitiesList');
24	bindMouseLeave(cityList, function(){
25	cityList.className='pcPop'
26	});
27	})();
28	</script>

任务 9-6　滚动屏幕时隐藏或显示"返回顶部"导航栏

【任务描述】

浏览网页 0906.html 时，当向下滚动滚动条到一定距离时，自动显示"返回顶部"导航栏，如图

9-8所示。单击该导航栏则自动返回顶部。当向上滚动滚动条小于一定距离时,自动隐藏该导航栏。

【思路探析】

(1)当向下滚动滚动条到一定的距离时,应用jQuery的fadeIn()方法逐渐改变导航栏的不透明度,从隐藏到可见。

图9-8 网页0906.html中的"返回顶部"导航栏

(2)当向上滚动滚动条小于一定的距离时,应用jQuery的fadeOut()方法逐渐改变导航栏的不透明度,从可见到隐藏。

(3)当向下滚动滚动条的距离较大时,应用jQuery的css()方法设置导航栏的top和bottom属性。

【特效实现】

网页0906.html中的"返回顶部"导航栏对应的HTML代码如表9-23所示。

表9-23 网页0906.html中的"返回顶部"导航栏对应的HTML代码

序号	程序代码
01	`<div style="height:900px;"></div>`
02	`<div class="move_div_top" id="sun_move_div_top"><span><a href="javascript:scroll(0,0)">`
03	`<img src="images/top_new3.png" align="返回顶部" /></a></span> </div>`

在网页0906.html中实现"返回顶部"导航栏显示或隐藏的JavaScript代码如表9-24所示。

表9-24 在网页0906.html中实现"返回顶部"导航栏显示或隐藏的JavaScript代码

序号	程序代码
01	`<script language="javascript">`
02	`//移动小窗口`
03	`$(function(){`
04	`  var obj=$("#sun_move_div_top");`
05	`  if(obj) {`
06	`    var move_div_obj = $('#sun_move_div_top');`
07	`    var move_div_show = 0;`
08	`    var move_div_height = parseInt(move_div_obj.css('height'));`
09	`    var move_div_bottom = parseInt(move_div_obj.css('bottom'));`
10	`    $(window).scroll(`
11	`      function() {`
12	`      var _clientHeight = document.documentElement.clientHeight;`
13	`      var _scrollTop = document.documentElement.scrollTop-100+document.body.scrollTop;`
14	`      if (move_div_show == 0 && _scrollTop > 50) {`
15	`        move_div_obj.fadeIn(200);`
16	`        move_div_show = 1; }`
17	`      else if (move_div_show == 1 && _scrollTop < 50) {`
18	`        move_div_obj.fadeOut(500);`
19	`        move_div_show = 0; }`
20	`      if (_scrollTop > 100 && $.browser.msie && $.browser.version.indexOf('6.0') > -1){`
21	`        move_div_obj.css('bottom', '');`
22	`        move_div_obj.css('top',`
23	`          (_scrollTop + _clientHeight - move_div_height - move_div_bottom) + 'px'); }`
24	`    })`
25	`  }`
26	`})`
27	`</script>`

自主训练

任务 9-7 选购商品时打开购物车页面

【任务描述】

在购物网站中选购商品后，单击超链接"加入购物车"即可打开购物车页面，并将所选商品的信息添加到购物车页面。

【操作提示】

选购商品时打开购物车页面对应的 HTML 代码如表 9-25 所示。

表 9-25 选购商品时打开购物车页面对应的 HTML 代码

序号	程序代码
01	`<span class="buy">`
02	`<a href="javascript:addToShoppingCart(' 683336');" name="purchase_mall">加入购物车</a>`
03	`</span>`

实现选购商品时打开购物车页面的 JavaScript 代码如表 9-26 所示。

表 9-26 实现选购商品时打开购物车页面的 JavaScript 代码

序号	程序代码
01	`<script type="text/javascript">`
02	`function addToShoppingCart(product_id)`
03	`{`
04	`  var url=null;`
05	`  if(product_id==null || product_id<1)`
06	`    url="http://shopping.dangdang.com/shoppingcart/shopping_cart.aspx";`
07	`  else`
08	`    url="http://shopping.dangdang.com/shoppingcart/shopping_cart.aspx?product_ids="+product_id;`
09	`  var popup=window.open(url,"shoppingcart");`
10	`  popup.focus()`
11	`}`
12	`</script>`

任务 9-8 动态切换页面背景与调整页面大小

【任务描述】

浏览网页 0908.html 时，其初始状态如图 9-9 所示。初始状态的图片是随机选择的，当鼠标指针指向数字按钮时，将动态切换页面背景，如图 9-10 所示。

当浏览器窗口大小改变时，动态调整页面尺寸。

【操作提示】

网页 0908.html 对应的 HTML 代码如表 9-27 所示。

图 9-9　浏览网页 0908.html 时的初始状态

图 9-10　动态切换网页 0908.html 的页面背景

表 9-27　网页 0908.html 对应的 HTML 代码

序号	程序代码
01	`<div class="page" id="divPage" style="height: 720px; width: 960px; ">`
02	`　<div class="intro intro-wing5" id="divIntro"><!--主题切换-->`
03	`　　<div class="changetheme fortheme" id="divChangeTheme">`
04	`　　　<span class="t1" onmouseover="fChangeTheme(0)">1</span>`
05	`　　　<span class="t2" onmouseover="fChangeTheme(1)">2</span>`
06	`　　　<span class="t3" onmouseover="fChangeTheme(2)">3</span>`
07	`　　　<span class="t4" onmouseover="fChangeTheme(3)">4</span>`
08	`　　　<span class="t5" onmouseover="fChangeTheme(4)">5</span>`
09	`　　</div>`
10	`　　<div class="introtxt introtxt-wing1"><a class="piclink" href="" target="_blank"></a></div>`
11	`　　<div class="introtxt introtxt-wing2"><a class="piclink" href="" target="_blank"></a></div>`
12	`　　<div class="introtxt introtxt-wing3"><a class="piclink" href="" target="_blank"></a></div>`
13	`　　<div class="introtxt introtxt-wing4"><a class="piclink" href="" target="_blank"></a></div>`
14	`　　<div class="introtxt introtxt-wing5"><a class="piclink" href="" target="_blank"></a></div>`
15	`　　<div class="introtxt introtxt-at"><a class="piclink" href="" target="_blank"></a></div>`
16	`　</div>`
17	`</div>`

在网页 0908.html 中实现动态切换页面背景的 JavaScript 代码如表 9-28 所示。

表 9-28　在网页 0908.html 中实现动态切换页面背景的 JavaScript 代码

序号	程序代码
01	`var arrTigerThemes = ["wing1","wing2","wing3","wing4","wing5","wing6","wing7"];`
02	`var arrThemes = [];`
03	`arrThemes[0] = "wing1";`
04	`arrThemes[1] = "wing2";`
05	`arrThemes[2] = "wing3";`
06	`arrThemes[3] = "wing4";`
07	`arrThemes[4] = "wing5";`
08	`arrThemes[5] = "at";`
09	`function $( id ){return document.getElementById( id );}`
10	`//第一张图片随机选择`
11	`$("divIntro").className = "intro intro-" + arrThemes[Math.floor(arrThemes.length *`
12	`Math.random())];`
13	`function fChangeTheme(n){`
14	`　document.getElementById("divIntro").className = "intro intro-" + arrTigerThemes[n];`
15	`}`

在网页 0908.html 中实现动态调整页面尺寸的 JavaScript 代码如表 9-29 所示。

表 9-29　在网页 0908.html 中实现动态调整页面尺寸的 JavaScript 代码

序号	程序代码
01	window.onresize = function(){
02	var minh = 720;
03	var minw = 960;
04	$("divPage").style.height = document.documentElement.offsetHeight < minh ?
05	minh+"px" : "100%";
06	$("divPage").style.width = document.documentElement.offsetWidth < minw ? minw+"px" : "auto";
07	}
08	window.onresize();

任务 9-9　浮动框架的高度自适应页面内容的高度

【任务描述】

网页 0909.html 对应 HTML 代码如下所示，即在该网页的 "fullCell" 区域中以浮动框架的方式显示子网页 0909sub.html 中的内容。

```
<div class="fullCell">
    <iframe id="idxFrame" src="0909sub.html" frameborder="0" width="100%"
        scrolling="no" ></iframe>
</div>
```

要求浮动框架的高度自适应页面内容的高度。

【操作提示】

子网页 0909sub.html 中的部分 HTML 代码如表 9-30 所示。

表 9-30　子网页 0909sub.html 中的部分 HTML 代码

序号	程序代码
01	<table style="margin-top: 10px" cellspacing="0" cellpadding="0" width="982" border="0">
02	<tbody>
03	……
04	</tbody>
05	</table>
06	<table style="margin-top: 10px; border-bottom: #666 2px solid" cellspacing="0" cellpadding="0"
07	width="982" border="0">
08	<tbody>
09	……
10	</tbody>
11	</table>
12	<table style="border: #dadada 1px solid; margin-top: 15px; "
13	cellspacing="0" cellpadding="0" width="982" border="0">
14	<tbody>
15	……
16	</tbody>
17	</table>

子网页 0909sub.html 中控制浮动框架的高度自适应页面内容高度的 JavaScript 代码如表 9-31

所示。

表 9-31　子网页 0909sub.html 中控制浮动框架的高度自适应页面内容高度的 JavaScript 代码

序号	程序代码
01	`<script type="text/javascript">`
02	`function autoHeight(){`
03	`    var intPageHeight = document.body.scrollHeight;`
04	`    parent.document.getElementById("idxFrame").style.cssText = "height:"+intPageHeight+"px";`
05	`};`
06	`autoHeight();`
07	`</script>`

任务 9-10　随着屏幕高度变化隐藏或显示"返回顶部"导航栏

【任务描述】

浏览网页 0910.html 时，当向下滚动滚动条到一定距离时，自动显示"返回顶部"导航栏，如图 9-11 所示。单击该导航栏则自动返回顶部。当向上滚动滚动条小于一定距离时，自动隐藏该导航栏。

图 9-11　网页 0910.html 中的"返回顶部"导航栏

【操作提示】

网页 0910.html 中的"返回顶部"导航栏对应的 HTML 代码如表 9-32 所示。

表 9-32　网页 0910.html 中的"返回顶部"导航栏对应的 HTML 代码

序号	程序代码
01	`<div style="height:1800px;"></div>`
02	`<p class="" id="go_top"><a href="javascript:scroll(0,0)">返回顶部</a></p>`

网页 0910.html 中实现"返回顶部"导航栏显示或隐藏的 JavaScript 代码如表 9-33 所示。

表 9-33　网页 0910.html 中实现"返回顶部"导航栏显示或隐藏的 JavaScript 代码

序号	程序代码
01	`<script>`
02	`$(function(){`
03	`    $(window).scroll(function(){`
04	`        if($(window).scrollTop()>=1){`
05	`            $("#go_top").show();`
06	`        }else{`
07	`            $("#go_top").hide();`
08	`        }`
09	`    });`
10	`})`
11	`</script>`

附录 A
jQuery的常用方法

A.1 jQuery 的核心函数

jQuery 的核心函数如表 A-1 所示。

表 A-1　jQuery 的核心函数

函数名称	功能描述与使用说明
jQuery()	接收一个字符串，其中包含了用于匹配元素集合的 CSS 选择器
jQuery.noConflict()	运行这个函数，将变量$的控制权授予第一个实现它的库

A.2 jQuery 的选择器

jQuery 常用的选择器如表 A-2 所示。

表 A-2　jQuery 常用的选择器

选择器	示例	选取说明
this	$(this)	选取当前 HTML 元素
*	$("*")	选取所有元素
#id	$("#lastname")	选取 id="lastname"的元素
.class	$(".intro")	选取所有 class="intro"的元素
element	$("p")	选取所有<p>元素
p.class	$("p.intro")	选取所有 class="intro"的<p>元素
p#id	$("p#demo")	选取 id="demo"的第 1 个<p>元素
.class.class	$(".intro.demo")	选取所有 class="intro"且 class="demo"的元素
div#id .class	$("div#intro .head")	选取 id="intro"的<div>元素中所有 class="head"的元素
:first	$("p:first")	选取第 1 个<p>元素
:last	$("p:last")	选取最后一个<p>元素
:even	$("tr:even")	选取所有偶数<tr>元素
:odd	$("tr:odd")	选取所有奇数<tr>元素
:first	$("ul li:first")	选取每个<ul>的第 1 个<li>元素
:eq(index)	$("ul li:eq(3)")	选取列表中的第 4 个元素（index 从 0 开始）
:gt(index)	$("ul li:gt(3)")	选取列出 index 大于 3 的元素
:lt(index)	$("ul li:lt(3)")	选取列出 index 小于 3 的元素
:not(selector)	$("input:not(:empty)")	选取所有不为空的 input 元素
:header	$(":header")	选取所有标题元素<h1>~<h6>
:animated	$(":animated")	选取所有动画元素

续表

选择器	示例	选取说明
:contains(text)	$(":contains('W3School')")	选取包含指定字符串的所有元素
:empty	$(":empty")	选取无子（元素）节点的所有元素
:hidden	$("p:hidden")	选取所有隐藏的<p>元素
:visible	$("table:visible")	选取所有可见的表格
s1,s2,s3	$("th,td,.intro")	选取所有带有匹配选择的元素
[attribute]	$("[href]")	选取所有带有 href 属性的元素
[attribute=value]	$("[href="#"]")	选取所有 href 属性的值等于"#"的元素
[attribute!=value]	$("[href!="#"]")	选取所有 href 属性的值不等于"#"的元素
[attribute$=value]	$("[href$='.jpg']")	选取所有 href 属性的值包含以".jpg"结尾的元素
:input	$(":input")	选取所有<input>元素
:text	$(":text")	选取所有 type="text"的<input>元素
:password	$(":password")	选取所有 type="password"的<input>元素
:radio	$(":radio")	选取所有 type="radio"的<input>元素
:checkbox	$(":checkbox")	选取所有 type="checkbox"的<input>元素
:submit	$(":submit")	选取所有 type="submit"的<input>元素
:reset	$(":reset")	选取所有 type="reset"的<input>元素
:button	$(":button")	选取所有 type="button"的<input>元素
:image	$(":image")	选取所有 type="image"的<input>元素
:file	$(":file")	选取所有 type="file"的<input>元素
:enabled	$(":enabled")	选取所有激活的 input 元素
:disabled	$(":disabled")	选取所有禁用的 input 元素
:selected	$(":selected")	选取所有被选取的 input 元素
:checked	$(":checked")	选取所有被选中的 input 元素

A.3 jQuery 的遍历方法

jQuery 的遍历函数包括了用于筛选、查找和串联元素的方法，jQuery 常用的遍历方法如表 A-3 所示。

表 A-3 jQuery 常用的遍历方法

函数名称	功能描述与使用说明
.add()	将元素添加到匹配元素的集合中
.andSelf()	把堆栈中之前的元素集添加到当前集合中
.children()	获得匹配元素集合中每个元素的所有子元素
.closest()	从元素本身开始，逐级向上级元素匹配，并返回最先匹配的祖先元素
.contents()	获得匹配元素集合中每个元素的子元素，包括文本和注释节点
.each()	对 jQuery 对象进行迭代，为每个匹配元素执行函数
.end()	结束当前链中最近的一次筛选操作，并将匹配元素集合返回到前一次的状态
.eq()	将匹配元素集合缩减为位于指定索引的新元素
.filter()	将匹配元素集合缩减为匹配选择器或匹配函数返回值的新元素
.find()	获得当前匹配元素集合中每个元素的后代，由选择器进行筛选
.first()	将匹配元素集合缩减为集合中的第 1 个元素
.has()	将匹配元素集合缩减为包含特定元素的后代的集合
.is()	根据选择器检查当前匹配元素集合，如果存在至少一个匹配元素，则返回 true
.last()	将匹配元素集合缩减为集合中的最后一个元素
.map()	把当前匹配集合中的每个元素传递给函数，产生包含返回值的新 jQuery 对象

续表

函数名称	功能描述与使用说明
.next()	获得匹配元素集合中每个元素紧邻的同辈元素
.nextAll()	获得匹配元素集合中每个元素之后的所有同辈元素，由选择器进行筛选（可选）
.nextUntil()	获得每个元素之后所有的同辈元素，直到遇到匹配选择器的元素为止
.not()	从匹配元素集合中删除元素
.offsetParent()	获得用于定位的第 1 个父元素
.parent()	获得当前匹配元素集合中每个元素的父元素，由选择器筛选（可选）
.parents()	获得当前匹配元素集合中每个元素的祖先元素，由选择器筛选（可选）
.parentsUntil()	获得当前匹配元素集合中每个元素的祖先元素，直到遇到匹配选择器的元素为止
.prev()	获得匹配元素集合中每个元素紧邻的前一个同辈元素，由选择器筛选（可选）
.prevAll()	获得匹配元素集合中每个元素之前的所有同辈元素，由选择器进行筛选（可选）
.prevUntil()	获得每个元素之前所有的同辈元素，直到遇到匹配选择器的元素为止
.siblings()	获得匹配元素集合中所有元素的同辈元素，由选择器筛选（可选）
.slice()	将匹配元素集合缩减为指定范围的子集

A.4 jQuery 的事件方法

jQuery 常用的事件方法如表 A-4 所示。

表 A-4　jQuery 常用的事件方法

事件方法名称	功能描述或使用说明
bind()	向匹配元素附加一个或更多事件处理器
blur()	触发或将函数绑定到指定元素的 blur（失去焦点）事件
change()	触发或将函数绑定到指定元素的 change（值发生变化）事件
click()	触发或将函数绑定到指定元素的 click（单击）事件
dblclick()	触发或将函数绑定到指定元素的 doubleclick（双击）事件
delegate()	向匹配元素的当前或未来的子元素附加一个或多个事件处理器
die()	移除所有通过 live() 函数添加的事件处理程序
error()	触发或将函数绑定到指定元素的 error 事件
event.isDefaultPrevented()	返回 event 对象上是否调用了 event.preventDefault()
event.pageX	相对于文档左边缘的鼠标指针位置
event.pageY	相对于文档上边缘的鼠标指针位置
event.preventDefault()	阻止事件的默认动作
event.result	包含由被指定事件触发的事件处理器返回的最后一个值
event.target	触发该事件的 DOM 元素
event.timeStamp	该属性返回从 1970 年 1 月 1 日到事件发生时的毫秒数
event.type	描述事件的类型
event.which	指示按了哪个键或按钮
focus()	触发或将函数绑定到指定元素的 focus（获得焦点）事件
focusin()	触发或将函数绑定到指定元素的 focusin（获得焦点）事件
focusout()	触发或将函数绑定到指定元素的 focusout（失去焦点）事件
hover()	同时为 mouseenter 和 mouseleave 事件指定处理函数，用于模拟鼠标指针悬停事件，当鼠标指针移动到元素上时，触发 mouseenter 事件，当鼠标指针移出该元素时，触发 mouseleave 事件
keydown()	触发或将函数绑定到指定元素的 keydown（按下键盘）事件

续表

事件方法名称	功能描述或使用说明
keypress()	触发或将函数绑定到指定元素的 keypress（按下键盘）事件
keyup()	触发或将函数绑定到指定元素的 keyup（松开键盘）事件
live()	为当前或未来的匹配元素添加一个或多个事件处理器
load()	触发或将函数绑定到指定元素的 load（元素加载完毕）事件
mousedown()	触发或将函数绑定到指定元素的 mousedown（按下鼠标）事件
mouseenter()	触发或将函数绑定到指定元素的 mouseenter（鼠标指针进入）事件
mouseleave()	触发或将函数绑定到指定元素的 mouseleave（鼠标指针离开）事件
mousemove()	触发或将函数绑定到指定元素的 mousemove（鼠标指针悬停）事件
mouseout()	触发或将函数绑定到指定元素的 mouseout（鼠标指针离开）事件
mouseover()	触发或将函数绑定到指定元素的 mouseover（鼠标指针进入）事件
mouseup()	触发或将函数绑定到指定元素的 mouseup（松开鼠标）事件
one()	向匹配元素添加事件处理器，每个元素只能触发一次该处理器
ready()	文档就绪事件（当 HTML 文档加载完成可用时）
resize()	触发或将函数绑定到指定元素的 resize（浏览器窗口的大小发生改变）事件
scroll()	触发或将函数绑定到指定元素的 scroll（滚动条的位置发生变化）事件
select()	触发或将函数绑定到指定元素的 select（用户选中文本框中的内容）事件
submit()	触发或将函数绑定到指定元素的 submit（用户递交表单）事件
toggle()	绑定两个或多个事件处理器函数，当发生轮流的 click 事件时执行
trigger()	所有匹配元素的指定事件
triggerHandler()	第 1 个被匹配元素的指定事件
unbind()	从匹配元素移除一个被添加的事件处理器
undelegate()	从匹配元素移除一个被添加的事件处理器，现在或将来
unload()	触发或将函数绑定到指定元素的 unload（页面被关闭）事件

A.5 jQuery 的效果方法

jQuery 常用的效果方法如表 A-5 所示。

表 A-5 jQuery 常用的效果方法

方法名称	功能描述或使用说明
animate()	对被选元素应用自定义的动画
clearQueue()	移除被选元素所有排队的函数（仍未运行的）
delay()	设置被选元素所有排队函数（仍未运行）的延迟
dequeue()	运行被选元素的下一个排队函数
fadeIn()	逐渐改变被选元素的不透明度，从隐藏到可见
fadeOut()	逐渐改变被选元素的不透明度，从可见到隐藏
fadeTo()	把被选元素逐渐改变至给定的不透明度
fadeToggle()	对被选元素进行淡入和淡出之间的切换
hide()	隐藏被选元素
queue()	显示被选元素的排队函数
show()	显示被选元素
slideDown()	通过调整高度来滑动显示被选元素
slideToggle()	对被选元素进行滑动隐藏和滑动显示的切换
slideUp()	通过调整高度来滑动隐藏被选元素
stop()	停止在被选元素上运行动画
toggle()	对被选元素进行隐藏和显示的切换

A.6　jQuery 的文档操作方法

jQuery 常用的文档操作方法如表 A-6 所示。

表 A-6　jQuery 常用的文档操作方法

方法名称	功能描述与使用说明
addClass()	向匹配的元素添加指定的类名，如果给同一个元素添加了多个类名，相当于样式合并，但如果不同的类设定了相同的样式属性，则后设置的属性覆盖先设置的
after()	在匹配的元素之后插入内容
append()	向匹配元素集合中的每个元素结尾插入由参数指定的内容
appendTo()	向目标结尾插入匹配元素集合中的每个元素
attr()	设置或返回匹配元素的属性和值
before()	在每个匹配的元素之前插入内容
clone()	创建匹配元素集合的副本，复制元素的同时复制元素中所绑定的事件
detach()	从 DOM 中移除匹配元素集合
empty()	删除匹配元素集合中的所有子节点
hasClass()	检查匹配元素是否拥有指定的类
html()	设置或返回匹配元素集合中的 HTML 内容
insertAfter()	把匹配元素插入另一个指定的元素集合的后面
insertBefore()	把匹配元素插入另一个指定的元素集合的前面
prepend()	向匹配元素集合中的每个元素开头插入由参数指定的内容
prependTo()	向目标开头插入匹配元素集合中的每个元素
remove()	移除所有匹配的元素
removeAttr()	从所有的匹配元素中移除指定的属性
removeClass()	从所有的匹配元素中删除全部或者指定的类
replaceAll()	用匹配元素替换所有匹配到的元素
replaceWith()	用新内容替换匹配的元素
text()	设置或返回匹配元素的文本内容
toggleClass()	从匹配元素中添加或删除一个类
unwrap()	移除并替换指定元素的父元素
val()	设置或返回匹配元素的值
wrap()	把匹配元素用指定的内容或元素包裹起来
wrapAll()	把所有的匹配元素用指定的内容或元素包裹起来
wrapinner()	将每一个匹配元素的子内容用指定的内容或元素包裹起来

A.7　jQuery 的 DOM 元素方法

jQuery 常用的 DOM 元素方法如表 A-7 所示。

表 A-7　jQuery 常用的 DOM 元素方法

函数名称	功能描述与使用说明
.get()	获得由选择器指定的 DOM 元素
.index()	返回指定元素相对于其他指定元素的 index 位置
.size()	返回被 jQuery 选择器匹配的元素的数量
.toArray()	以数组的形式返回 jQuery 选择器匹配的元素

A.8　jQuery 的属性操作方法

jQuery 常用的属性操作方法如表 A-8 所示。

表 A-8　jQuery 常用的属性操作方法

方法名称	功能说明与使用描述
addClass()	向匹配的元素添加指定的类名
attr()	设置或返回匹配元素的属性和值
hasClass()	检查匹配的元素是否拥有指定的类
html()	设置或返回匹配元素集合中的 HTML 内容
removeAttr()	从所有的匹配元素中移除指定的属性
removeClass()	从所有的匹配元素中删除全部或者指定的类
toggleClass()	从所有的匹配元素中添加或删除一个类
val()	设置或返回匹配元素的值

A.9　jQuery 的 CSS 操作方法

jQuery 常用的 CSS 操作方法如表 A-9 所示。

表 A-9　jQuery 常用的 CSS 操作方法

CSS 属性名称	功能说明与使用描述
css()	设置或返回匹配元素的样式属性
offset()	返回第 1 个匹配元素相对于文档的位置
offsetParent()	返回最近的定位祖先元素
position()	返回第 1 个匹配元素相对于父元素的位置
scrollLeft()	设置或返回匹配元素相对滚动条左侧的偏移
scrollTop()	设置或返回匹配元素相对滚动条顶部的偏移

A.10　jQuery 的尺寸方法

jQuery 常用的尺寸方法如表 A-10 所示。

表 A-10　jQuery 常用的尺寸方法

尺寸方法名称	功能描述与使用说明
width()	设置或获取元素的宽度（不包括内边距、边框或外边距）
height()	设置或获取元素的高度（不包括内边距、边框或外边距）
innerWidth()	返回元素的宽度（包括内边距）
innerHeight()	返回元素的高度（包括内边距）
outerWidth()	返回元素的宽度（包括内边距和边框）
outerHeight()	返回元素的高度（包括内边距和边框）
outerWidth(true)	返回元素的宽度（包括内边距、边框和外边距）
outerHeight(true)	返回元素的高度（包括内边距、边框和外边距）
$(document).width()	返回文档（HTML 文档）的宽度
$(document).height()	返回文档（HTML 文档）的高度
$(window).width()	返回浏览器视口的宽度
$(window).height()	返回浏览器视口的高度

A.11 jQuery 的数据操作方法

jQuery 常用的数据操作方法如表 A-11 所示，这些方法允许将指定的 DOM 元素与任意数据相关联。

表 A-11　jQuery 常用的数据操作方法

函数名称	功能描述与使用说明
.clearQueue()	从队列中删除所有未运行的项目
.data()	存储与匹配元素相关的任意数据
jQuery.data()	存储与指定元素相关的任意数据
.dequeue()	从队列最前端移除一个队列函数，并执行它
jQuery.dequeue()	从队列最前端移除一个队列函数，并执行它
jQuery.hasData()	存储与匹配元素相关的任意数据
.queue()	显示或操作匹配元素所执行函数的队列
jQuery.queue()	显示或操作匹配元素所执行函数的队列
.removeData()	移除之前存放的数据
jQuery.removeData()	移除之前存放的数据

A.12 jQuery 的 AJAX 操作方法

jQuery 库拥有完整的 AJAX 兼容套件，其中的函数和方法允许用户在不刷新浏览器的情况下从服务器加载数据。jQuery 常用的 AJAX 操作方法如表 A-12 所示。

表 A-12　jQuery 常用的 AJAX 操作方法

函数名称	功能描述与使用说明
jQuery.ajax()	执行异步 HTTP（AJAX）请求
.ajaxComplete()	当 AJAX 请求完成时注册要调用的处理程序
.ajaxError()	当 AJAX 请求完成且出现错误时注册要调用的处理程序
.ajaxSend()	在 AJAX 请求发送之前显示一条消息
jQuery.ajaxSetup()	设置将来的 AJAX 请求的默认值
.ajaxStart()	当首个 AJAX 请求完成开始时注册要调用的处理程序
.ajaxStop()	当所有 AJAX 请求完成时注册要调用的处理程序
.ajaxSuccess()	当 AJAX 请求成功完成时显示一条消息
jQuery.get()	使用 HTTPGET 请求从服务器加载数据
jQuery.getJSON()	使用 HTTPGET 请求从服务器加载 JSON 编码数据
jQuery.getScript()	使用 HTTPGET 请求从服务器加载 JavaScript 文件，然后执行该文件
.load()	通过 AJAX 请求从服务器加载数据，并把返回的数据放置到指定的元素中
jQuery.param()	创建数组或对象的序列化表示，适合在 URL 查询字符串或 AJAX 请求中使用
jQuery.post()	使用 HTTPPOST 请求从服务器加载数据
.serialize()	将表单内容序列化为字符串
.serializeArray()	序列化表单元素，返回 JSON 数据结构数据

参考文献

[1] 陈承欢. JavaScript+jQuery 网页特效设计实例教程. 北京：人民邮电出版社，2013.
[2] Ellie Quigley. JavaScript 详解（第 2 版）. 北京：人民邮电出版社，2012.
[3] 王军译. JavaScript 入门经典. 北京：人民邮电出版社，2007.
[4] 李松峰译. jQuery 基础教程（第 3 版）. 北京：人民邮电出版社，2012.
[5] 单东林，张晓菲，魏然. 锋利的 jQuery（第 2 版）. 北京：人民邮电出版社，2013.